多民族〈共住〉のダイナミズム

マレーシアの
社会開発と生活空間

宇高雄志

昭和堂

はしがき

　今日も，世界各地で民族間のいさかいが絶えることはなく，多くの命が脅かされ，奪われている。紛争に至らずとも民族の違いが差別や暴力を引き起こす。本来，人々の多様性は，日々の暮らしに深みを与え，社会や文化に豊かさをもたらすものではなかったか。

　本書では建築学の視点から，安定的に多民族社会を受けとめることができる生活空間のあり方を探求したい。筆者は，1990年代前半から比較的に民族間の関係が安定しているマレーシアの多民族社会を対象に考察を進めてきた。

　マレーシアは多民族社会である。2010年では，ブミプトラ（マレー系と先住民で構成される）(62.1%)，中国系 (22.6%)，インド系 (6.8%)，少数民族，また外国籍の人々で構成される（括弧内は民族構成の割合）。なお三民族の信仰する宗教は，マレー系のほぼすべてがイスラーム教，中国系は仏教儒教86%，キリスト教が10%，インド系はヒンズー教86%，キリスト教6%，イスラーム教4%などとなっている。

　筆者のマレーシアへの関心は，一つの生活空間を，多様な文化的背景を持つ人々が共有しつつ，どのようにして日々の暮らしの安寧を保っているかにある。本書では国土や地域といった比較的に大きな空間から，より小さな近隣や界隈までに見る民族共存の姿を捉えたいと考えた。建築学の，空間を解読しそれを構築する方法論を軸に，広く社会や文化を含めて総体的に捉えたいと思った。

　むろん，マレーシアの社会も万事安泰ではない。我々の日々と同じく，今日の安寧を次の世代に伝えるための挑戦が続いている。私はこの挑戦の軌跡にも強く惹かれたのだ。

　1990年代初頭から始めたマレーシアでの現地調査は，ジョホールバルの広大な住宅団地や，英領植民地時代に築かれた市街地，油ヤシのプランテーションに囲まれた村々などを歩くことから始めた。

　そこで研究のテーマとして，異なる生活空間と社会条件下に見る「多民族混

住」の有様を捉えようとした。これらの1990年代から2000年代初頭の現地調査の成果は本書巻末に記載した既刊書のほか，小論にまとめた。

　ただし，一連の現地調査は，それぞれの生活空間に見る多民族社会の，ある「時刻」での事象を捉えていることを実感する過程でもあった。長い「時間」の経過によって蓄積されてゆく民族共存の有様と，それを持続させる生活者の英知を読み取るには物足りなさを感じていた。

　1995年と2001年から2003年にかけては，合計でおよそ3年間の現地滞在の機会を得た。それでもまとまった「時間」を捉えるには物足りない。「時刻」としての現地調査の最中でさえも，社会と生活空間の様相は，日々刻々と変化を続けていたからだ。

　2003年までの2年間の滞在を終えてからも友人たちとの再会は何よりの楽しみだった。彼らも私も年をとる。このことで以前は見えなかったことが，見え始めたこともある。あわせて，折々に元の調査地点へは再訪を続けていた。「時間」を経た空間の変貌が見たかったのだ。

　2010年で，最初の現地調査からおおよそ20年の時間が経過した。そんな折，2011年ごろから再訪問調査を実施する機会に恵まれた。再訪問を行うと，20年の時間の経過を経て，いずれの生活空間も多かれ少なかれ変貌を遂げていることがわかる。

　いうまでもなく，人の暮らしの器としての生活空間は，人が成長し，年をとるのと同じく変貌する。そして変貌の度合いもそれぞれに異なる。

　都市近郊のマレー農村では20年の間に多くの木造のマレー民家が，すっかりコンクリート造に建て替わっていた。一方で，以前は朽ち果てた家並が続き，人影の少なかった市街地は国内屈指の観光地になっていた。活気のあった住宅団地の家並は，汚れ疲れていた。首都クアラルンプールには光り輝く超高層ビルが林立し，広大なプランテーションには新行政首都プトラジャヤが造成された。

　この「時間」の経過による再訪問調査で，これまでよりも多民族混住の状況がより立体的に見える予感がした。それは，生活空間の物的な変容のみならず，人間や民族集団の関係の転換であるとともに，国土開発やポリティクスの表れでもあったのだ。

あわせて20年間という「時間」の長さとその意味についても実感した。時の流れはだれにとっても普遍だ。しかし，経済成長の著しいマレーシア社会における20年間の「時間」は，安定期に入った経済先進国のそれとは，まるで異なる。急激でめまぐるしく，変転し流動し，その奔流に時にはついてゆけないほどだ。

実際にマレーシアのこの20年間は，政治，経済，また国民生活にも鮮烈な局面の連続だった。この20年間のマレーシア社会は，1957年の英国からの独立と並んで，きわめて多くの転換を経験したと言えよう。

1990年から2010年の20年間でマレーシアの人口は約1.5倍に増えた。出生率も高く，若い世代の多い，人口的には活力に満ちた，まさに成長期の社会だ。このことは堅調な経済成長をささえ，国民総所得は約3.5倍となり，国民の消費も旺盛だ。産業も70年代の一次産業を中心としたものから，80年代以降は製造業など二次産業へ転換し始め，2000年以降はサービス業などの成長が著しい。1990年代前半には大都市に散在したスラムもいまや目立たない。生活困窮層も解消にむかいつつある。都市基盤整備をはじめとする公共事業も持続的に行われ，高層ビルが建ち並び，都市景観は激変した。

一方で，交通渋滞は年々深刻になり，都市部では水害の被害も広がっている。また近年の大気汚染は近隣国の大気環境の悪化の影響を加味しても年々深刻になりつつある。国民の治安に対する不安感も高まっている。

この経済開発と成長は，政府による強いリーダーシップと，時機にかなった政策の展開によって実現された。とりわけマハティール政権は1980年代初頭から2003年まで20年以上にわたる強いリーダーシップで国家の成長をけん引した。彼の政治手腕は，時折，内外から強権的であるとの批評をまねいたが，経済開発を成し遂げ，1990年代のアジア経済危機をはじめ幾度もの難局を乗りきった。

しかしこの情勢も，マハティール政権以降の2000年代前半から揺らぎ始める。

いわゆる「やわらかな権威主義」とも呼ばれる同国の政治体制にも変化が見られる。同国では国家の安寧の維持を目的として，新聞やテレビなどの既存マスメディアは当局の管制の下にある。

しかし高度情報化社会をむかえ，最近ではこれらの既存メディアから市民の

関心が離れているようだ。とくに若い世代の間ではインターネットの普及により，お互いの意見の交換がより早く容易となった。近年，大都市を中心に規模を拡大する，市民デモや団体の組織化は，SNS（ソーシャル・ネットワーキング・サービス）の浸透ぬきには語れない。

　これは，国民の政治意識にも影響を及ぼした。マハティール政権以降は，比較的に短期政権となり，独立以降，君臨してきた与党連合のBN（国民戦線／バリサンナショナル：Barisan Nasional）の求心力の低下の一因となったようだ。

　異民族集団との関係，市民生活においても，物理的な生活空間や身近な社会組織を媒介させる必然性がなくなる。バーチャルな人間関係づくりがより容易になる。以前は，情報技術の普及は民族の壁を溶かすとも思えた。

　ところが，いつも多弁な街角のマレーシアの人々が，スマホの小さな画面にくぎづけになり静かになった気がする。民族どころか人の関係も変わり始めているのではないか。これらの変化は，これまでに築かれてきた国家，社会，民族に対する意識，そして地域，都市，近隣などの生活空間への認識にも影響するのだろうか。

　マレーシアの多民族社会はこの20年間でどのように変化を遂げたのだろう。社会開発と生活空間の変貌を通じて捉えたい。

目　次

はしがき……………………………………………………………… i
図版一覧……………………………………………………………… x

第Ⅰ部　進む開発と変貌する多民族社会 …………………………… 1

第1章　多民族社会における生活空間の変貌を捉えて ………… 3

1-1　多民族〈共住〉とは ……………………………………… 3
1-2　生活空間の時間経過を捉えて──本書のねらいと方法 … 5
1-3　多民族〈共住〉を捉えて──本書の構成と論点 ………… 7

第2章　国土開発と国民生活の動向── 1990〜2010年代 ……… 15

2-1　国土空間と開発政策の変遷 ……………………………… 15
　　2-1-1　移民社会から多民族国家へ
　　　　　　── 独立期の国土開発　　　　　　15
　　2-1-2　民族間暴動と「新経済政策 NEP」
　　　　　　── 1970年代の国土開発　　　　　19
　　2-1-3　加速する国土開発と「マハティーリズム」
　　　　　　── 1980年代の国土開発　　　　　22
　　2-1-4　アジア通貨危機と「国民開発政策 NDP」
　　　　　　── 1990年代の国土開発　　　　　23
　　2-1-5　リーダーシップの転換と「国民ビジョン政策 NVP」
　　　　　　── 2000年代以降の国土開発　　　28
　　2-1-6　地方自治の動向──「市」格上げをめぐって　32
2-2　統計に見る国土開発と国民生活の変容 ………………… 34
　　2-2-1　人口と民族構成の動向　　　　　　　34

2-2-2　経済開発と産業の動向　　　　　　　　　41
　　　2-2-3　外国人労働者の動向　　　　　　　　　　44
　　　2-2-4　民族別収入と格差是正の動向　　　　　　46
　　　2-2-5　国民生活の動向　　　　　　　　　　　　48
　2-3　マレーシアの経済開発の現状と課題 ……………………… 50

第Ⅱ部　変貌する生活空間と多民族社会 —— 1990～2010年代 …59

第3章　村　落 —— 開発と伝統のはざまで ……………………… 61

　3-1　【事例研究】多民族村の開発とポリティクス
　　　　　—— ジョホール州RB村　1994～2012年 …………… 63
　　　3-1-1　RB村と地域の形成過程と
　　　　　　過去18年間における変化　　　　　　　64
　　　3-1-2　RB村の村落空間と多民族社会の
　　　　　　過去18年間における変化　　　　　　　70
　　　3-1-3　小結 —— 変貌する生活空間と
　　　　　　RB村の「安寧」　　　　　　　　　　　81
　3-2　【事例研究】変貌する「美しい」マレーカンポン
　　　　　—— ペナン州SK村　1996～2013年 ……………… 83
　　　3-2-1　SK村と地域の形成過程と
　　　　　　過去17年間における変化　　　　　　　84
　　　3-2-2　SK村の村落空間と民族混住の
　　　　　　過去17年間における変化　　　　　　　94
　　　3-2-3　小結 ——「美しい」マレーカンポンと
　　　　　　地域のこれから　　　　　　　　　　　102

第4章　都　心 —— 再編される市街地と観光開発 ……………… 107

　4-1　【事例研究】変容する市街地と「民族界隈」
　　　　　—— ペナン州ジョージタウン　1995～2011年 ……… 110
　　　4-1-1　ジョージタウンの都市形成　　　　　　111

　　　　4-1-2　ジョージタウンの市街地に見る
　　　　　　　過去16年間の変化　　　　　　　　　114
　　　　4-1-3　ジョージタウンの市街地開発と
　　　　　　　過去16年間の変化　　　　　　　　　118
　　　　4-1-4　小結 ── 市街地と「民族界隈」の
　　　　　　　これから　　　　　　　　　　　　　129
　　4-2　【事例研究】保全される市街地と観光開発
　　　　　　── マラッカ州マラッカ　1995～2013年 ……………131
　　　　4-2-1　マラッカの都市形成と開発の経緯　　131
　　　　4-2-2　マラッカにおける過去18年間の変化　133
　　　　4-2-3　マラッカの市街地開発と多民族社会の
　　　　　　　過去18年間における変化　　　　　　141
　　　　4-2-4　小結 ── 進む観光開発と
　　　　　　　「歴史的」市街地のこれから　　　　145

第5章　周　縁 ── 継承されたフロンティア空間 …………………… 151

　　5-1　【事例研究】港湾杭上集落に見る開発と継承
　　　　　　── ペナン州クラン・ジェティー　1992～2012年 … 153
　　　　5-1-1　クラン・ジェティーの形成と変容　　154
　　　　5-1-2　クラン・ジェティーにおける
　　　　　　　過去20年間の変化　　　　　　　　　159
　　　　5-1-3　継承されるクラン・ジェティー　　　164
　　　　5-1-4　小結 ── クラン・ジェティーを
　　　　　　　継承すること　　　　　　　　　　　167
　　5-2　【事例研究】高原避暑地に見る変容と継承
　　　　　　── ペナン州ペナンヒル　1994～2012年 ……………168
　　　　5-2-1　マレー半島における高原避暑地の形成　169
　　　　5-2-2　ペナンヒルに見る開発と生活空間の
　　　　　　　過去18年間における変化　　　　　　176
　　　　5-2-3　小結 ── 避暑地を継承すること　　182

第6章 郊　外 ── 落日の郊外団地と膨張する首都圏 ……………… 187

6-1 【事例研究】落日の郊外団地における多民族社会
　　　　── ジョホール州SS団地　1993 ～ 2012 年 ……… 190
　　6-1-1 郊外と団地開発の動向　　190
　　6-1-2 SS団地に見る生活空間と多民族社会の
　　　　　過去19年間における変化　　198
　　6-1-3 小結 ── 郊外の「庭園」のこれから　　207

6-2 【事例研究】膨張する首都圏と新首都造営
　　　　── 新行政首都プトラジャヤ　1995 ～ 2013 年 ……… 210
　　6-2-1 クアラルンプールの形成と都市景観　　211
　　6-2-2 クランバレーの衛星都市群
　　　　　── プタリンジャヤ，シャーアラム　　224
　　6-2-3 新行政首都プトラジャヤ　　230
　　6-2-4 小結 ── 二つの「首都」と拡張のゆくえ　　242

第Ⅲ部　多民族〈共住〉のこれから ……………………………… 251

第7章 民族共存と生活空間の継承にむけて ……………………… 253

7-1 多民族共住のこれまでとこれから ………………………… 253
　　【論点1】「国土」に見る多民族共住の課題 ──
　　　　　揺らぐ発展観と新しい価値の芽生え　　253
　　【論点2】「景観」に見る多民族共住の課題 ──
　　　　　「国民建築」からの離脱と膨張する都市　　257
　　【論点3】「近隣」に見る多民族共住の課題
　　　　　── 住宅階層の拡大と囲われる近隣空間　　260
　　【論点4】「民族界隈」に見る多民族共住の課題
　　　　　── せめぎあいと再生　　263
　　【論点5】「住居」に見る多民族共住の課題
　　　　　── 住宅の工業化，商品化のゆくえ　　266

7-2 2040年のマレーシアと多民族共住のこれから ……… 269

参考文献……………………………………275
既出一覧・初出一覧 ………………………278
謝　辞………………………………………279
索　引………………………………………281

図版一覧

第Ⅰ部　第1章
図 1-1　「多民族共住」を探求して
図 1-2　一連の研究の構成と方法
図 1-3　調査対象地の位置

第2章
図 2-1　マレーシアの総人口（実数）と年齢階層別の推移（1970〜2010年）
図 2-2　マレーシアの年齢階層別人口と推移（1970〜2010年）
図 2-3　マレーシアの民族構成（実数）と推移（1970〜2010年）
図 2-4　マレーシアの民族構成（割合）と推移（1970〜2010年）
図 2-5　本章で見た各州，連邦直轄領の位置と開発動向
図 2-6　各州，連邦直轄領の人口（実数）と推移（1970〜2010年）
図 2-7　各州，連邦直轄領の民族構成の推移（1970〜2010年）
図 2-8　マレーシアと各国のGNIの推移（1970〜2014年）
図 2-9　マレーシアと各国の実質GDP成長率の推移（1980〜2013年）
図 2-10　マレーシアの主要産業分野別の雇用者の割合（1982〜2007年）
図 2-11　マレーシアの主要産業分野別の名目GDPの割合（1987〜2011年）
図 2-12　マレーシアの外国人労働者の国籍（2000〜2015年）
図 2-13　マレーシアの産業分野別の外国人労働者数（2000〜2015年）
図 2-14　世帯平均収入（月間），貧困率の推移（1970〜2012年）
図 2-15　マレーシアの消費者物価の主要項目の推移（1998〜2005年）
図 2-16　マレーシアの「クオリティ・オブ・ライフ」指標の推移（1990〜2007年）
図 2-17　マレーシアの車両の新規登録台数の推移（2000〜2008年）
図 2-18　クアラルンプールの公共交通の乗客数（2000〜2008年）

第Ⅱ部　第3章
図 3-1　ジョホール州RB村，ペナン州SK村の位置図
図 3-2　RB村における対象地区の人口動態と民族構成（1980, 1991, 2000, 2010年）
図 3-3　RB村の建物分布と村落開発の状況（1994〜2012年）
図 3-4　RB村の「民族界隈」の変化（1994〜2012年）

図 3-5　RB 村に見るマレー系と中国系の住居と起居形式の相違
図 3-6　RB 村に見る住居空間の変化と増改築の傾向（1994 ～ 2012 年）
図 3-7　ペナン島，BD ディストリクトの位置図
図 3-8　SK 村における対象地区の人口動態と民族構成（1980, 1991, 2000, 2010 年）
図 3-9　SK 村と BL 町の中間領域の土地利用と生活空間の変化（1996 ～ 2013 年）
図 3-10　SK 村中心部の景観の変化
図 3-11　SK 村の村落空間の景観と土地利用の変化（1996 ～ 2013 年）
図 3-12　SK 村のある住宅に見る増改築の例（1996 年と全面改築後の 2013 年）

第 4 章

図 4-1　ペナン州ジョージタウン，マラッカ州マラッカの位置図
図 4-2　ジョージタウンの都心街区とショップハウスの空間利用
図 4-3　ジョージタウンにおける対象地区の人口動態と民族構成（1980, 1991, 2000, 2010 年）
図 4-4　ジョージタウンの市街地中心部における開発と文化遺産保全の動向（1995 ～ 2011 年）
図 4-5　ジョージタウンの市街地における空間利用の動向と変化（1995 ～ 2011 年）
図 4-6　ジョージタウンの生鮮市場周辺における街路景観の変化（1995 ～ 2011 年）
図 4-7　ジョージタウンの建物使用者の民族属性とその増減（1995 ～ 2011 年）
図 4-8　ジョージタウンのリトルインディア地区と周辺における占有者の民族属性，土地と建物の利用の分布状況とその変化（1995 ～ 2011 年）
図 4-9　マラッカにおける対象地区の人口動態と民族構成（1980, 1991, 2000, 2010 年）
図 4-10　マラッカの市街地開発と市街地保全の動向（1995 ～ 2013 年）
図 4-11　マラッカの市街地周辺の埋立てと世界遺産の範囲
図 4-12　マラッカの市街地における建物利用の経年変化（1995, 2000, 2013 年）
図 4-13　マラッカの市街地の観光関連事業所数の経年変化（1995, 2000, 2013 年）

第 5 章

図 5-1　ペナン州クラン・ジェティー，ペナンヒルの位置図
図 5-2　クラン・ジェティーの位置と市街地開発の状況
図 5-3　リム・ジェティーの変化（1992 ～ 2012 年）
図 5-4　リム・ジェティーの断面図（2012 年）
図 5-5　リム・ジェティーの住居空間（2012 年）

図 5-6　マレー半島の高原避暑地，ペナンヒルの位置図
図 5-7　高原避暑地における避暑地建築の例（フレーザーズ・ヒル）
図 5-8　ペナンヒルにおける主要施設の位置と開発（1994 〜 2012 年）

第 6 章
図 6-1　ジョホール州 SS 団地，クアラルンプール首都圏の位置図
図 6-2　SS 団地における対象地区の人口動態と民族構成（1980, 1991, 2000, 2010 年）
図 6-3　ジョホールバル都市圏における地域開発と住宅団地開発の動向（1993 〜 2012 年）
図 6-4　SS 団地における団地空間の変化（1993 〜 2012 年）
図 6-5　SS 団地における住戸占有者の信仰宗教の属性，利用状況の変化（1993 〜 2012 年）
図 6-6　SS 団地中央部における住戸占有者の信仰宗教の属性，利用状況の変化（1993 〜 2012 年）
図 6-7　SS 団地における近隣空間の変化（1993 〜 2012 年）
図 6-8　SS 団地の「低コスト住宅」に見る増改築の状況（1993 〜 2012 年）
図 6-9　首都圏の主要都市と開発軸の位置図
図 6-10-1　首都圏における対象地区の人口動態と民族構成（1980, 1991, 2000, 2010 年）
図 6-10-2　首都圏における対象地区の人口動態と民族構成（1980, 1991, 2000, 2010 年）
図 6-11　首都圏 3 都市の空間構造と施設配置
図 6-12　首都圏 3 都市の主な建築物
図 6-13　プトラジャヤの空間構造と施設配置
図 6-14　プトラジャヤの主な建築物と都市基盤

第Ⅲ部　第 7 章
図 7-1　変化する「民族界隈」とせめぎあう周縁領域
図 7-2　世代別人口と民族別人口増減率（年率）の動態と予測（1970 〜 2040 年）
図 7-3　人口と民族構成の動態と予測（1970 〜 2040 年）

第Ⅰ部
進む開発と変貌する多民族社会

　第Ⅰ部では，研究の方法を整理するとともに，マレーシアの社会開発の展開を1990～2010年代の間を中心に各種統計や主要言説をつうじて整理する。

　筆者はこれまでの研究で，マレーシアにおける多民族混住を「国土や地域」や「集落や住居」などの異なる空間スケールで把握してきた。建築や都市空間に見る物的な環境にあわせて，民族融和や住宅政策，信仰体系や経済関係などの社会的背景を分析した。

　これに「時間経過」を加えて，およそ20年経過した2010年代に再訪問調査を実施した。本書ではこれらをつうじて日々変化する多民族社会の変貌を捉える。

　ここでは，独立以降の国土開発政策の展開とともに，同国の政治体制，民族関係を通じて，この20年間を中心とする社会開発の軌跡を捉えたい。

第1章
多民族社会における生活空間の変貌を捉えて

1-1 多民族〈共住〉とは

　本書は，マレーシアの生活空間への訪問調査（1990年代と2010年代）をもとに，およそ20年間の「時間」の経過による，多民族社会と生活空間の変貌に注目したい。
　これまでの研究では，生活空間に見る多民族の「混住」に着目してきた。国土から，地域，都市や農村，そして近隣にいたるさまざまな空間スケールに見る，多様な民族集団の混在の有様を捉えた。
　もっとも興味深かったことは，筆者がマレーシアに見た多民族混住は，単に，空間的に混じり合っているだけではなかったことだ。それは多民族社会の一断面であって，必要に応じて適切な間合いをも受けつつ，しなやかに相互の関係を調整し合っていた。このことは市街地でも住宅団地でも，そして農山村でも同様だったのだ。
　いずれの生活空間でも緩やかに同じ民族が集住する界隈空間が形成されていた。筆者はこれを「民族界隈」とよんだ。それは，誰かの手によって，制度的に規制誘導され，計画し設計されたものではない。むしろ一人一人の生活者が

時間をかけて自然発生的につくりだしたものだった。

　単なる物理的な「混住」もしくは「住みわけ」では説明ができない，生活者が共有している民族共存の英知の存在を予感した。そしてこれが無用な対立や摩擦を回避する秘訣にも見えた。

　筆者が再訪問調査で見たことは，社会も生活空間も流動と変転を遂げつつある様だった。それは日々，うつろいにあり，流動的なダイナミズムを内在していた。

　マレーシアの多様な人々の紡ぎ出す変動と流動性を，生活空間はどのように受け止めてきたのか。再訪問調査をつうじて，時間を越えて民族共存を保つ英知を，多民族社会と生活空間に内在するダイナミズムをつうじて読み取ることができるのではないかと考えたのだ。

　再訪問調査を実施していると，この20年間の「時間」の経過でも，多民族混住のパターンや度合いを調整することで民族の共存が保たれているように見

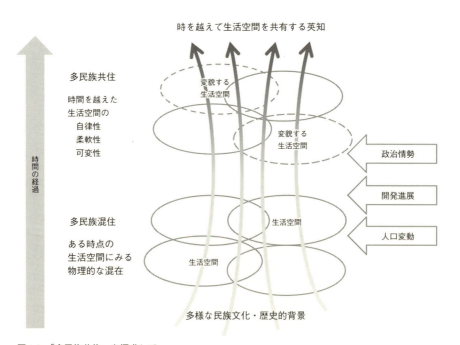

図1-1　「多民族共住」を探求して

えた。多様な文化的背景を有する生活者が，異なる他者との間合いを調整し受け止めている。

また建築や都市空間は多様な人々のニーズを受け止めるべく自由に形を変える可変性を有していた。生活者は，誰に命じられるでもなく自律的に生活空間の調整を続けていた。生活空間において社会情勢の変化を日々柔軟に受け止め，民族間の無益な対立や衝突を回避できている（図1-1）。

本書では，多民族からなる生活者が，時間を越えて，生活空間を自律的に調整し共有する英知，それを持続させるダイナミズムを多民族「共住」と呼びたい。

およそ20年間にマレーシアの村や街の生活空間が経験した変貌を，この多民族共住の観点から捉え直したいと思う。そしてこの観点から読み取れる，これからの民族共存の姿を展望できればと思う。

1-2 生活空間の時間経過を捉えて──本書のねらいと方法

これまでの研究では，マレーシアの生活空間における「多民族混住」を，①マクロな空間スケールとしての国土や地域と，②ミクロな空間スケールとしての集落や住居などの，異なる大きさの空間で把握してきた。

①では，民族融和や住宅政策，信仰体系や経済関係などの社会的背景を分析した。②では，生活空間に見る混住状況と建築文化に対する現地調査を，1990年代前半に8地点で実施している。また多様な生活者から見た文化遺産をめぐる保全と開発について論じた。

本書では，これに③時間経過を捉える軸を加えて，およそ20年間の時間の経過によるマレーシアの「多民族共住」を捉えるべく，生活空間の変貌を見たいと思う（図1-2）。

本書の考察では，マレーシアにおける民族集団をマレー系，中国系，インド系の主要三民族と，その他の民族集団の枠組みで多民族共住の様相を論じた。むろん，それぞれの民族集団はさらに多くの小集団で構成されている。

たとえば中国系には福建・広東・海南などの方言語系が存在する。インド系

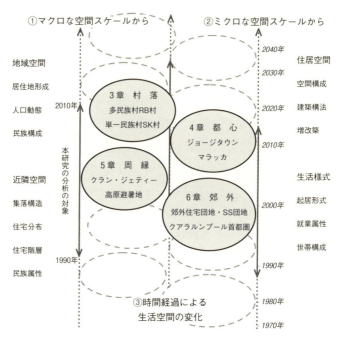

図1-2 一連の研究の構成と方法

も同様だ。この間の文化差異も少なくなく，集団内に存在する社会関係も明確にする必要がある。また生活者の地域性や信仰，社会階層などの存在も加味すれば，さらに多様さは増す。自らのアイデンティティーと民族集団をどのように価値づけするかは，経済成長と生活様式の変化を考慮すれば，さらに流動的だ。

　一方で，マレーシアの政党政治や社会開発では，この主要三民族の枠組みが常に重視されてきた。連邦統計局の統計情報もこの枠組みを根拠にしている。同国での研究の層も厚い。そのため，本書ではさらなる多様性や少数者，また外国籍者の存在を意識しつつ，この主要三民族の民族関係を軸に分析してゆきたい。

　本書で対象とした生活空間は，図1-3の地図に示した8地点である。マレー半島部の主に西海岸に分布している。これらの地域は，同国でも開発が先行する地域で，人口変動も大きい。これを受けて，社会や生活空間の変化も顕著だ。

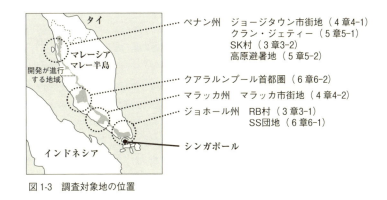

図1-3　調査対象地の位置

　研究の方法は以下のとおりである。①各種統計資料の分析により社会的変化を捉える。②8地点に対する訪問調査を実施し生活空間の変容を把握する。③多民族社会と生活空間の変化を論じる。
　②の再訪問調査では，過年度調査（1990年代調査）で実施した調査項目と共通した項目を用いた。これに，各調査対象地の変化を捉えるのに必要な項目を追加した。

1-3　多民族〈共住〉を捉えて——本書の構成と論点

　本書は全3部，計7章で構成される。各章の構成は以下のとおりである。
　第Ⅰ部「進む開発と変貌する多民族社会」では，本書の課題を整理する。ここでは，1990年代に実施した現地調査での知見をふまえつつ，およそ20年間の時間経過を経て実施する2010年代の再訪問調査の論点を見定めたい。
　第2章「国土開発と国民生活の動向——1990～2010年代」では，マレーシア社会の変動を，過去20年間を中心に，各種統計や言説をつうじて論じたい。
　先にも述べたとおり，この20年間で人口は急増している。経済成長も持続し，国土開発は加速した。これらは国民所得の上昇にも表れた。この背景には政権のリーダーシップによる牽引があったが，2000年以降はこの体制にも揺らぎ

が見え始めた。

　生活空間を見ると，住宅の工業化が進み，民族ごとの多様な生活様式も画一化の傾向にある。著しい開発は，伝統文化や自然環境を変質させている。情報技術の浸透は民族関係にも影響している。民族政策は従前のマレーやイスラームを中心とした枠組みから多元文化主義によるものに転換しつつある。環境保護や伝統文化の保全に対する関心も高まっている。

　これらの動向を整理し，第II部以降で論じる8ヶ所の地域の生活空間を位置づけたい。

　第II部「変貌する生活空間と多民族社会——1990〜2010年代」では，異なる8ヶ所の生活空間をつうじてこの20年間に起きた多民族社会と生活空間の変貌を捉えたい。先の第2章が，マレーシアの社会変化に対するマクロな視点からの論及であるとすれば，第II部ではそれぞれの人々の暮らしをつうじたミクロな空間スケールからの記述だ。

　第II部ではこの8ヶ所の生活空間を，それぞれ第3章「村落」，第4章「都心」，第5章「周縁」，第6章「郊外」の枠組みで捉えた。

　第3章「村落——開発と伝統のはざまで」では，3-1でジョホール州の多民族村RB村を対象に，続く3-2ではペナン州の単一民族で構成されるSK村を対象に論じた。ここでは地方農村部での開発が進行するなか，変貌しつつある村落の伝統と生活空間を捉えたい。

　マレーシアの地方部では新たな開発政策として工業化や加工産業の育成が進められた。地方農村は，マレー系の人口が優勢であり，与党連合BN（国民戦線）の第一党であるUMNO（統一マレー国民組織）もこれを重視してきた。地方開発の推進で，地方と都市の収入の格差が大幅に是正された。

　一方で，農村部での就労形態は工業等の他分野に移りつつあり，営農を基軸とした地域社会は変化の過程にある。また近年では村落での観光産業も注目され始めている。心の故郷としてのマレーカンポン（村落：Kampung）の姿も変わりつつあるのだ。

　3-1の多民族村RB村では，周辺の工場勤務者が村落に転入し人口は増加していた。村落の空間利用や多民族混住の状況は維持されていた。一方で，村落内の住居の空間に見る変化は大きかった。村では同国の地方農村部に広く見ら

れるように，与党支持と開発機会の付与を両輪にしつつ開発が進んできたが，ここのところその状況にも変化が見られる。

3-2のマレー系単一民族村SK村は，同国屈指の工場地帯に隣接しながらも「美しい村」として知られていた。この美観はマレー系の伝統的相互扶助のゴトンロヨン（Gotong Royong）により維持されているが，村民のこれへの期待は変化しているようだ。また，3-1のRB村に見たように，住居様式の変化が著しいことに注目した。

第4章「都心——再編される市街地と観光開発」では，4-1でペナン州ジョージタウンの都心市街地に見る多民族混住の動向を，4-2でマラッカ州マラッカの歴史的市街地の保全と観光開発を見る。

両都市はマレー半島における西欧列強諸国による植民地支配の最初期から拓かれてきた。1990年代にはすでに郊外化が進みつつあった。その一方で都心では，家賃統制令（家賃高騰を回避するために家賃を低いままにとどめる制度）の適用により，大規模な開発が起きず空洞化が始まっていた。

そのため植民地時代に建築されたショップハウスが建ち並びつつも，その多くは朽ち果てていた。市街地人口のほとんどを中国系が占めたことも，政府主導の開発の対象とならなかった要因だろう。また全国的に人口の増加が目覚ましいなか，本章で対象とした両都市の人口は減少を続けている。民族構成も変化している。

そのような状況のなか，2008年に両都市はユネスコの世界遺産に登録された。これまではマレー民族文化を中心に国民文化政策がとられていたが，多様な民族文化が共存するさまが評価されたのだ。世界遺産登録を契機に，都心の観光地化がさらに加速した。

4-1のジョージタウンには多くのショップハウスが建ち並び，多様な民族集団の生活を受け止めてきた。しかしここでも同様に家賃統制令や郊外化により空洞化が進みつつあった。

世界遺産への登録以降は市街地の観光地化がさらに進む。家賃の上昇に伴いジェントリフィケーションも見られるようになった。近年では都心の生活空間の多民族混住の状況も変化が著しい。同一の民族集団が集住する「民族界隈」の変質も著しい。本章ではリトルインディア地区を中心に「民族界隈」の拡大

と周縁領域の空間利用の変化を捉えた．

4-2のマラッカは，同国でも早い時期から観光産業が注目されてきた．すでに1990年代前半から建物が少なからず宿泊や物販など観光客むけの業態に転換し始めていた．世界遺産への登録以降はその傾向がさらに進んでいる．地元財界や観光産業関係者はこれを歓迎しているが，交通混雑や不動産の高騰が深刻化している．また民族文化の商品化と形骸化を嘆く声も少なくない．旺盛な観光需要を見込み，市街地周辺ではさらに大規模開発が進む．

第5章「周縁——継承されたフロンティア空間」では，都市の地理的周縁に位置する2ヶ所の生活空間を捉えたい．いずれもが4-1のペナン州ジョージタウンの周縁に位置する．

双方ともに植民地時代に形成され，それぞれ港湾と丘陵と，都市の周縁に成立している．周縁であるがゆえに，1990年代後半までは開発の対象として見なされていた．しかし近年では，民族集団の枠組みを超えて，価値が認められ始めた．

5-1はクラン・ジェティーを対象にした．港湾部の海上の杭上集落は，海港都市としてのジョージタウンの海と街をつなぐフロンティア空間として形成された．中国系の同祖集団で構成される．集落は「一時占有許可」の仮設的な状況で幾度もの除却の危機に瀕してきた．ところが今日にいたるまで開発の対象にならなかった．4-1で見たようにジョージタウンが世界遺産に登録された際には，世界遺産の核心領域に含められている．

5-2の高原避暑地ペナンヒルは，植民地時代は支配者のみに拓かれつつも，独立以降は国民に広く愛されている．これまでも冷涼で眺望が優れる高原避暑地は広く市民に愛されてきた．一方で1990年代には大規模な観光施設の開発計画が持ち上がるが，結果として州政府への開発申請は環境アセスメントの結果を受けて却下された．一連の経緯を含めて，自然環境保全の先進的事例と見なされている．

本章では，以上の2ヶ所の生活空間の変化を捉えるとともに，これらの周縁がどのような経緯で，文化や自然環境の継承の先進事例——フロンティアに変貌したのかを見る．

第6章「郊外——落日の郊外団地と膨張する首都圏」では，都市郊外の生

活空間の変化を捉えたい。郊外は，都市への流入人口を受け止め，多民族混住化がもっとも進んだ。マレーシアの郊外住宅団地は，多民族が共有する生活空間として国民統合の象徴としても機能したのだ。

6-1 の SS 団地は，ジョホール州にある中規模の住宅団地だ。ここでは多民族社会の日常を受け止める，ふつうの団地生活を見た。供給後四十数年程度の経過だが，予想以上に劣化が著しく，一部では荒廃化している。

団地全体で見れば多民族混住の状況にあるのだが，1990 年代調査でも街区レベルでは緩やかな住みわけが見られた。これが 20 年の時を経てどのように変化しているのかを捉えたい。

6-2 のクアラルンプール首都圏では，郊外の拡大の過程と，その手法の変化を捉えたい。マレーシアでは 1990 年以降，郊外開発が年々巨大化している。

新行政首都プトラジャヤはその最大規模のものだ。プトラジャヤは，従前のいずれの衛星都市とも異なり，中東イスラーム諸国の建築意匠の影響が強い。独立以降「マレーシア」を意識して次々に建てられた「国民建築」によって都市景観が形成された首都クアラルンプールとのコントラストを感じざるをえない。

同国の国土と景観の変転の軌跡を追うとともに，郊外化の流れにおいて国土空間がどのように変貌しつつあるかを論じたい。

第Ⅲ部「多民族〈共住〉のこれから」では，第Ⅰ部の第 2 章に見たマレーシアの国土開発の進展と国民生活の変化と，第Ⅱ部の第 3～6 章に見た村落，都心，周縁，郊外の生活空間の 1990 年代から 2010 年代までの変貌を相対させて論じる。

第 7 章「民族共存と生活空間の継承にむけて」では，考察の観点として「国土」「景観」「近隣」「民族界隈」「住居」について論じ，同国における多民族共住から見た，これからの課題について論じたい。

「国土」空間に見る多民族共住では，国土開発が急速に進むなか，各州の民族構成の変化が地域社会をどう変えていくのか。また外国籍の人口の増加も見逃せない。今後の国土の姿を展望したい。

同国の開発は政党支持が民族集団とほぼ一致することもあり権益と結びついてきた。近年の経済開発や国土開発の進展は，それぞれの民族集団とどのよう

な関係にあったのだろうか。あわせて2000年代前半以降の政党政治の流動化や，政治リーダーシップの変化は，この先の多民族社会のあり様にどう影響するのだろうか。

独立以降一貫していた開発路線も転換の過程にある。1990年代の後半以降，自然環境や文化遺産の保全を重視する世論に転換しつつあるといえる。国民の発展観が移ろい始めているのではないか。また市民による開発に対する意見表出やイニシアティブも見逃せない。地方自治や住民組織のありかたを含めて多民族共住の課題を論じたい。

「景観」に見る多民族共住では，国民統合や経済開発の象徴としての都市景観のこれからを展望したい。独立以降，主に公共建築物を中心に「国民建築」が相次いで建設されてきた。そこには，国民文化としてのイスラームやマレー文化が映し出された。

しかし「国民建築」も1990年代の後半以降，その表出が漸減している。なぜマレーシア社会は都市景観に「国民建築」を求めなくなりつつあるのか。またこれに代わってどのような建築様式が選ばれ，新しい都市景観が創られつつあるのだろうか。

1990年代後半から建設が本格化した新行政首都プトラジャヤの都市景観には新しい潮流が読める。そこでは，自然環境との共生が都市計画の基本理念となり，また多くの建築物で中東イスラーム諸国の建築を参照の対象としている。なぜ，新しく造営された行政首都の景観にこれらが選ばれているのか。

一方で，多民族国家の首都として独立以降，成長を遂げたクアラルンプールはこの先どのように変転していくのだろう。

マレーシアの都市景観は，この先，多民族社会をどのように映し出してゆくのだろうか。

「近隣」空間に見る多民族共住では，日常的な民族間の交流が行われる場としての近隣のこれからを展望したい。先にも述べたとおり，同国では多民族混住は制度的に形作られたわけではない。住宅団地での住宅供給の際のマレー系への優遇は混住化に作用したが，政策的には間接的介入にとどまった。この20年間でこの方針に揺らぎはなかっただろうか。

一方で，近年の同国の住宅価格でもとくに都市部での高騰が著しい。これに

応じて住宅購入者の年齢層も上昇し，また新規の団地はさらなる郊外に造成される。また都心部は観光産業の隆盛もあってジェントリフィケーションの傾向にある。拡大する住宅階層は，社会を分かつ原因にならないだろうか。

　同国では民族融和の一環で，近隣の結びつきを高めようとしてきた。たとえばマレー村落に見られる相互扶助のゴトンロヨンを都市部の近隣社会でも普及させようとしてきた。この伝統的な相互扶助を含め，この20年間で近隣社会に民族を超えた結びつきの萌芽があるかを見たい。

　一方，近年の治安や安全への不安感は近隣の形を変えた。住宅を囲う柵や塀は高くなり，市街地にはゲーティッド・コミュニティーも普及している。近隣空間は今後の多民族共住においてどのような役割を果たすのだろうか。

　「民族界隈」に見る多民族共住では，さまざまな生活空間に見る「民族界隈」の変容を捉えたい。筆者のこれまでの研究では「民族界隈」の結合の緩やかさや，その中心部に立地する施設に注目してきた。ここでは時間経過により「民族界隈」が周縁領域を含めてどのように変化しているかに注目する。

　これまでの筆者の研究では，「民族界隈」の周縁の空間的荒廃について注目してきた。「民族界隈」の中心部にむかう求心性の反面，その外側へは生活者の関心がむかないからだ。この周縁空間は時間の経過でどのように変化しているか。

　一方，近年，中心市街地において人口減少を示している地区も少なくない。このような場合の都市社会の活力維持において「民族界隈」は今後どのような役割をはたすのだろうか。

　「住居」空間に見る多民族共住では，近年の経済成長に伴う住居の変化を捉えたい。伝統的には住宅の形態も起居形式も民族ごとに異なっていた。また熱帯の気候条件下にあることで，住宅の外部にむけた開放性はその特質の一つだった。これは，都市部の住宅団地でも同様で，開放的な住宅や敷地の構えは，近隣との交流の場ともなっていた。

　これが20年間でどのように変化を遂げたのか。住宅の平面構成や工法に変化はあったのか。また生活様式も変化しつつあるが，これは住居にどのように影響を与えているだろうか。

　一方で，近年は伝統的な生活様式や住居のしつらえにも国民の関心が高まっ

ているようだ。住居空間に見られる伝統的な起居形式はどのように受け止められているのだろうか。
　そしてこの先，マレーシアの多様な暮らしの場としての住居は，どのように変化を遂げてゆくのだろうか。

第2章
国土開発と国民生活の動向 —— 1990〜2010年代

　この章では歴史的経緯を参照しつつ，マレーシア社会の変動を，1990年から2010年代を中心に捉えたい。

　ここでのねらいは，第Ⅱ部で論ずる8ヶ所の生活空間と多民族社会の変貌を読み取るうえで必要となる社会全体の動向の把握にある。

　筆者は，マレーシアでこの20年間に起きた，経済，政治，社会の動きは，1957年の独立に並ぶきわめて重要な転換にあったと見ている。この一連の変化を捉えるにあたり，本章前半では，マレーシアの社会開発の経緯，とりわけ独立以降の民族関係と経済開発を捉える。後半では各種の統計を参照しながら，この20年間を中心とした社会の変容を見る。

2-1　国土空間と開発政策の変遷

2-1-1　移民社会から多民族国家へ —— 独立期の国土開発

　マレーシアの国土は，長期にわたり，ポルトガル，オランダ，英国などによ

る統治を受けてきた。とくに英国の植民地支配は長く、この間に、錫鉱山、ゴムや油ヤシのプランテーションの開発が進められた。これらの開発の進展とともに莫大な資本と労働力が流入した。

　もっとも、1920年代の英領下のマレー半島の錫鉱山開発では中国南部からの移民を用いた華僑資本と、英国資本とが拮抗していた。後に掘削機械を導入した英国資本が圧倒するが、中国人のマラヤへの移民は続いた。こうして建設されたのが第6章6-2に見るクアラルンプールなどの物資の集散地や植民地支配の拠点都市だ。またゴムなどのプランテーション農業や建設事業にはインド系の移民が流入した。

　ザイナル・アビディン・アブドゥル・ワーヒドが編者をつとめた、同国の一般むけの歴史書『マレーシアの歴史』には、当時のマレー人のおかれた情況がこう描写されている。

　　二〇世紀初頭の数十年間におけるマレー半島の社会状態について、（略）政治の面を除く、その他の面では、マレー社会はまだほとんど大きな変化をこうむっていなかったということをまず念頭にとどめておかねばならないだろう。いいかえれば、農村の一般民衆の生活は一九世紀とほとんど変わりがなかったのである。[1]

　英国による植民地支配は、都市や開発を受けた地域のみで経験されたものであって、農村世界に生きる多くのマレー人には無縁だった。中国人やインド人などの移民は、植民地の支配者の利に寄与する度合いで立場が変わる。

　英国は巧みに人種ごとに分立させた。ここで現在にいたるマレーシア社会の民族関係が焼き付けられる。経済的には、中国系が優位でマレー系が劣位。インド系は専門職と労働者に分かれる。一方で英国は、支配の過程で、各地のマレーの小王国の王、スルタン（Sultan）に対して懐柔策をとった。これが独立後も継承され、マレー系は政治的に優位となっていった。

　この情勢の下、それぞれの民族集団は権益の保守と拡大にとらわれる。独立後に相次いで生まれた政党は、民族集団を支持地盤にして成立した。与野の政党は政局ごとに離合を繰り返した。多くの政党は資本関係で影響力のある各民

族語や英語の新聞社を有する。

　独立直前の1955年には，インドネシアのバンドンでアジア・アフリカ会議が開催された。これらのアジア各地の政治動向を前に，マラヤ独立を渇望した市民の間で，民族間の政治的連携が不可欠であると認識され始める。

　そこで，UMNO（統一マレー国民組織：United Malays National Organisation），MCA（マラヤ中国人協会：Malayan Chinese Association），MIC（マラヤ・インド人会議：Malayan Indian Congress）の間で協調が模索された[2]。これらが連合組織を結成し1955年の総選挙において大勝をおさめる。この政党連合は，現在の与党連合のBN（国民戦線／バリサンナショナル）が1973年に結成される端緒となった。

　独立に際して，争点となったのは，独立後のそれぞれの民族集団の位置づけについてであった。とくに，マレー系の政治的優位性と，中国系やインド系の国籍と市民権の扱いだ。これには各政党から異議が続出し紛糾する。むろん合意は容易ではない。その一方で民族集団の権益を超えた協調なくして独立は不可能だった。

　先のザイナル・アビディン編の『マレーシアの歴史』には，それぞれの民族集団と政党は，マラヤの独立を優先し，あゆみよったと記されている。

> MCA・MIC両党がマレー人の「特別な地位」を認め，かつマレー語を国語ならびに公用語とすることに同意するのと引き替えに，UMNO側は，独立後は国籍の賦与に関して出生地主義の原則を採り入れること，ならびに，独立前にマラヤで生まれた非マレー系の住民に対する国籍取得の条件を緩和することなどの点について妥協したわけである[3]。

　マレー系の政治的な優位性は保持する。そして中国系とインド系は出生地主義にのっとって国籍が保証される。それぞれにとっては「妥協」だとしても，英国をはじめとする永年の植民地支配からの脱却には不可欠だったのだ。これは，移民社会が，独立した多民族国家に変貌を遂げる産みの苦しみ。単なる「妥協」の産物ではなく，自らの民族集団の利益を差し出す試練を伴った協調の成果だったのだ。

こうして1957年のマラヤ連邦（Federation of Malaya）独立が成し遂げられる。新生独立国家としての対応が急がれるなか，国政上の重大な課題があった。経済の立て直しと民族間の格差の是正である。

初代首相の座に就いたアブドゥール・ラーマン（Abdul Rahman）はこう嘆いた。

> マラヤ国民の経済生活は，外国人が富と特権の主要部分を握り，中国人企業がこれに続き，マレー人はほとんどビジネスに従事していない。マレー人の多くは，その日暮らしのみじめな生活を送っている。長い間にわたって，マレー人はイギリス植民地支配の受益者といわれ，無知と自己満足のなかで暮らしてきた[4]。

マレー系は，独立時に獲得した政治的な優位性や，国語となったマレー語，信仰するイスラームが国教となるなどの情勢下にあっても，経済的には劣位なままだった。

そのため政府は，マレー系に対する経済振興策を開始する。地方の低開発地の経済開発を担ったFELDA（連邦土地開発庁：Federal Land Development Authority）が設立されたのも独立期だった。マレー系の農民は一定の訓練を受け，FELDA直営のプランテーションに入植していった。これらの施策により地方のマレー系の経済情勢の改善が期待された。むろん，UMNOはマレー系が支持者だ。彼らにとって地方のマレー系住民は重要な支持地盤ともなる。地方開発における村落の変貌は第3章で捉えたい。

国土レベルで見た民族構成でも，植民地時代の統治と開発の影響は大きかった。マレー系は農村や地方に多く居住し，都市部には中国系やインド系が集中した。生田真人は，植民地支配者が安定的に植民地統治を行うために，被支配者となる三民族の居住地を分かつことで相互の連携を妨げ，分離状態を誘導したと指摘する[5]。

このことは国土の景観を決定した。大都市に限らず人口の集中する市街では，中国系の家屋が軒を連ねるが，農村にはマレー系の民家が並ぶ。いずれの空間スケールで見ても，完全に単一民族で占められる生活空間は稀だ。永田淳嗣の

分析にもあるが、クアラルンプールの市街地でもそれぞれの形成経緯を受け、現在も中心部は中国系が優勢で周辺はマレー系が多い。

　ホー・チンションは、以下の2種類を除き、同国において民族の住みわけが政策的に誘導されたことはないとする。その一つは、英領植民地下の1913年から導入されたマレー・リザベーションランド（Malay Reservation Land）だ。指定された土地は、非マレー系への売買が制限された。比較的小さな土地から州の半分を占めるほどの巨大なものまであった。独立以降もマレー・リザベーションランドは維持され、1969年時点で17,516.1km²に及んだ。

　二つめは「華人新村」だ。独立以前の1948年6月に非常事態宣言をしき、英国人が中心となって治安の維持を目指した。その過程ではマラヤ共産党への補給路や援護を断ち切るために、山間部を中心に中国人をフェンスで囲われた「華人新村」に収容する。日中の新村からの出入りは自由なものの夜間は閉門される。中国語方言の違いに関係なく収容されたため、新村では中国語の標準語が用いられた。無論、現在は「華人新村」の囲いは解かれているが、当時のままの土地区画で宅地などとして利用されている。

　もっとも民族間の最大の離合は、独立以前から続いた国土の再編だった。1957年のマラヤ連邦独立の後、1963年には、シンガポールとボルネオ島の北部（現サバ州とサラワク州）が追加統合しマレーシア連邦となる。

　しかし1965年にはシンガポールはマレーシアから分離し独立する。シンガポールは中国系の人口が優勢だ。当時の民族構成ではシンガポールとマラヤでは中国系の人口がマレー系をしのいだ。一方、サバとサラワクの両州を含むとマレー系の人口が優勢となる。これは選挙にも影響する。

　一方でシンガポールでは1964年には能力主義の導入を進める政府に、本来ならば優遇されるはずだったシンガポールのマレー系の不満が爆発。民族間紛争となり緊張が続いていた。こうしてシンガポールは独立した。

2-1-2　民族間暴動と「新経済政策NEP」——1970年代の国土開発

　マレーシアでも中国系からマレー系の政治的優位に対して不満がくすぶり始

める。そんななか1969年5月10日の選挙ではUMNO（統一マレー国民組織），MCA（マレーシア中国人協会），MIC（マレーシア・インド人会議）からなる，与党連合BN（国民戦線）が議席数を減らす。その2日後，中国系の野党支持者らが勝利を祝って行進するなか，民族間暴動「MAY13（五月十三日事件）」が発生する。

> この行進は野党の勝利を謳い，マレー人の居住区のカンポン・バルーを通過した際，「マレー人は死んだ」などと叫んだといわれる。これに対し，マレー人が立ち上がり，スランゴール州首相ハルンの自宅に集まったUMNO青年部のマレー人青年がUMNO勝利の行進を始め，一三日夜両者が衝突し，多数の死傷者を出す流血の事件となった。[8]

五月十三日事件は政権に深刻な打撃を与えた。後に首相となるマハティールは，ラーマン首相に対して総選挙の敗北と五月十三日事件に対する引責を迫った。しかし逆にマハティールに対して党内の批判が集中し，彼は党を追われることになる。

それでもマハティールはめげずに自著『マレー・ジレンマ』[9]に意見をしたためた。マハティールは問いかけた。なぜ五月十三日事件が起きたのか，マレー人はなぜ貧しいのか。そしてマレーシアの民族関係の危機の理由はどこにあったのかと。内容から同書は発禁処分となるが，影響力は大きく，UMNOのリーダーシップの転換に一石を投じることとなる。

ラーマンはこの事件への対応をとった後，翌1970年に退陣し，アブドゥール・ラザク（Abdul Razak Hussein）首相が2代目についた。

ラザク首相は五月十三日事件からの内政の回復を急いだ。焦点となるのはマレー系の位置づけである。ラザクが首相の座につく直前，国是（ルクネガラ）が発表される。これはマレーシアにおけるマレー系の優位を明示したものであった。

> ①神への信仰（イスラムは国教であるが，他の信仰の自由も認める），②国王および国家への忠誠，③憲法の遵守，とくに，歴史的につくりあげられた

国王，国教としてのイスラム，公用語としてのマレー語，マレー人および先住民の特殊な地位，他の民族の合法的権利，市民権の授与などを守ること，④法による統治と基本的自由の尊重，⑤良識ある行動と徳性。[10]

そして 1971 年に NEP（新経済政策：New Economic Policy）が策定される。ここで現在のマレーシア社会の民族間関係での一大与条件となったマレー優先政策（ブミプトラ政策）がさらに具体化する。

NEP について，穴沢眞は「植民地時代に形成された人種ごとの経済活動の棲み分けにより生じた人種間の所得格差や経済格差の是正を目的とした」と述べる。[11] 鳥居高は，NEP は「マレーシア全体における貧困世帯の撲滅，マレーシア社会の再編成という 2 大目標からなる」と述べ，後者は「マレー人に大きな恩恵を約束するものであった」と指摘する。[12]

NEP では政府による積極的な経済分野への介入が謳われた。既存の国営企業や公社の業務領域を拡大するとともに，新たに政府系企業体や開発公社を設立している。経済開発における国家のイニシアティブが強化されたのだ。

また産業構造の転換，工業化が謳われた。急がれたのが，植民地時代からのゴムや錫などの天然資源の輸出依存からの転換にあった。一次産品の輸出に過度に依存する産業構造では国際市場の動向に国内経済が左右される。

そこで工業化政策が進められた。外国資本の導入を目指して税制など外国資本の企業に対して各種の優遇策がとられた。この流れは 1971 年の自由貿易区法（Free Trade Zone Act）としても表れる。自由貿易地区では輸出入手続きが簡素化され，内外の企業が進出しやすいよう工業団地が造成される。1972 年には最初の自由貿易地区としてペナン開発公社によってバヤン・ラパス自由貿易地区（Bayan Lepas Free Trade Zone）が開発されている。これは第 3 章 3-2 に見る SK 村に見るある地域だ。

さて，優先政策でのブミプトラ（bumiputera）とは何か。ブミプトラとは「土地の子」を表し，マレー系と，先住民からなるオラン・アスリ（Orang Asli）が含まれる。マレーシアの憲法 153 条にブミプトラの特別な地位について謳われている。

先のザイナル・アビディン編の『マレーシアの歴史』にはこう説明されてい

る。すなわち憲法153条は独立期に民選の議員が大勢を占める議会での熟議の成果であること，また中国系やインド系がマラヤ国籍の取得をすることで「マレー人の特別な立場」を認めた結果であると説いている。[13]

NEP下のマレー優先は単に理念を述べただけではなかった。各種の政策をつうじて優先策の理念が具体化されていった。公務員への登用，高等教育機関の入学枠，ビジネス許認可，企業への融資，住宅購入の際の価格減免や戸数の割当などでブミプトラへの優先が盛り込まれた。

国民生活に直結することからマレー優先政策は争点となり続けた。折に触れて撤廃や見直しが政権首脳からも示唆されている。これには非マレー系からの批判のみが作用したわけではない。優先における具体的な数値目標や規制誘導の見直しを示唆することは，マレー系有権者への引き締め策としても作用したのだ。

NEPとマレー優先政策は，社会全体の経済成長に寄与した。穴沢眞は，NEPは民族間の分配に重点を置きつつも，国民全体のパイの拡大に寄与した。しかし，その拡大部分のより多くはブミプトラに分配されたと指摘する。[14]

1976年，ラザク政権は第3代首相のフセイン・オン（Hussein Onn）に継がれる。

2-1-3　加速する国土開発と「マハティーリズム」——1980年代の国土開発

この体制を継承し拡大したのが，第4代首相のマハティール・モハマド（Mahathir Mohamad）だ。マハティールは1981年から2003年までの22年にわたる長期政権を担った。

マハティール政権下，国土開発はさらに加速する。マハティール政権は，我が国をはじめとする東アジア諸国の経済開発に学ぼうとするルックイースト政策（東方政策，1982年），国内の官民を挙げた開発の推進と民間活力の積極的導入を掲げたマレーシア株式会社構想（1983年）など，目玉となる開発政策を打ち出した。ルックイースト政策は，英国をはじめとした西欧諸国の影響が強い同国において，新奇性のある東アジア諸国との関係強化を指向したものだ。

また能力主義の導入を進め行政体制を引き締めた。1983年には憲法を改正

してスルタンの政治的権限を縮小し，自らへの批判者を拘禁するなど管制を強化した。小田利勝はテイ・クーボー（Teik Khoo Boo）の論を参照しつつ，マハティールの政治手法，いわゆる「マハティーリズム」は国家主義，資本主義，イスラーム，人民主義，独裁主義の5つの核で構成されていると分析している。そしてマハティールには政治家としての強い求心力，そして「カリスマ的リーダーシップ」があったと指摘する。[15]

「マハティーリズム」の進展で経済開発が進むなか，社会がナショナリズムに傾斜するのもこの時期で，イスラーム化，マレー化が進行した。1980年代前半から学校教育でも，従前の英語からマレーシア語（マレー語）の使用が増す。このことは都市景観や建築の意匠にも影響を及ぼしていく。第6章6-2で詳述したいが「国民建築」が都市景観で目立ち始めるのもこの時期だ。

また，マハティール政権では外国資本の導入を進め，マレー系の競争力の向上を喚起する。1986年には投資促進法が施行され，ブミプトラの経営参画を前提としつつも外国資本の企業の国内参入をさらに促してゆく。

このころにはNEPやマレー優先政策導入から10年が経過し，その効果も表れ始めた。製造業における株式資本割合を見ると，ブミプトラの構成率は，1970年は2.4%にすぎなかったが，1990年には19.3%に増加している。同じく中国系も増加している。1970年時点では外国籍者の資本割合が6割を占めていたこともあり，この部分がブミプトラ他に転換されたといえよう。一方で，製造業の被雇用者の構成率はマレー系が，1970年は21.2%だったものが，1990年は46.4%と増加した反面，中国系は減少した。

2-1-4　アジア通貨危機と「国民開発政策NDP」——1990年代の国土開発

ルックイースト政策（東方政策）などを打ち出した成果で，第四次マハティール政権も60%の支持を得ており盤石だった。経済情勢も良好で国内の政局は安定しているように見えた。一方で政府高官らの汚職による疑惑が頻発し，UMNO（統一マレー国民組織）内部の闘争も深刻化しつつあった。与党連合のBN（国民戦線）内も，MCA（マレーシア中国人協会）やMIC（マレーシア・イ

ンド人会議）などの民族系政党も，それぞれに党内派閥の対立に揺れていた。

　1980年代後半には初等学校への中国系教員の登用をめぐってマレー系と中国系の間に摩擦が起きた。これに対して，マハティールは関係者を国内治安維持法（ISA：Internal Security Act）で拘禁し，国内の中国語新聞の発行停止処分をとっている。民族関係の緊張の高まりと，それに対する政権の強硬姿勢は負の連鎖に陥ったかのようだった。近隣諸国の民族主義の高まりもあって，外資の積極的導入をテコにした経済政策へ懐疑的な世論も出始めた。

　当時のマレーシア経済の先行きに対する予測は楽観的なものばかりではなかった。たとえば，ジェームス・ジェスダソン（James V. Jesudason）は1989年刊行の著書で，マレーシアはなぜ大韓民国や香港，台湾などの新興国に仲間入りできないかと問いかけた。その理由として，民族集団ごとの権益に拘束され合理的な経済政策をとることが難しいからだと指摘していた。[16] 経済成長を成し遂げれば民族関係は安定するとの観点にも懐疑的な意見が出始める。

　そんななかマハティールは1991年に「ビジョン2020」（Wawasan 2020）を打ち上げる。ここでは，90年代に生まれた子どもたちが社会の第一線で活躍する30歳ごろの2020年までに，マレーシア社会を，経済力だけでなく社会のあらゆる側面で先進国社会にするという構想である。ここで「バンサ・マレーシア」（Bangsa Malaysia：マレーシア国民）という概念も提示された。民族集団ごとの利益に腐心することなく社会全体の発展を目指す国民意識の醸成だ。

　1991年にはNEPに代わる1991～2000年を政策期間とするNDP（国民開発政策：National Development Policy）を定めている。NDPの期間において政策的な転換が打ち出された。鳥居高によると，NDPは政府の「役割の縮小」と「活動領域の限定」が柱となった。[17] 政府による強い政策的介入を柱としたNEPからの転換だ。

　一連の転換を，小野沢純は，従前は民族集団の存在に重点をおいていた開発政策の転換点となったと見る。そして「豊かな生活を民族にかかわりなくすべてのマレーシア国民が享受するという開発主義に立脚している」と指摘する。[18]

　この時期に相次いで巨大開発が始まっている。クアラルンプール国際空港が1991年に建設開始，新行政首都のプトラジャヤは1992年に開発計画に着手する。この経緯は第6章6-2に見たい。

マレーシア株式会社構想では，政府部門と民間が積極的に協調し国富全体を高めることが謳われた。NEP以降，総理府の経済計画局（Economic Planning Unit）をはじめ中央政府の権限は強かった。NDPでは地方に権限が委譲され，また官民の協議組織が設立されている。これらの新政策に対する国民の好感は1995年の下院総選挙に表れた。与党連合BNへの高い支持として表れたのだ。1990年時点は与党連合のBNは127議席であったが，1995年選挙後は162議席を獲得し圧勝した。

　しかし順風のマレーシア経済は1997年のアジア通貨危機で大きく退潮する。マレーシアの1998年の実質GDP成長率は－7.5％となり民間投資は－57％まで落ち込んだ。

　これに対してマハティール政権はIMF（国際通貨基金）の介入を拒み自主再建を選択する。政権の対応は，為替相場の固定制の選択だった。また外国籍者への不動産取得や投資課税などの各種規制が緩和されている。この自主再建路線の選択も賛否が割れたが，1999年には回復しGDPは＋4.3％と上昇基調となった。

　このアジア通貨危機に前後して，国土開発の進展に対して慎重な世論が目立ち始める。失われた自然や歴史，伝統についての危惧だ。政府も『第七次マレーシア計画』（1996～2000年）において，環境への配慮を表明する。環境政策には数値目標も盛り込まれた。

　一方で，周辺諸国でもいち早く情報技術を用いた産業育成などが打ち出された。新行政首都プトラジャヤとともにマルチメディア・スーパー・コリドーの計画策定も始まる。また1999年にはクアラルンプールでアジア通貨危機から工事が中断していたモノレール工事が再開されている。マハティール政権が打ち上げた巨大開発が相次いで竣工に向かう。

　しかし内政はくすぶり続けた。1998年，副首相のアノワ・イブラヒム（Anwar Ibrahim）が職権乱用などの嫌疑で逮捕され副首相を解任された。アノワ・イブラヒムはマハティール後継の有力候補で国民の信望もあつかった。この拘禁の過程でアノワ・イブラヒムに対して暴力が振るわれたとの疑義から世論はさらに反発する。国民の不満は大規模な市民による抗議集会やデモになだれこむ。これは後に「リフォーマシ」（改革：Reformasi）と呼ばれる運動に展開し，ア

ノワ・イブラヒム夫人のワン・アジザらが中心となる新野党の成立に結びついた。

この種の抗議運動は「やわらかな権威主義」とも形容される同国の社会情勢下ではこれまで目立つことはなかった。むしろ国内治安維持法の存在もあり抑制的だった。同国の56団体からなる非政府組織は人権状況の改善を訴える報告を国連人権高等弁務官に提出している[19]。

この情勢は野党の相互関係にも波及した。それまでの民族別に分立している野党勢力では持続的な連携は見られなかった。しかしこれを機に，与党連合BNに対抗する，野党連合のBA（代替戦線：Barisan Alternatif）が1998年に結成される。

これに対してマハティールは1999年に国会解散を行い選挙が行われた。結果，与党連合BNは18議席を失った。盤石なはずだったUMNO支持層が，地方を中心に，よりイスラーム色やマレー民族意識の強い野党のPAS（全マレーシア・イスラム党：Parti Islam Se-Malaysia）に流れた。これはマレー系の人口構成の高い地方で顕著だった。州議会では与野党の逆転も見られ，PASはマレー半島東海岸でマレー系人口が圧倒的なクランタン州とトレンガヌ州の2州で政権党となる。

この選挙結果は，与党の大敗が引き金となった1969年の民族間暴動「MAY13」すなわち五月十三日事件を想起させ不穏だった。「マレー人の分裂」とさえ呼ばれることとなった[20]。また与党連合BNを構成するMCAの票も，野党の中国系政党に流出している。とはいえ少なくとも，この時点では与野の逆転が起きたのは局所的で，国政とほとんどの州ではBNが優位な体制は維持されていた。

2000年に入ってからマハティール政権は，まずは自らの支持基盤となるUMNOとBNの引き締めを図る。2001年発表の第三次長期計画において，2010年を目途にブミプトラの株式保有割合を30％まで引き上げること（2000年時点で19.1％だった）を打ち上げる。また野党支持層の厚い低開発地，とくにPASの勢力が強いマレー半島東海岸の諸州へ開発をさらに投下する。この地域への進出企業に税制上の優遇措置をとる。また党内運営でも地方の一般党員の意見を取り上げる機会が整えられる。

ところが、政権がこの難局を打開する契機になったのは、2001年のアメリカ同時多発テロだった。むろん政府は反テロを掲げる。これまで外交的には一定の距離をとっていたアメリカへの協調姿勢を打ち出す。

　反動は国内にもむかう。UMNOは、前回の選挙でマレー系の票が流れたPASに対して懐柔的な立場をとっていた。それを一転させて攻勢に出る。ARC国別情勢研究会の分析によると「これを機会にUMNOはイスラム至上主義を唱える最大野党、全マレーシア・イスラム党（PAS）攻撃を一気に高め、UMNOの失地回復、人心収攬を図ろうとした。UMNOは同時多発テロ以前に人々のPASからの離反を図る目的でイスラム過激派とPASを関係付けようとしていた」[21]

　結果、テロによる国際情勢の不穏さは世論の与党回帰に作用した。2002年の補欠選挙でBNはふたたび勝利を得る。

　マレーシア社会を捉えるうえで、イスラームの位置づけを定めることは欠かせない。多和田裕司は、マレー社会は年々「イスラーム化」していると指摘する。ここでのイスラーム化とは、それぞれが自省により、よりイスラームの理念にのっとった実践を目指すさまを呼んでいる。そのうえで、イスラームはその教義などの特質からイスラーム化へとむかう指向性を有していると指摘する。[22] これに政治情勢が作用し、政治にも影響するのだ。

　同じ年にはマハティールは首相退陣を表明する。ほどなく続投を表明し、自らの長期政権を総括するかのように新たな政策を打ち出した。2002年には大学入学者枠における民族割合の廃止、2004年以降の国民役務（ナショナル・サービス）の導入が進められた。これは数ヶ月の訓練生活を行うものだ。

　2003年からは国際競争力を高める目的で、初等教育における理数系科目の講義での英語の使用が打ち出された。これは1980年代初頭から始まったマレーシア語（マレー語）を基盤とした学校教育の転換となった。また従前は民族集団ごとに学校が独立して運営されていたものを「ビジョンスクール」と呼ばれる同一校地に集約する構想が打ち出された。これには多くの反発が出た。とくに中国系の反発は強く、MCAの議員が落選するなどの結果を招いた。

　この時期はマレーシア社会がグローバリゼーションへの対応を急いだ時期ともいえるだろう。2002年のFTA（自由貿易協定）の締結検討、アフリカや中

南米諸国との関係強化を目指した「南々貿易」の推進などに表れた。また中進国としてイスラーム諸国との関係強化をうたって経済協力や人的交流も打ち出した。

グローバリゼーションの負の側面も経験した。2002年のSARS（重症急性呼吸器症候群）の流行は，この時期に成長の兆しが見えた同国の観光産業に大きな打撃を与えた。またインドネシアのバリなどで発生したテロではマレーシア国内で関連するテロ組織の検挙もあって国民の不安を高めた。

このような不穏さを抱えた情勢下で，NDPに代わって，2001年から2010年の間を政策期間とするNVP（国民ビジョン政策：National Vision Policy）が策定されている。これまでに進められた製造業を重視した産業政策から，知財を基盤にした経済体制に転換させるKエコノミー（Knowledge Based Economy）への転換を基軸とする。国民の所得上昇が続くなか，産業界も低賃金を強みにした製品加工分野の重視から，付加価値型の高度産業分野への転換を目指し始めている。これに対応して高等教育機関の設立から情報通信産業の育成など矢継ぎ早に対応が打たれた。むろんインフラ整備でも情報化への対応がもりこまれた。光通信網など情報インフラの整備は周辺諸国に先駆けて行われた。

2003年にマハティールは首相を辞任する。これまでに述べたとおり，マハティール政権の開発政策は，同国の独立とNEPに並んで社会開発に大きく貢献した。

鳥居高らはマハティール政権を「イスラーム先進国」を追求した22年間と述べ「工業化を柱に据えた経済開発の追求と『マレーシア』という国家像（国家アイデンティティー）の確立を目指した」時代だったのではないかと総括している。[23]

2-1-5　リーダーシップの転換と「国民ビジョン政策NVP」
── 2000年代以降の国土開発

マハティール政権を2003年から継承したのがアブドゥラ・バダウィ（Abdullah Ahmad Badawi）首相である。

10月のマハティール退陣から半年後の2004年3月に下院選挙が行われた。結果は与党連合BN（国民戦線）の勝利で，前回の選挙で躍進したPAS（全マレーシア・イスラム党）の議席数は3分の1に激減した。わずか半年の新バダウィ政権の国政運営の成果がこの選挙結果に表れたとはいえないが，好調な滑り出しだった。バダウィ新首相はどこか優しげで，金権政治からの距離感もあって国民の人気も高かった。一方でマハティールとの比較では，カリスマ性に欠けるとの評価も伴った。

　しかしバダウィは温厚な印象ながらも，着実に独自性を打ち出してゆく。バダウィ政権はマハティール時代に構想された巨大プロジェクト，いわゆる「マハティール・プロジェクト」見直しに打って出る。国民の開発中心主義に対する懐疑が増していたのも事実だろう。

　バダウィは独自の政策指針の確立を目指し，2004年にNIP（国家清廉化計画：National Integrity Plan）を打ち出した。ここでは汚職や官僚主義の払拭が謳われた。バダウィの中庸的かつ親イスラーム的な倫理観，温厚なイメージが，国民に広く受け入れられたのもあるだろう。

　マハティール政権時代の難点解消にも動き，拘束されたままだったアノワ・イブラヒムを釈放する。バダウィは釈放は法的に正統な手続きに則っただけだと表明する。その一方，国民の間ではこれが政権中枢の判断の結果であり，かつバダウィ政権がマハティールからの自立性を示したものと受け止められた。

　しかし，この清廉さや中庸性が，逆にバダウィ政権に難局をつきつけることになる。バダウィ政権でも汚職による検挙は絶えなかった。また彼自身の親族による汚職疑義も起きる。そのうえ，汚職嫌疑でひとたびは検挙された政府首脳が釈放されるなどのため国民の不満が高まった。

　同国の政治情勢のうえで，政治家や高官の汚職は政権体制を揺るがせ続けてきた。クーン・ユーイン（Koon Yew Yin）は2020年までの先進国入りを果たすうえでは，汚職を解消することが不可欠だと指摘している。[24]

　この不満の高まりも作用して，2008年の下院選挙では前回選挙と一転し，与党連合BNが大敗する。また州議会選挙でも与党連合は大敗し，ケダ，セランゴール，ペナン，ケランタン，ペラの各州で野党が州政を担うことになる。

　第Ⅱ部で論じるペナン州は人口構成上，中国系が優勢で，同国でも唯一，中

国系政党が州政を担ってきた。第一党はゲラカン（人民運動党：Parti Gerakan Rakyat Malaysia）だった。同党は多民族政党であることを旗印にしつつも中国系が党の中核を担ってきたため、中国系政党と見なされることが多い。ただゲラカンはMCA（マレーシア中国人協会）と同様に、与党連合BNの一翼を担う。このため国政と州政の与野の捩れはなかった。

ところが2008年選挙で州政の与野党が逆転する。中国系政党の民主行動党（DAP）がゲラカンを制し州与党となった。DAPは国政においては野党だ。国政の与党連合BNの一角を担ったゲラカンが、同じ中国系政党ではあるが、都市部の大衆層に支持される野党のDAPに政権を奪われた。ペナンの与野逆転は2013年選挙においても持続している。

このことは、独立以前から持続してきたマレーシアの政治体制の転換を意味した。これまでは民族集団ごとに政党が形成され、それぞれに与野の政党連合を形成していた。むろん、これは政党支持体制の大枠であって、有権者は帰属する民族集団と一致する民族系政党に必ずしも投票しているわけではない。選挙区に各民族系政党の候補者がいない場合もある。

2008年の選挙結果は投票行動の流動性がより高まったことの表れと見てよいだろう。山本博之らは、2008年のマレーシア総選挙を総括するなかで「民族の政治」から「国民の政治」への転換の萌芽ではないかと指摘する。[25]

UMNO（統一マレー国民組織）の大敗は、バダウィ首相の政権継続にとって致命傷となり退陣が避けられなくなった。小野沢純は2000年代初頭のマレーシアの政治情勢と民族間関係を鑑みて「大きな課題はマレー人と華人の間の問題よりも、退陣前のマハティール首相が訴えているように、マレー人社会内部の問題であろう」と指摘した。[26]この総選挙の結果は、まさしくこの構図が表れたと見てよいだろう。

一方で、国民は、汚職や官民癒着に対して強い失望感を抱き始めた。また政府の管制下にある新聞などマス・メディアに対して不信感が高まった。伊賀司はマレーシアのメディア管制の変質を指摘する。マハティールから政権を引き継いだバダウィ政権では「主流メディア」において既存の統制からの大きな転換はないものの、自由化にむけた兆しが読み取れると指摘する。[27]政治社会を取り上げ、そのコンテンツが話題となっている報道サイトのマレーシアキニ

（Malaysiakini）（設立 1999 年）をはじめメディアも多元化している。

一方，経済面では 2008 年のリーマンショックによって，1997 年のアジア通貨危機以降で初のマイナス成長となる。これに応えて 2008 年には大幅な財政出動を行い，翌年にはプラス成長に転じている。

2009 年，ナジブ・ラザク（Najib Razak）に政権が引き継がれる。ナジブ・ラザク首相は，第 2 代首相のラザク元首相の長男で，マハティール政権下でも教育大臣や国防大臣など要職を担ってきた。

就任後は，リーマンショックによる不況へのすばやい対応などが評価されて，国民の支持も堅調だった。2009 年 6 月，株式市場への上場の条件などのブミプトラ資本の 30％保有を求める規制を部分的に撤廃している。

2010 年にナジブ政権は「インベスト・マレーシア 2010」会議で国民を高所得経済に誘導すると明らかにし，これまで以上の民間活力の導入と活性化，金融分野における自由化を掲げている。一方で政府は，環太平洋戦略的経済連携協定（TPP）の発効に備えてブミプトラ系企業の保護を想定していると表明するなど，自由競争と保護的姿勢が混在している。[28]

ナジブ首相は国民意識の醸成を狙い「ワン・マレーシア」（1 Malaysia）キャンペーンを 2010 年に提唱している。マレーシアは，経済成長を後ろ盾にすべての国民の富の増加をもたらし，民族間の安定を成し遂げた。それでも，統合と融和の大切さを訴える「ワン・マレーシア」に示されるとおり，これからも民族融和は同国にとって最重要課題であることに変わりはない。

2016 年末時点でナジブは政権を維持できているが，相次いで起きたマレーシア航空機の事件事故では，国民の間で政府の危機管理体制への疑問が高まった。また，ナジブ自身が打ち上げた「ワン・マレーシア」で創設された政府系基金の巨額債務や不透明さをめぐって首相自身が嫌疑をかけられている。これに対してナジブは嫌疑を強く否定しているが，マハティール元首相や UMNO 内部からも辞任と徹底した捜査を求める声が上がっている。

汚職追放や民主化，選挙制度の見直しを求める市民デモのブルシ（清潔：Bersih）が 2007 年から複数回行われ，警官隊と衝突している。ナジブ退陣を求めたブルシは回を重ねるごとに大規模化した。この市民行動にマハティールが同調する一方，ブルシに反対する対抗行動も起きるなど混迷は深まっている。[29]

2-1-6　地方自治の動向 ――「市」格上げをめぐって

　マレーシアは連邦制をとる立憲君主制国家だ。国王を元首とし，マレー半島部に11，ボルネオ島の東マレーシアに2の合計13州で構成される。ペナン，マラッカ，東マレーシア2州を除く9州にはそれぞれに君主であるスルタン（Sultan）がおり，この互選によって国王が決まる。

　連邦政府のもと，州はそれぞれの成り立ちから独立性を有し，広い行政権限を持っている。また連邦直轄領（Federal Territory）がおかれている。これには第6章6-2で述べるクアラルンプールや，行政首都のプトラジャヤなどが含まれる。

　州以下の行政区としてディストリクト（District：Daerah），さらにこの下にムキム（Mukim）がある。これにディストリクト事務所，ムキムにも駐在事務所が設置され，州の下部機構として行政を担うことになる。主には開発や土地に関する業務を担う。いずれも事務所長は民選ではなく州職員が担当する。

　州のもとに地方自治体がある。州は自治体に対して監督権限を持ち，連邦政府との協議のうえで自治体の創設や予算承認の権限を有する。生田真人は財政的自治権のない自治体が1990年代の初頭でマレー半島部では3割にも及んだと指摘している。[30]

　同国の地方自治体制度は，植民地時代には英国の地方自治制度の影響を受けつつ独立後は地域事情が作用し，一時は9種類もの自治体種別が存在した。このことで連邦や州と地方自治体の間で政策の齟齬が生じさえした。そこで1965年に地方自治体の再編が検討されたが，政府内部で意見の一致に達しなかった。

　その後1976年に地方自治法（Local Government Act）が施行される。これにより自治体種別が統一され，同法の施行前は半島部だけで約400の自治体があったが，総数にも制限を課した。

　この際，事実上の格下げを経験した自治体もある。たとえばペナン島のジョージタウンは英領時代に「市」となりながらも「ミュニシパル」となった。

　地方自治体の種別では，市カウンシル（City Council：Majlis Bandaraya），ミュ

ニシパルカウンシル（Municipal Council：Majlis Perbandaran），ディストリクトカウンシル（District Council：Majlis Daerah）がある。いずれも「カウンシル」すなわち議会とあるのは，自治体の設立主体は議会にあり，下部組織として行政実務を執行する事務局がある位置づけのためだ。地方自治体の権限は，都市計画や保健衛生，生活環境の維持などが主になる。

　この「市」と「ミュニシパル」の違いであるが，一般的に行政権限などは同等だ。ミュニシパルから市への格上げには，連邦政府の定める税収額や人口，都市基盤，歴史や文化の拠点性などの一定の条件がある。この格上げや基準の運用には政治性も作用する。先のペナン島ミュニシパルが2015年に市に格上げされた際には，従前は州が所轄していた，都市交通計画や都市景観，生活衛生などの行政権限を得ている。またこれを担当する職員定数も増すこととなった。

　我が国と事情が異なる点は，1964年以降は自治体の議会議員は民選ではなく州政府が任命していることだ。

　また特徴的なのは，地方自治体の行政区域が，国土のすべてをカバーするわけではないことだ。地方自治体はおおむね市街地化した地域を対象に設置されている。そのうえで自治体の行政区域に含まれない地区は，先に述べた，州機関であるディストリクトやムキムの事務所が行政的役割を担う。またいくつかの地方自治体の範囲はディストリクトやムキムの境界を越えている。

　第4章で見るペナン州やマラッカ州などの，海峡植民地として成立し，古くから地方自治体が設置されていた州は，州の全域が，いずれかの地方自治体の範囲に含まれる。その一方，第6章に見るシャーアラムは1978年時点で約78km^{2}だったが，2010年には約210km^{2}に周辺に拡大している。都市化の進展に応じて地方自治体範囲が拡大されたのだ。

　以上の地方自治の体制は，住民の地域社会への帰属意識にも影響する。民選でない地方自治体の議会よりも，より権限が大きく直接選挙が行われる州への関心は高い。選挙区が小さいため議員の存在も身近だ。日常的な生活上の要望で民族系の政党や議員を頼ることも一般的だ。

　この状況を見ると，もしも同国に我が国の基礎自治体のような行政体が存在したら，民族間関係はどうなっていただろう。行政権限がより高度で，国土を

くまなくカバーしている基礎自治体だ。最近は各自治体においても人口と税収が増加していることもあり，自治体の格上げの事例が増えている。また地方自治体の議会についても，民選による議員選挙への移行も折々に示唆されているが，現在のところ州政府の任命制であることに変わりはない。

2-2　統計に見る国土開発と国民生活の変容

同国の統計資料などを参照しながら1990年から2010年代にいたる，およそ20年間のマレーシア社会の変容を見る。

なお，本書ではとくに断らない限り，人口比などは外国籍者を含む総人口で計算した。多民族社会として同国を捉える場合，2010年時点で総人口の7.3%と，1割弱を占める外国籍者の存在を捉えることは不可欠であると考えたからだ。

2-2-1　人口と民族構成の動向

マレーシアの総人口（図2-1）は一貫して増加の傾向にある。1991年に約1,800万人であった人口は2000年に2,330万人，2010年に2,890万人となっている。これは1991年比で2000年時点で29%増，2010年時点で60%増となる。大幅な人口増加は国内消費を後押しし，経済成長の原動力となっている。

また，これを年齢階層別（図2-2）に見ると，65歳以上の高齢者と0歳から14歳までの若年層の増加も進んでいるが，依然としていずれの年齢階層も増加している。あわせて長寿命化の流れにもあり，80歳以上の人口の増加傾向も示されている。だが全体的に，人口構成上は依然として若い社会であるといえよう。

次に，民族構成（図2-3，2-4）を見る。2010年ではブミプトラが62.1%，中国系が22.6%，インド系が6.8%となっている。1991年時点ではブミプトラが60.1%，中国系が26.8%，インド系が7.6%であった。

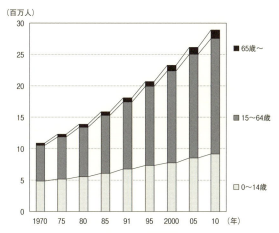

図 2-1　マレーシアの総人口（実数）と年齢階層別の推移（1970～2010年）

データ出典）Population and Housing Census of Malaysia, Department of Statistics, Malaysia.

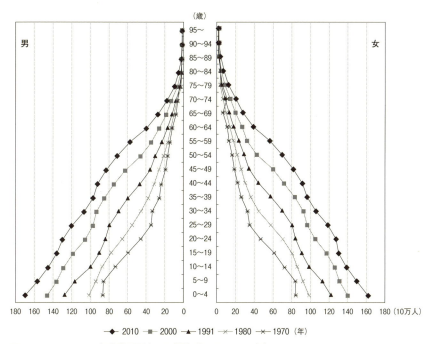

図 2-2　マレーシアの年齢階層別人口と推移（1970～2010年）

データ出典）Population and Housing Census of Malaysia, Department of Statistics, Malaysia.
注記）統計区分により1970年統計は75歳以上，80年と90年の85歳以上は，下位の年齢の人口区分に計上されている。
　　　1991年，2000年，2010年の統計には外国籍者も計上されている。

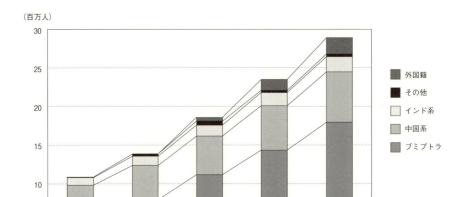

図 2-3　マレーシアの民族構成（実数）と推移（1970〜2010年）

データ出典）Population and Housing Census of Malaysia, Department of Statistics, Malaysia.
注記）統計区分上，1970年と1980年の「その他」には1990年以降の「外国籍」と「その他」が計上されている。

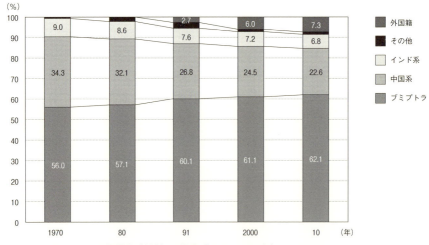

図 2-4　マレーシアの民族構成（割合）と推移（1970〜2010年）

データ出典）Population and Housing Census of Malaysia, Department of Statistics, Malaysia.
注記）統計区分上，1970年と1980年の「その他」には1990年以降の「外国籍」と「その他」が計上されている。

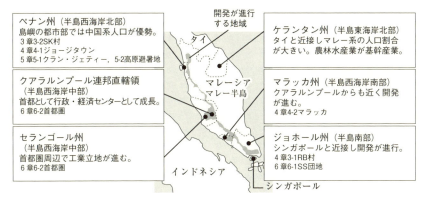

図 2-5 本章で見た各州，連邦直轄領の位置と開発動向

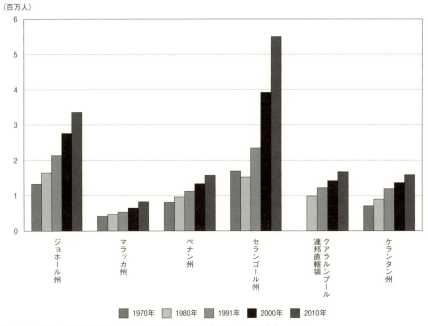

図 2-6 各州，連邦直轄領の人口（実数）と推移（1970～2010 年）

データ出典）Population and Housing Census of Malaysia, Department of Statistics, Malaysia.
注記）クアラルンプールは，1974年にセランゴール州から連邦直轄領となったため，1970年分は表示していない。

多民族国家としての人口上の大枠に変化はないが，構成比のうえでは変化が続いている。いずれの民族集団も増加しているかに見えるが，これを民族ごとの比率で見るとマレー系とオラン・アスリなどを含むブミプトラの増加が顕著だ。1970年と2010年のそれぞれの民族集団の人口増加は，ブミプトラ2.9倍，中国系1.7倍，インド系2.0倍となっている（図2-3）。一方，中国系人口は，少子化の傾向が影響し減少している。増加が著しいのは外国籍者の人口だ。2010年にはインド系の人口を上回っている。

　この間の州別の人口動態を見たい。マレー半島では植民地時代からの開発動向の影響で，主に西海岸で開発が進行し，東海岸には低開発地が広がる（図2-5，2-6）。一方，シンガポールに隣接しているジョホール州では工業開発が進行している。このことは州ごとの人口の増加傾向にも影響を与えている。

　首都圏を含むクアラルンプール，マレー半島北部の拠点のペナン州は，1991年比で2010年までにおおむね国全体の増加率に近い。一方，首都圏のセランゴール州やジョホール州は事業所立地や経済投資が集中していることもあり人口増加が著しい。

　続いて州別の民族構成の推移（図2-7）を見る。同国は形成経緯から地方農村部にはマレー系が，都市部には中国系の人口が優勢だ。この傾向は現在も同様だが，構成比とその変化には相違がある。

　マレー優先政策（ブミプトラ政策）もあってクアラルンプールではマレー系を含むブミプトラの増加が続く。1991年時点でのブミプトラの構成比は38.6％であったが2010年には41.6％に微増，中国系は44.2％から39.1％に減少している。一方で，外国籍は増加しており，同じ期間で4.4％から9.4％に増加している。外国籍者の就労機会が増えたためだ。

　同じく，外国籍者の人口の増加は他の州でも起きている。2010年でジョホール州8.1％，マラッカ州4.2％，ペナン州5.8％，セランゴール州で7.7％などだ。

　北部マレー半島西海岸のペナン州は，歴史的にも中国系の人口構成比が高い。1970年では中国系が56.5％，ブミプトラは30.3％であり，ブミプトラ人口が優勢な国の民族構成比と逆転していた。しかしペナン州自体は人口の伸びが全国平均と比較すると鈍い。この変動を民族別に見ると，ブミプトラは増加しているが中国系の割合は減少している。同じ州のなかでも民族構成に差がある。

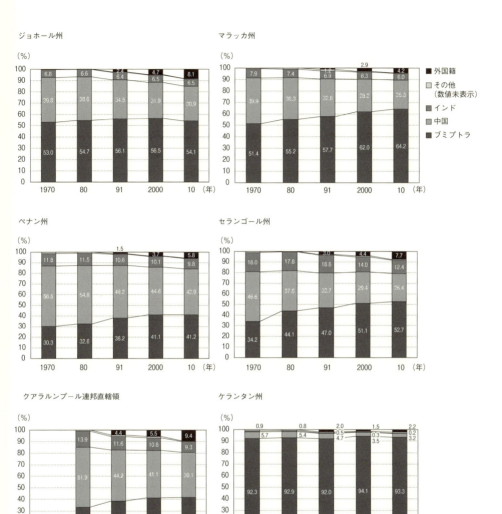

図2-7 各州，連邦直轄領の民族構成の推移（1970〜2010年）

データ出典）Population and Housing Census of Malaysia, Department of Statistics, Malaysia.
注記）クアラルンプールは，1974年にセランゴール州から連邦直轄領となったため1970年分は表示していない。統計区分上，1970年と1980年の「その他」には1990年以降の「外国籍」と「その他」が計上されている。

州都ジョージタウンはペナン島にあり中国系が優勢であるが，半島部ではマレー系が多い。この半島部におけるブミプトラ人口の増加が州の民族構成に影響している。ペナン州では2015年にはブミプトラ人口が中国系を上回っている。ペナン州とジョージタウンの人口動態は第4章4-1で見てみたい。

　北部マレー半島東海岸のケランタン州は歴史的にブミプトラ人口が多い。1970年時点で92.3％をブミプトラが占めている。これはその後も持続し，2010年も93.3％を占める。中国系はわずか3.2％，インド系は0.2％となっている。なお，同州は同国で平均世帯収入がもっとも低い。

　これらの人口動態は，民族ごとに出生率が異なることも影響している。マレーシア政府統計局によると，1960年には合計特殊出生率は全国平均で6.0であった。民族別に見るとインド系7.2，中国系6.2，マレー系5.8となっていた。それが1970年代初頭にマレー系とそのほかの民族集団の出生率が逆転している。2007年の合計特殊出生率は全国平均で2.2であった。マレー系が2.8，インド系が1.9，中国系が1.8となっている。

　この傾向は居住地でも異なり，都市部ではさらに下がる。都市部に優勢な中国系の出生率がもっとも低く，地方部のマレー系が高くなる。ソー・スウィーホック（Saw Swee Hock）の指摘にもあるが，この背景には民族ごとに異なる初婚年齢，離婚・再婚の回数がある[31]。マレー系はそのいずれでも他の民族よりも初婚年齢が低く，出生率が高かった。ソーの分析では，戦前期はマレー系よりも中国系やインド系のほうが出生率が高かったが，1960年代後半に逆転している。

　ちなみに2012年のマレーシアの人口1000人対の出生率は17.2，死亡率4.6，乳児死亡率6.3となっている。出生率は前述のとおり低下傾向にあるが，乳児死亡率が1980年に22.7であったことを考慮すると，これが人口増加の要因になっていることがわかる。

　なお第II部で取り上げる各調査地点の民族構成と人口動態は，それぞれの章で詳述したい。

2-2-2　経済開発と産業の動向

　GNI（国民総所得）（図 2-8）を見ると，1970 年では 360US＄であった。その後，一貫して上昇し，2010 年には 8,280US＄となっている。とくに 2000 年代に入ってからの上昇が目覚ましい。

　依然としてシンガポールとは開きがあるが，マレーシアに次ぐタイやインドネシアは，マレーシアの半分にすぎない。逆にこのことは，国内産業においてより低廉な外国人労働者を必要とする原因となる。同国は外資への依存度が高いが，賃金水準が上昇している。外国資本の企業がより賃金の低廉な近隣諸国へ流出する懸念材料ともなっている。

　GDP（国内総生産）（図 2-9）を見ると同国の成長率は高い。アジア通貨経済危機の 1998 年ほか 1986 年，2009 年前後の短期間を除くと 7％を超える成長率を示している。とくに 1987 年から 1997 年にいたる時期には 10％に迫っていた。近年策定された「第 11 次マレーシア計画」では，今後は 5％前後での上昇が見込まれている。

　この間，産業分野別の雇用割合（図 2-10）は変化してきた。1982 年時点で 30％を占めた農林水産業は 2000 年に入るころには半減し 15％程度で推移する。1982 年に 20％弱を占めた製造業はその後順調に増加を続け 2000 年ごろには 25％を占めるにいたっている。そのほか成長が目立つ分野が金融業とサービス業である。

　産業分野別の名目 GDP（図 2-11）の変化を見る。1987 年時点で農林水産業は 20％を占めている。これが 1989 年前後から減少し始め 2000 年には 10％以下にまで減少した。雇用動向では同国はこの 20 年間で農業から製造業などを中心とした社会に転換している。一方，製造業や建設業は微増を示しているが大きな変化はない。この反対に増加を示しているものがサービス業だ。1987 年の 10％弱が，2011 年には 15％に増加している。国民所得の向上によりサービス業分野の需要拡大が表れている。

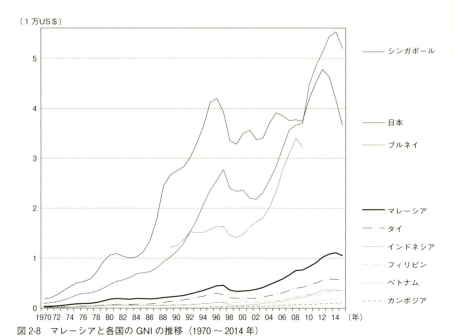

図2-8 マレーシアと各国のGNIの推移（1970～2014年）

データ出典）World Bank National Accounts Data and OECD National Accounts.

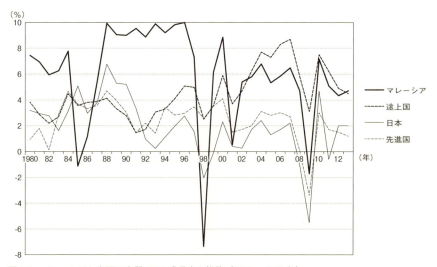

図2-9 マレーシアと各国の実質GDP成長率の推移（1980～2013年）

データ出典）International Monetary Fund, World Economic Outlook Database.

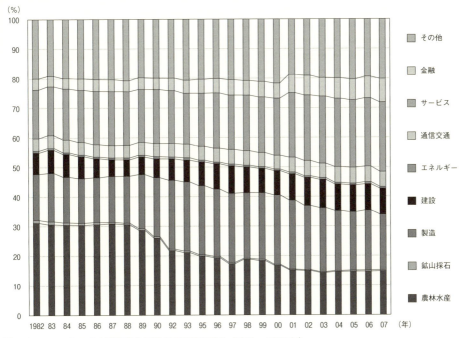

図 2-10　マレーシアの主要産業分野別の雇用者の割合（1982 ～ 2007 年）

データ出典）Department of Statistics, Malaysia.
注記）1991 年，94 年は出典にデータなしのため非表示。

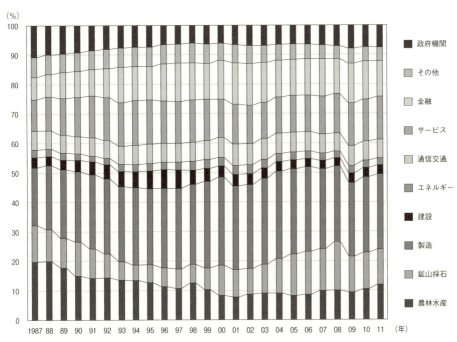

図 2-11　マレーシアの主要産業分野別の名目 GDP の割合（1987 ～ 2011 年）

データ出典）Department of Statistics, Malaysia.

2-2-3　外国人労働者の動向

　同国の雇用環境に影響を与えているのが外国人労働者の増加だ。低廉な賃金の外国人労働者の受け入れはマレーシアの経済成長を支えてきた。この受入総量と雇用形態は経済情勢に応じて政策的にも調整されてきた。

　2010年の時点で，マレーシアの労働人口はおおよそ1,200万人である。統計上で実に労働人口の7分の1を外国人労働者が占める。

　外国人労働者の国籍（図2-12）を見る。2000年では約80万人の外国人労働者が雇用されていた。これが2000年代でピークとなった2008年には総数で206万人に増加した。このうちインドネシア国籍が全体の52％を占めた。

　入国管理の強化で2010年ごろにいったん減少する。2011年から違法滞在の外国人労働者の当局への登録を推進し，適法での滞在を促す「アムネスティプログラム」が施行された。これ以降に外国人労働者数は急増し，2008年ごろの水準を越えている。2015年ではインドネシア国籍は39％を占める。その一方で国籍は多様化し，フィリピン，ネパール国籍者も増加している。

　産業分野別の外国人労働者数（図2-13）も変動が激しく，かつ多様化している。2000年代中ごろは，製造業の雇用が優勢だったが，2015年では建設業の増加が著しい。

　近年では外国人労働者の集住地区も形成されており，マレーシア国際イスラーム大学の調査によると首都圏のクランバレーには30ヶ所以上の外国人労働者の集住地区が生成している。[32]

　いわゆる不法労働者の問題も顕在化している。長期的には，労働市場や国土開発にも影響を及ぼすものと見られる。ブランカ・グラセスマスカレナス（Blanca Garces Mascarenas）によると，マレーシアは恒常的な労働力不足にあり，幾度にもわたって外国人労働者の国内での就労要件を緩めてきた。その結果，国内労働者の雇用確保や技能向上にも影響が及んでいると指摘する。[33]

　外国人労働者について，一般市民は職を奪われることへの不安感を抱える一方，財界は，低廉な労働力として期待する。隣国シンガポールでも，選挙のたびに外国人労働者の受け入れをめぐる政策が争点となる。低廉な労働力はマ

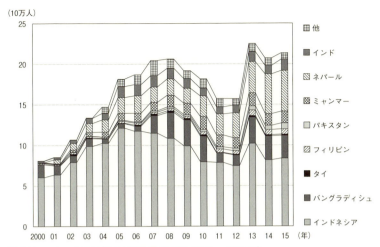

図 2-12 マレーシアの外国人労働者の国籍（2000 ～ 2015 年）

データ出典）Ministry of Home Affairs, Malaysia.

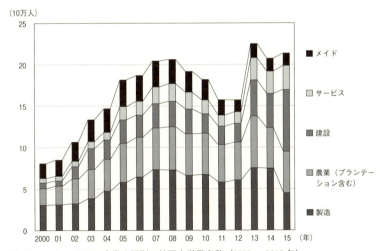

図 2-13 マレーシアの産業分野別の外国人労働者数（2000 ～ 2015 年）

データ出典）Ministry of Home Affairs, Malaysia.

レーシアの経済成長にも欠かせない。一方で国民の就労機会を奪い，労働者の技能の空洞化が生じるのではないかと危惧されている。

2-2-4　民族別収入と格差是正の動向

　国民全体の所得構造は，NEP（新経済政策）以降，大幅に改善した。しかしマレー優先政策（ブミプトラ政策）以降の各種施策の施行によっても依然として経済格差がある。それぞれに世帯収入と貧困率の推移（図2-14）を見た。
　1970年時点では中国系394リンギ／月（以下同），インド系304，ブミプトラ172と，比較のうえではブミプトラの収入が低いにせよ，国民全体が低かった。それが1985年前後から急激な伸びを示し始め，アジア経済危機の1998年前後を除き一貫して上昇している。2012年には中国系6,366，インド系5,233，ブミプトラ4,457と，差はあるにせよ著しい伸びが示されている。なお同国では共稼ぎ世帯が多い。
　また都市と地方間の収入の格差が表れている。
　都市と地方の世帯収入を見ると，1970年からおおむね2倍の開きがあり，2012年でも地方が3,080であるのに対し都市は5,742となっている。
　同様に州ごとの所得格差も表れている。比較を行った5州のうち，首都圏のセランゴール州と東海岸北部のケランタン州では2倍以上の開きがある。その中間にマレー半島西海岸諸州である，ペナン，ジョホール，マラッカの各州が並ぶ。国民生活は物価や地価などと関連するが，所得の動向には，地域，地方・都市，民族集団の格差が関係して表れている。
　続いて貧困率を見てみたい。1970年時点の貧困率はブミプトラ64.8％，インド系39.2％，中国系26.0％となっていた。これも国民全体の所得向上に伴い解消している。1970年以降，大幅に減少し始め，2000年前後にすべての民族集団で10％を割り，2012年ではブミプトラ2.2％，インド系1.8％，中国系0.3％を残すのみとなった。ブミプトラには都市部からの遠隔地に居住する少数民族を含む。これについても地方と都市部で格差があるが，2012年では地方3.4％，都市1.0％とあわせて大幅に改善している。州別に見ても，比較対象の5州で

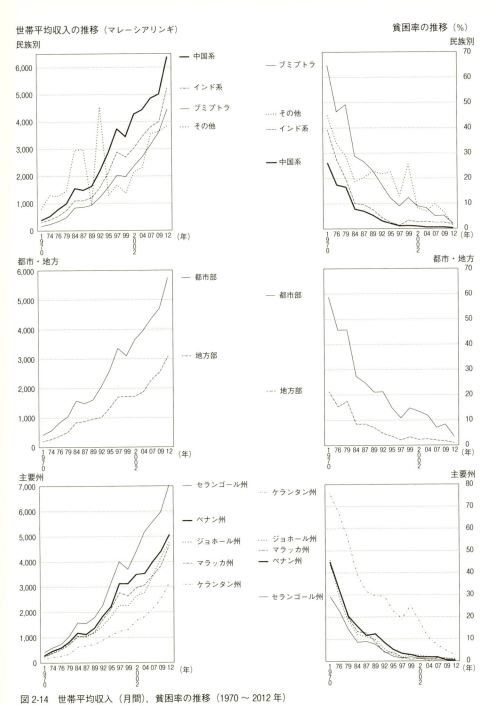

図 2-14 世帯平均収入（月間），貧困率の推移（1970～2012年）

データ出典）Household Income Surveys, Department of Statistics, Malaysia.

はケランタン州以外の西海岸諸州すべてで1990年で10％を割り，2000年以降は2％以下となっている。

マレーシアの国土開発は貧困の改善でも功を奏している。とくにマレー半島東海岸などの低開発地のマレー系人口が優勢な地域で改善が著しい。これが統計に見る国全体の所得の向上と貧困の解消につながった。

2-2-5 国民生活の動向

マレーシアの国民生活は，先に述べたように所得上昇と雇用環境の改善により向上した。反面，これは消費者物価（図2-15）の上昇にも表れている。品目ごとに格差があるが衣料品を除き一貫して上昇基調にある。2000年を100として，もっとも伸び率の激しいものが飲料・煙草である。2005年で1.3倍強の上昇となっている。より国民生活に身近な医療費は1.1倍となっている。前述のとおり衣料品は0.1倍の減となっているが，それ以外の上昇が著しい。

一般的に市民から，収入は上がっているが物価の上昇が激しいとの不満を聞くが，これを裏づけている。年平均のインフレ率は1981年に10％を示した後は2％前後で推移している。国際的にはインフレ水準は中程度だ。むろんこの上昇傾向はセランゴール州などの大都市圏で著しい。2015年に物品サービス税（GST）が導入されているが，これも近年の物価上昇に拍車をかけている。[34]

次に，国民のクオリティ・オブ・ライフ（QOL）指標（図2-16）を見る。1990年を100として，2007年で満足度の上昇の大きいのが住宅136，教育130と続く。収入についても123と，これも先に見た国民所得の推移と合致している。一方で社会参加については1992年前後で若干の低下を示しながらも持続して上昇し，2007年で112となっている。反面，低下したのは環境と治安・安全に関する項目である。環境については1993年で87を示しつつ90程度で推移している。2002年に一時的に上昇に転じているが依然として低水準となっている。治安・安全に関係する項目はもっとも低下が著しい。1992年以降に急激に悪化し，1997年には最低の76を示している。その後，ゆるやかに回復しているが80前後で低迷している。

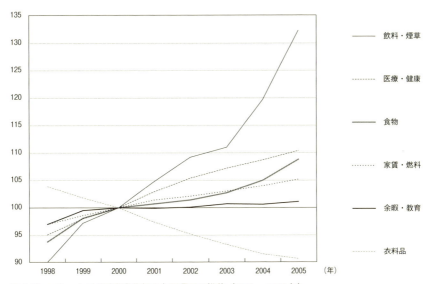

図 2-15　マレーシアの消費者物価の主要項目の推移（1998～2005 年）

データ出典）Consumer Price Index, Department of Statistics, Malaysia.
注記）2000 年を 100 とする。

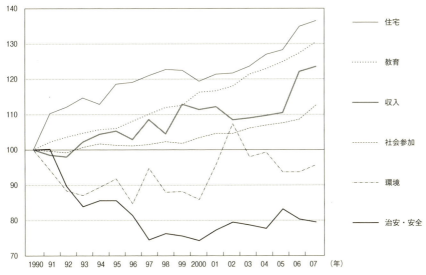

図 2-16　マレーシアの「クオリティ・オブ・ライフ」指標の推移（1990～2007 年）

データ出典）Malaysian Quality of Life Index, Economic Planning Unit, Malaysia.
注記）1990 年を 100 とする。

環境悪化や生活時間の圧迫は，モータリゼーションとも関係している。車両の新規登録台数（図2-17）を見た。同国は自動車生産国であり自動車販売も経済開発で重視されてきた。四輪，二輪ともに2000年時点と比較して2008年で約2倍となっている。

一方で都市域の郊外化もあって都市圏での渋滞は深刻化している。都市域の混雑緩和を目指して，クアラルンプールでは公共交通機関の整備が進む。公共交通機関の乗客数（図2-18）では軽軌道鉄道（LRT）を含む首都圏の鉄道線の乗客者数も2000年以降，堅調な伸びを示し，2008年には1.4億人を超している。現在も新路線建設と輸送力の向上を目指して整備が続いている。

2-3 マレーシアの経済開発の現状と課題

これまでに見たように，マレーシアにおける経済開発は独立以降，持続して成長を示してきた。国民全体の貧困率の低下や，民族間の経済格差の是正に作用したといえる。また経済成長の後ろ盾となる持続的な人口の増加傾向も見逃すことができない。

これは，同国が東南アジア周辺諸国と比べて比較的に小人口であったこと，甚大災害に見舞われなかったこと，アジア諸国の地理的な結接点であったこと，英国の社会システムを継承し，比較的に整った行政体制を構築し維持できたこと，NEP（新経済政策）をはじめとする経済政策が数値目標を伴い比較的に達成できたこと，民族融和策において一定の成果を収めたことなどが要因として挙げられよう。

1990年代後半のアジア通貨危機と，2000年代後半のリーマンショック，また世界各地でのテロの頻発や，伝染病の蔓延を契機とした景気減速からも，短期間に回復している。

一方で，経済，政治の面でいくつかの課題を読み取ることができる。

まず経済面では，同国の産業構造の転換はすでに1990年に入るころから農業から製造業にシフトし始め，2000年に入るころにはサービス産業への遷移

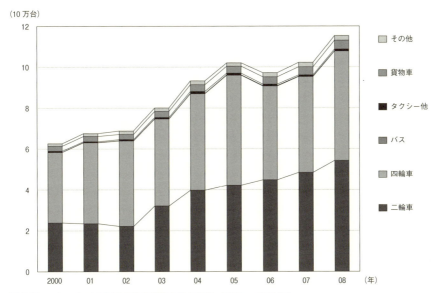

図 2-17 マレーシアの車両の新規登録台数の推移（2000 〜 2008 年）

データ出典）Department of Statistics, Malaysia.

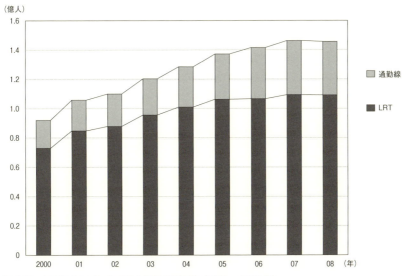

図 2-18 クアラルンプールの公共交通の乗客数（2000 〜 2008 年）

データ出典）Department of Statistics, Malaysia.
注記）LRT は軽軌道鉄道，通勤線はマラヤ鉄道 Komuter（近郊）線。

第 2 章　国土開発と国民生活の動向 —— 1990 〜 2010 年代　　51

が見られる。小野沢純の分析では，GDPベースで，農業と製造業は1986年で逆転し，2000年時点で比率ベースで農業は約5分の1まで低下した。同じく，雇用者数は農業と製造業が1991年で逆転した。農業は1980年で40％を占めたが，先に見たとおり2000年で15％まで減少している。[35]

また持続した国民所得の向上もあいまって，低廉で良質な労働力を基盤にした，加工ベースの産業分野における国際競争力が低下している。それを補完する役割として期待されているのが外国人労働者だ。

小野沢純は，同国は半導体産業などでは人材の層も厚く国際競争力が依然高いとしながらも，家電や電気用品などは競争力が低下していると指摘する。また，高所得国への移行が進まない，いわゆる「中所得国の罠」に陥っているのではないかと指摘する。そのうえで，産業の高付加価値化や技能の向上が大きな課題となると述べる。[36] 現在，同国では2000年以降は政策的にも産業の付加価値化を進めている。このことは，今後もマレーシアの経済成長を持続できるかどうかの重要な鍵になるだろう。

この場合，人材の確保と育成が欠かせない。従前のマレー優先政策（ブミプトラ政策）のありかたは絶えず課題となってきた。政府は折に触れ能力主義を徹底すると表明しているが，とりわけ海外で教育を受けた非マレー系の頭脳流出も見逃せない。

加えて，穴沢眞は，マレーシアの製造業の外資依存度が大きいことを指摘している。これは東南アジア諸国ではシンガポールに並んで大きく，全工業生産高の5割にも達すると指摘している。[37] 国土開発においても，国内での政策判断を超えて，グローバリゼーションの影響が無視できなくなっている。国土開発を促進するために海外からの投資を歓迎しつつも，これが過熱することは物価や不動産の高騰を招きかねない。同国は一貫して経済市場の自由化と国際開放を柱としているが，一方で国土の均衡ある開発の推進と，中小工業を含む国内資本の育成も見逃せない課題だ。

一方で内政面ではリーダーシップの揺らぎを見逃すことはできない。先に見たとおり，同国は政治体制のうえで「やわらかな権威主義」と評されつつ，マスメディアや国民の意見表出に対して比較的に強い規制を与えてきた。このことにより，政権は強いリーダーシップと，政策決定の迅速さや高い実行力を発

揮できたといえよう。

　1980年初頭から2003年にいたるマハティール政権はその強いリーダーシップを伴って国土開発の立役者となってきた。中央集権的で強力な政治リーダーシップと人口の増加が，同国の経済成長の両輪となってきた。そしてこれらの開発は，国民の眼前に可視化された成果物として示された。

　1990年代後半以降のマレーシア社会は，マハティール政権の最盛を見た時期でもあり，いわゆる「マハティール・プロジェクト」の開花する時期でもあった。この成長の構図は確かに民族集団の枠を超えて国民の結束を誘っただろう。

　しかしマハティール政権以降の同国の政権は比較的に短期間で交代している。政権交代は汚職体質への国民の嫌悪感に起因するとされる。これは政策の継続性と国内外に対するプレゼンスにも影響を及ぼす。選挙のたびに話題となる投票行動の流動化は，経済開発が一定水準まで達成できた今，国民の国家のなしとげる開発に対する期待が多元化していることの表れではないか。

　従前の格差是正を軸とした，マレー優先政策のありかたについては，むしろマレー系内部からも問いかけが起きている。民族集団ごとに物事を決める政治・経済の体制から，社会階層や地域間格差に関心がむかっているのだ。2008年の総選挙ではマレー優先政策の見直しを掲げた野党勢力が議席数を伸ばしている。マレー系の低所得者層のテコ入れや，非マレー系の貧困層の経済力の強化は依然課題となっている。

　一方，国民生活を取り巻く環境の変化をどのように捉えればよいだろうか。政府も社会の情報化とそれを担う人材育成，産業育成政策に積極的に乗り出すなか，市民生活においても情報化の流れは著しい。

　日本貿易振興機構の調査によると，東南アジア諸国において，マレーシアはシンガポールに次いでインターネットの普及率が高く2011年時点で61％を示し，携帯電話の普及率は109％を示している。一方，利用年齢層は若年層が高く，今後，全年齢層に普及してゆくことが予測できる。

　なかでもソーシャル・ネットワーキング・サービス（SNS）の普及は2005年前後を中心に広がった。このことはコミュニケーションのありかたを変えた。筆者はこれまでの研究でも，空間を媒介とした民族集団間のやりとりから，よりバーチャルで接触を伴わない市民生活の芽生えを指摘した。新しい情報技術

は，距離を超え，人々の結びつきを高め，差異を克服するものと期待されていると見た。1990年代のマレーシアの国土開発では情報産業振興への期待も相乗しただろう。

　このことは，一方で，国民の行動様式にも影響を及ぼしている。たとえば，先にも述べたアノワ・イブラヒム元副首相の逮捕をめぐる市民の抗議を端緒とする，それ以降のデモや集会の情報共有は，SNSをつうじて行われている。これに応じて多様な政治活動団体が組織された。近年の報道では，政府はこの流れを無視できないと論評されている[39]。

　同国の「やわらかな権威主義」下の社会情勢，具体的に国内治安維持法（ISA: Internal Security Act）などによって国民生活において言論の自由や表現についてもさまざまな制限が作用してきた。とりわけマレーシアにおける民族関係論や信仰体系に伴う議論はいわゆる「センシティブイシュー」の根幹をなし，論者には慎重な姿勢が求められているようだ[40]。国内世論に対応して，同法は廃されたが，これに代わる法として国家安全保障会議法（National Security Council Act）が施行されているが，この内容をめぐる反対意見も表明されている。

　一連のSNSの普及は，国家の意図が強く反映する既存マスメディアに対する国民の不信感と表裏一体となっている[41]。いずれの事象でも政府と既存マスメディアへの懐疑がインターネットをつうじて拡散する。政府は，公式情報を参照するようにとの呼びかけを行うが，これも必ずしも万能ではないようだ。

　むろん，一見自由とされるSNSでさえも，その情報環境の自由の度合いは政府の企図した範囲に限定されたものにすぎない。より強い度合いの管制は政府にとってはさしあたって難しいことではない。開放と自由の度合いは，世界の権威主義国家や社会で実行されているように，いかようにも調整可能だ。

　このことについては，たとえばマハティール元首相は，同国におけるマスメディアへの規制に対する国内外からの批判にむけて反論している。マレーシアはインターネットのコンテンツについては，名誉棄損などの法を侵さぬ限り自由であると述べている。情報環境に規制を行うことは，これまでに見た，同国の情報産業育成や自由市場化，また中庸な国家イメージの醸成にも影響を及ぼすからだ。

　2015年にクアラルンプールの商業施設で店員と客の間で発生したいさかい

は，SNS をつうじて瞬く間に拡散された。店舗を経営する中国系の店員をマレー系の青年の集団が取り囲み，騒然となった。これに対しても，政府は民族間の対立ではなく単なる「偶発的な喧嘩」であるとコメントし収拾を図った。

マレーシアの市井の暮らしが，一見して平安で安寧であるがゆえに，民族間の対立であれ単なる偶然であれ，可視化できない領域で，暴力の火花が散ることを印象づけた一件だった。

注

1 ザイナル・アビディン・アブドゥル・ワーヒド（編），野村亨（訳），1983『マレーシアの歴史』山川出版社，168-169 頁。
2 MCA，MIC の政党名称は，それぞれにマレーシア連邦の成立後，Malayan が Malaysian に改称されている。
3 ザイナル・アビディン・アブドゥル・ワーヒド（編），野村亨（訳），1983，既出，286 頁。
4 萩原宜之，1996『ラーマンとマハティール――ブミプトラの挑戦』現代アジアの肖像 14，岩波書店，81 頁。
5 生田真人，2001『マレーシアの都市開発――歴史的アプローチ』古今書院，59 頁。
6 永田淳嗣，2000「クアラルンプルにおけるマレー人の居住の場とマレーシア社会」生田真人，松澤俊雄（編），大阪市立大学経済研究所（監修）『アジアの大都市 3 クアラルンプル・シンガポール』日本評論社，122-126 頁。
7 山田悠未，2005「マレーシア新村にこめられた計画理念とその実施――華人新村研究 その 2」建築学会計画系論文集 597，211-216 頁。
8 萩原宜之，1996，既出，107-108 頁。
9 Mahathir Mohamad, 1970, *The Malay Dilemma*, Times Books International.
10 萩原宜之，1996，既出，128 頁。
11 穴沢眞，2010『発展途上国の工業化と多国籍企業――マレーシアにおけるリンケージの形成』文眞堂，61 頁。
12 鳥居高，2005「マレーシアにおける『開発』行政の展開――制度・機構を中心に」経済産業研究所，Discussion Paper Series 05-J-008，3 頁。
13 ザイナル・アビディン・アブドゥル・ワーヒド（編），野村亨（訳），1983，既出，292-293 頁。
14 穴沢眞，2010，既出，62 頁。

15 小田利勝, 1997「マレーシアの発展政策と経済成長」神戸大学発達科学部研究紀要 5-1, 270 頁, 284 頁。
16 James V. Jesudason, 1989, *Ethnicity and the Economy: The State, Chinese Business and Multinationals in Malaysia*, Oxford University Press.
17 鳥居高, 2005, 既出, 9 頁。
18 小野沢純, 2012「ブミプトラ政策──多民族国家マレーシアの開発ジレンマ」マレーシア研究 1, 17 頁。
19 *The Star*, 2008. 9. 9.
20 ARC 国別情勢研究会, 2001『ARC レポート 経済・貿易・産業報告書──マレーシア』2001 年版, 4 頁。
21 ARC 国別情勢研究会, 2002, 前出, 2002 年版, 6 頁。
22 多和田裕司, 2005『マレー・イスラームの人類学』ナカニシヤ出版, 9-11 頁。
23 鳥居高（編）, 2006『マハティール政権下のマレーシア──「イスラーム先進国」をめざした 22 年』アジア経済研究所・研究双書, 7 頁。
24 Koon Yew Yin, 2012, *Malaysia: Road Map for Achieving Vision 2020*, SIRD.
25 山本博之（編）, 2008「『民族の政治』は終わったのか？──2008 年マレーシア総選挙の現地報告と分析」日本マレーシア研究会, ディスカッションペーパー 1, 7 頁。
26 小野沢純, 2002「マレーシアの開発政策とポスト・マハティールへの展望」季刊・国際貿易と投資 50, 18 頁。
27 伊賀司, 2012「アブドゥラ政権下における主流メディアの変容」マレーシア研究 1, 90 頁。
28 *Bernama*, 2016. 4. 7.
29 読売新聞「マレーシア首相苦境──資金流入疑惑・マハティール氏も反旗」2015 年 9 月 8 日。
30 生田真人, 2001, 既出, 88 頁。
31 Saw Swee Hock, 1988, *The Population of Peninsular Malaysia*, reprinted edition in 2007, Institute of Southeast Asian Studies Singapore, pp. 198-200.
32 *The Sun*, 2012. 7. 29.
33 Blanca Garces Mascarenas, 2012, *Labor Migration in Malaysia and Spain: Markets, Citizenship and Rights*, Amsterdam University Press, pp. 195-196.
34 南洋商報, 2015. 4. 9.
35 小野沢純, 2002, 既出, 8 頁。
36 小野沢純, 2014「マレーシアは高所得国への移行が可能か」国際問題 633, 25-26 頁。
37 穴沢眞, 2010, 既出, ii-iii 頁。

38 日本貿易振興機構，2012「東南アジアにおけるインターネット普及状況とSNS調査」日本貿易振興機構，1頁，7頁，48-50頁。
39 *The Straits Times*, "Malaysian civil society's growing clout," 2012. 3. 15.
40 2008年に国際連合人権高等弁務官事務所に提出されたマレーシアの非政府団体連合による人権報告書は，マレーシアの人権は改善基調にあるが，「独立後51年経った今でも人権侵害が残る」と指摘。民族・宗教問題の政治化，差別，宗教の自由侵害，性差別，集会の自由の阻止などについて改善の必要があると指摘。*The Star*, 2008. 9. 9.
41 朝日新聞「変わるマレーシア――報道規制　ネットが風穴」2013年2月4日。

第Ⅱ部
変貌する生活空間と多民族社会
──1990～2010年代

　第Ⅱ部では，8地点の生活空間を対象にした再訪問調査を元に述べる。本研究では主にマレー半島部の西海岸を対象にしている。考察では以下の通り調査対象を「村落」「都心」「周縁」「郊外」の枠組みで捉えている。

　　第3章「村落」　3-1 多民族村 RB 村（ジョホール州）
　　　　　　　　　 3-2 単一民族村 SK 村（ペナン州）
　　第4章「都心」　4-1 ジョージタウン市街地（ペナン州）
　　　　　　　　　 4-2 マラッカ市街地（マラッカ州）
　　第5章「周縁」　5-1 クラン・ジェティー（ペナン州）
　　　　　　　　　 5-2 高原避暑地（ペナン州など）
　　第6章「郊外」　6-1 住宅団地 SS 団地（ジョホール州）
　　　　　　　　　 6-2 クアラルンプール首都圏

　それぞれの生活空間に見るおよそ20年間の社会開発の進展と空間の変貌を比較的にミクロな空間スケールから捉えたい。

第3章
村　落 —— 開発と伝統のはざまで

　この章では村落の1990年代から2010年代にいたる約20年間の変化を捉えたい。これをつうじて村落に表れる生活空間と多民族社会の変貌を捉える。調査の対象とした2ヶ所の村落は，いずれもマレー半島の西海岸にある（図3-1）。

　マレーシアにおける地方開発は，貧困克服や都市との経済や生活水準の格差是正とともに民族融和の面でも重要だった。第2章に見たとおり地方の農村部はマレー系の人口が優勢だ。このことは1971年に施行されたNEP（新経済政策）とも連動した。また地方開発を確実にすることは地方のマレー系のUMNO（統一マレー国民組織），ひいては与党連合BN（国民戦線）への支持を盤石にするうえでも重要だった。この政治的背景もあって，マレーシアの地方は比較的に手厚く開発機会が与えられてきた。

　ただし同国の農業分野も，自然災害，国際市場の農産物価格の変動，他の産業の動向に翻弄され続けてきた。

　農業政策も時代を追って転換してきた。イブラヒム・ガ（Ibrahim Ngah）は独立以降の地方開発政策の転換を以下のように説明する。[1]1960年代で取り組まれたのは農村の生活水準の向上だった。進められたのは村落の基盤施設の整備だ。マレー半島東海岸部などの低開発地ではFELDA（連邦土地開発庁）による大規模農園の開発が本格化した。

　70年代にはNEP（新経済政策）を受け，地方農村部のマレー系などの貧困世

図3-1 ジョホール州RB村，ペナン州SK村の位置図

帯の解消が目指された。あわせて小規模の工場立地と農業の総合化が進められる。国際市場の動向に常に影響されるプランテーションを中心とした農業から，作付け品種の多様化がさらに進められた。

1980年代前半から進められる新構想農村開発（NAVRD）では小規模農園の土地統合を促し農業経営の効率化が目指された。ただし，これによる零細農地の所有者の利益は限定的で，小規模工業振興は市場調査や流通販売促進が充分ではなく，効果が小さかったとの批判もある。

先のFELDA（連邦土地開発庁）の経営分野の多様化も進められた。リー・ブーントン（Lee Boon Tong）らによるとFELDAはいまや大規模土地の所有者として，工業や商業分野でも成長していると指摘する。プランテーションを基幹とする大規模農業から，不動産，観光産業や生産品の加工にいたる経営の多角化が進められていった。[2]

一連の地方開発は第2章に見た通り貧困率の著しい低下と所得上昇をもたらした。それでも，依然として地方農村部は都市部と比較して格差がある。世帯平均収入が2,000リンギに達したのは都市部では1990年前後だったが，地方部はその15年後の2005年前後となっている。2010年でも地方部の貧困率は都市部の3倍を示している。

変化の程度と速度の違いも，地方の村落を見る重要な観点だ。坪内良博によるマレー農村を対象とした研究『マレー農村の20年』[3]では，マレー半島東海岸，ケランタンの農村の1970年代初頭から20年間の変化が捉えられている。稲作

環境の変化や世帯、収入構造の変動により変化を遂げている。その上で坪内は、変化は一元的に近代化にむかうわけではないことを指摘している。

事例研究 3-1 の RB 村（仮称）は、マレー半島の南端のジョホール州にある。RB 村は、プランテーション産業を基盤とした村落として成立した。村は多民族により構成されている。村落内の就業傾向を見ると、それぞれの産業は民族ごとで担われていたが、民族間の関係は密接だった。

村落空間には無数の「民族界隈」があり、これらが組み合わさることで一つの村落が成立していた。また筆者のこれまでの研究でも、同一の村落にありながらも民族ごとに住居形態や起居が異なることに注目していた。

事例研究 3-2 の SK 村（仮称）は、マレー半島のペナン州、ペナン島の南部にある。地域にはさまざまな民族の村があるが、SK 村はマレー系の単一民族で構成されている。これまでの筆者による研究では、マレー系の伝統的な生活空間とともに、周辺の異民族の村や街との社会関係にも注目してきた。

村は、同国屈指の工業地帯に隣接しつつも、伝統的な相互扶助活動をつうじて村落美化活動を進めてきた。「マレーシアの美しい村」を顕彰した受賞村としても知られる。村落の住居はマレー民家で構成されていた。

この 2 ヶ所の村落をつうじて、地方開発の進展により変貌する村落の生活空間と多民族社会を見たい。

3-1　【事例研究】多民族村の開発とポリティクス
── ジョホール州 RB 村　1994〜2012 年

ジョホール州の西海岸地域にある RJ ムキム（仮称）の RB 村を対象に 1994 年から 2012 年の間の生活空間の変容を見る。RB 村での過年の調査は、1993 年の事前調査と 1994 年、2012 年の数次の再訪問を実施している。

本節では 1994 年 9 月実施の調査と 2012 年 3 月に実施した調査をもとに 18 年間の変化の比較分析を行う。[4]

現地調査では、対象村落である RB 村を含むジョホール州西海岸の地域開発

の状況を把握した。各種統計資料，地方開発に関連した文献や報道などの分析を行った。その後，RB 村を対象に再訪問調査を実施した。村では過去 18 年間の変化を主に村落開発，社会変動，近隣空間，住居空間について把握した。これらをつうじて多民族混住の状況と住居空間との変化について見た。

3-1-1　RB 村と地域の形成過程と過去 18 年間における変化

RB 村と地域の形成過程

　RJ ムキムの村落社会の形成は，1845 年ごろに起きるムーア（Muar）の土地の首領間の長期に及ぶ領地紛争をきっかけとした。ムーアは RJ の北方約 100km にある。紛争によりブギス族の末裔の首領が，村人をひきつれ南向に出帆する。途中，数ヶ所に寄港し短期間滞在するが耕作条件が悪かった。

　そこでさらに南を目指し，現在の RB 村周辺にたどりつく。首領の没後 1861 年には子孫が中心となってビンロウジュが生い茂る海浜に村を設けた。しかし土地が低く暴風時には波浪が農地を浸食し塩害で耕作ができなくなる。RB 村のあるジョホール州西部の海岸地域は土壌条件が悪く排水困難地が広がっていた。独立以降も長らく低収量地となっていた。

　1910 年代に RJ 地域に中国人がシンガポール経由で入植し始める。内陸には中国語の地名もあった。立本成文の分析によると，このころにシンガポールのアラブ人有力者が内陸への開発を始めている。RB 村が設けられた当初は，海路が交通手段の中心だったが 1920 年代後半には道路が開通する。このことで RB 村の内陸部に英国資本によるゴム農園が拓かれる。

　このプランテーション農園の開発で中国系やインド系が労働者として雇用される。徐々に RJ は多民族の人口構成となる。農園の拡大に伴って村周辺の治水も進められ，低湿地であった村域には排水路網が整備される。1960 年初頭には地域に電気が開通している。

　1970 年代以降，海岸には護岸が築かれ，のちに河口には高潮時に河川水を海に排水するポンプ場が設置された。高潮冠水による塩害で耕作困難だった低地でも蔬菜の栽培が可能になった。これにより徐々に海岸線に近い低地も開墾

されていった。一方，漁業も続けられマングローブが群生する海岸線では小エビ漁が行われてきた。

RB村と地域の社会構造の変化

　ジョホール州には10のディストリクトがある。この下部にムキム（Mukim）がある。RB村のあるポンティエン（Pontian）ディストリクトには，RJを含む11のムキムがある。RJムキムはさらに9のカンポン（村落：Kampung）に分かれ，RB村もその一つである。過去18年間で州以下の行政機構に変化はなかった。

　州政府によりムキム長が任命される。RB村にはムキム事務所がある。ムキム長は，ディストリクト事務所と各村のJKKK（村落開発安全委員会：Jawatankuasa Kemajuan dan Keselamatan Kampung）をつなぐ役割を担う。主には村内の開発や，貧困者対策を含む村民生活，デング対策などの保健福祉を掌握する。加えてイスラーム教上の規範遵守を訓導する役割もある。たとえば未婚の男女が過度に親密になることや，村民が金曜礼拝を行わないことに対して指導も行う。

　各村にあるJKKKには，州以下の行政の末端機構と，在来の自然村落を系譜とする二つの性格が重複している。JKKKの代表者として村長（Ketua Kampung）がいる。RB村では歴代マレー系だ。村長にはムキムから一定額の手当てが支給されるが，担う役割と比べるとその額は大きくはない。

　村内にはJKKK以外にも，UMNO（統一マレー国民組織）をはじめとする民族系の各政党の支部組織と，モスクや中国系廟などの各信徒集団がある。

RB村と地域の開発の動向

　1994年調査時点でRB村では学校や診療所などの設置や拡充が完了していて，さらなる生活環境の改善が進められていた。こうした整備は，RB村内にムキム事務所があるため他の村と比べて早かった。

　村民はプランテーション農園で働くほか，小規模な蔬菜栽培や漁業を行っていた。一方で，公務員や州都ジョホールバル方面への出稼ぎ者もおり，週末には勤務先と行き来する村民の姿も目立った。

1997年からのアジア経済危機ではRB村にも影響が及んだ。ディストリクト内のプランテーションは軒並み経営不振に陥り事業者が代わった。RJムキムの小規模工場にも閉鎖する事業所が出た。

　これ以降，RJムキムでは州補助金による小規模工場や農産物加工施設などが設置された。併せて観光産業も注目され，村内にエコツーリズムの活動拠点が開設された。RJムキムの南方約15kmには，海産物で知られる地区があるが，RJムキムは単なる通過点にすぎなかった。それまで観光はRJムキムの新たな産業とは見なされていなかった。村ではこの通過客を見込み，施設整備を行うことで，RJムキムの新たな産業として期待したのだ。

　これは国土開発の進展とも関係している。第2章でも見たとおりジョホール州は同国でももっとも開発が進展し人口増加が顕著だ。RJムキムは1998年に供用を開始したシンガポールとの2本目の国境道路であるセカンドリンクから30km程度だ。州都ジョホールバルとRJムキムを結ぶ道路の拡幅整備も完了している。

　低開発地であったセカンドリンクの周辺地区を含む州内の5ヶ所では，国と州が2025年完成を目指すイスカンダル開発計画（約2,200km²）が進む。RJムキムからはこれらの巨大開発地域に近接することもあって，輸出用の観葉植物農園や食品加工業，観光業，運輸業の事業所の立地も進む。

　2010年のRJムキムの人口は約2.7万人（ブミプトラ52.1％，中国系38.2％，インド系1.0％），RB村は2,996人（ブミプトラ55％，中国系38％，インド系6％）である。RB村ではムキムの平均と比べインド系人口が大きい。村内にはプランテーションがあり，この労働者としてインド系が入植したからだ。村落中心部の商店は中国系が占める。信仰施設では，RJムキムにはモスクが9，中国系の廟が19，ヒンズー寺院が1ある。

　村内から州都やシンガポールへの転出などの社会減もあるが，ディストリクト内に建設中の発電所の工事関係者や，村内に開校した職業訓練校関係者で，村全体は転入増となっている。

　1980年から2010年までの，対象地域の人口動態を示した（図3-2）。2010年までの10年間のポンティエン・ディストリクトの人口増減率（年率）は＋0.50％となっている。同期間，州の人口増減率（年率）は＋2.25％であり，これと比

ジョホール州

人口増減率(年率%)	人口(万人)	年
2.25	323.0	2010
2.50	258.5	2000
2.10	207.0	1991
	164.6	1980

ポンティエン・ディストリクト（RJムキムの所在するディストリクト）

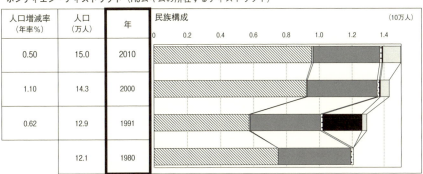

人口増減率(年率%)	人口(万人)	年
0.50	15.0	2010
1.10	14.3	2000
0.62	12.9	1991
	12.1	1980

RJムキム（RB村の所在するムキム）

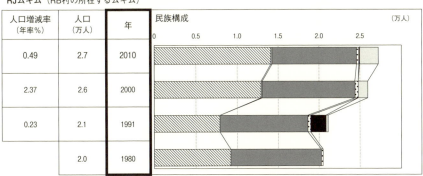

人口増減率(年率%)	人口(万人)	年
0.49	2.7	2010
2.37	2.6	2000
0.23	2.1	1991
	2.0	1980

凡例：マレー／他のブミプトラ／中国／インド／その他／外国籍

図3-2　RB村における対象地区の人口動態と民族構成（1980，1991，2000，2010年）

データ出典）1980, 1991, 2000, 2010, Population and Housing Census of Malaysia, Department of Statistics, Malaysia.
人口増減率は上記データより計算した。

注記）統計区分の変更により，1980年の「その他」には1991年以降の「外国籍」と「その他」が計上されている。また「他のブミプトラ」は「マレー系」に計上されている。なお1991年の「その他」は，ジョホール州以下，ディストリクト，ムキムともに変動が大きいが，出典のまま表示した。

第3章　村落――開発と伝統のはざまで

較するとディストリクトの人口増加率は低い。これは RJ ムキムも同様で，同期間の人口増減率（年率）は＋0.49％と 2000 年までと比較しても年々低下の傾向にある。

　村長によると，RB 村内にはインドネシア人などの外国人労働者も定住している。このうち 10 人は永住権を有している。RJ ムキムでも外国籍者の人口は増加の傾向にあり，2010 年時点で 8.3％を占めている。これは全国水準より高い。

　2010 年の RJ ムキムの就業形態では，公務 30％，商業 19％，農漁業 17％，建設 14％，製造 18％となっている。RJ ムキムのなかでも公務の割合が大きい。RB 村では，村民の公務員のうち半数を初中等学校の教員が占める。同国では独立以降，国語となったマレー語（マレーシア語）の教師を大量採用した。その際に縁故もあって RJ ムキムからは高等教育機関を含め教員を多く輩出した。

RB 村と地域の開発と政治性

　RB 村では国や州の進める地方開発政策を受け整備が進んだ。村関係者は「この開発の成果は周辺の村と比べても恵まれたものだ」と認識している。この理由として，RB 村のみならず RJ ムキムが「一貫して UMNO（統一マレー国民組織）の支持地域となっているからだ。加えて，地域からは複数の与党の有力者を輩出していることが公共事業に恵まれている理由」だと述べる。

　この政党政治と村落社会の結合は，経済開発の進展に伴い，年々強固になったという。マービン・ロジャース（Marvin L. Rogers）は，ジョホール州北部の村落社会を対象に政党政治に関する長期間の参与調査を続けた。このなかで村落社会が政党政治と結合してゆくさまに注目している。ロジャースは，マレーシアの地方開発は「政党支持と開発機会の一致」と，それへの「村落社会の依存性」の両輪で進んだと指摘する。[6] RB 村の情勢はロジャースの指摘にあてはまるだろう。

　ただし RB 村は多民族で構成される。JKKK（村落開発安全委員会）幹部は「村内の中国系は，MCA（マレーシア中国人協会）を支持しているので盟友だ」と述べる。UMNO は与党連合 BN（国民戦線）の第一党だ。MCA も BN の構成党だ。この状況はインド系を支持母体とし BN の構成党の MIC（マレーシア・インド人会議）においても同様だ。それぞれの村民は，直接的には民族系政党

を支持しているのだが，結果としてBN支持に収斂される。

　これは村落社会の結束の証ともなっている。近年のRB村への新規転入者もいずれもがBNの構成政党の支持者だという。第2章で論じたとおり2008年の総選挙ではBN構成政党が大幅に議席を減らした。ポンティエン・ディストリクトでもBNの得票率が低下している。これを受け支持者の引き締め策としてRJムキムでは新たな開発機会の提示があったのだ。

　一方，村長らの懸念もある。村内の中国系やインド系の若年層には首都やシンガポールに出稼ぎに出る者が増加している。JKKK幹部は，短期長期にかかわらず出稼ぎ者の人数は把握できないが「年々その数は増加している」と見ている。そして彼らが「都市部での生活様式に影響され，村に持ち帰ることがある。村内の諍いの原因になりかねない」と憂慮するのだ。

　村落に系譜を有する多くのマレー系にとって，カンポンは，自らのアイデンティティーを投影し，それとの関係性に葛藤を抱える対象でもある。このことは各芸術分野の主題にもなってきた。

　同国の代表的な漫画家であるラット（Lat）が『カンポンボーイ』[7]を刊行したのは1970年代後半のことだった。一連の作品で彼の描く村の暮らしは温かく，一方で都市は巨大でめまぐるしい。村を懐古する情緒は，すでにそのころには国民に共有されていたのだ。1980年初頭刊行のアジジ・ハジ・アブドゥラ（Azizi Haji Abdullah）の『山の麓の老人』[8]では，村に残る老夫妻と，都市に住まう「成功」した子世代の心の葛藤が描かれていた。2008年に刊行されたイアイン・ブチャナン（Iain Buchanan）による『ファティマのカンポン』[9]では，都市周縁部にある村が巨大開発に飲み込まれ消え去るさまが活写されている。

　村に暮らす彼らは，都市生活へのあこがれをメディアや学校教育をつうじて刷り込まれつつも，情緒は村と都会との間をさまよう。

　RB村から離れてゆくのは都市への出稼ぎ者だけではない。農漁業に従事するマレー系村民からもFELDA（連邦土地開発庁）関連事業への転出が出始めている。当初はFELDAが入植者に対して一定面積の農地の無償提供などの各種の優遇策を提示していた。FELDAが経営の多角化として進める関連事業も政府のうしろだてがあり経営条件がよい。2012年にはFELDAの子会社の株式上場に伴い好条件の配当を行うと報じている。[10]

村長の言葉を借りれば，若い世代は「特典の少ない」RJ ムキムや RB 村から転出してゆく。RJ ムキムでは，年々，農漁業は副次的な収入を得るものとなりつつある。農業で生計を維持したい者や営農規模を拡大したい者は，収量や耕作条件のよい地区に転出してゆくのだ。

3-1-2 RB 村の村落空間と多民族社会の過去 18 年間における変化

進む RB 村の村落開発

図 3-3 に RB 村内の過去 18 年の開発状況を示した。この間の開発は，各種の施設整備から教育環境の改善などのソフト事業まで幅広い分野に及んだ。州都とこの地方を結び RB 村を通過する幹線道路の拡幅，村内の排水路網の改良，ムキム事務所の増築，職業訓練学校が開校した。また RB 川の河口には余暇施設と小博物館が開館している。村内への王族の別荘の建設計画もある。

また村内には小規模工場の立地を促す政策を受け工場が 5 社開業している。また RB 村の基幹的産業である油ヤシプランテーションの経営企業体が代わっている。

この地域は泥炭質でパイナップルなどの作物の作付けには好適であるが蔬菜の栽培には不向きだ。RB 村でも土壌改良ではヤシ殻を燃やしたものを土壌に混和して改良した。排水路が広範囲に整備され塩害のため耕作困難地であった海浜部でも蔬菜が栽培されるようになった。

RB 村における村落空間の変化

RB 村は村落全体で見れば人口的には多民族社会だ。これについては過去 18 年間に変化はない。村域における住居の分布や民族混住の状況にも変化はない。RB 村の多くの住宅は幹線道路の沿道に立地する。村内にはモスク 2，華人廟 3，ヒンズー寺院 1 がある。

村内における住宅の分布では，ムキム事務所周辺の店舗が集中する地区に中国系世帯が集中している。村内の店舗の経営者は 20 軒が中国系で，3 軒がマレー系となっている。

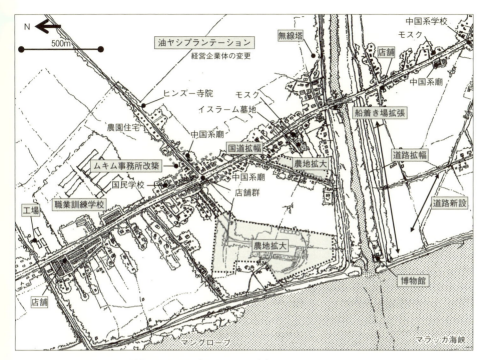

図3-3　RB村の建物分布と村落開発の状況（1994〜2012年）

注記）ベースマップ：1990年代調査・既刊③掲載図に加筆修正した。
　　　囲み文字は1994年から2012年の間の開発整備の内容を示す。

　一方，プランテーションにいたる地区にはヒンズー寺院があり，インド系世帯の農園住宅がある。この農園住宅はインド系住民に払い下げられ退職者も住んでいる。老朽化したものは除却され空地になっている。

　インド系の住む農園住宅の周辺にインドネシア国籍の労働者が1994年調査時点で約20世帯居住していた。その後の入国管理の強化や農園の機械化に伴い，永住権を取得した者をのぞき転居していった。ほかに単一の民族集団が集住している近隣はない。

　1994年調査では，RB村民の間で共有される「生活地名」を把握している。生活地名とは，重村力や山崎寿一らが呼ぶ地域住民の一定の土地・空間に対する共通認識となっている土地・空間の呼称のことだ。[11]筆者は，多様な民族集団は，RB村のように一つの村に住みながらもそれぞれに異なる生活地名を有す

第3章　村落――開発と伝統のはざまで　　71

るのではないかと仮説をたてていた。

　RB村には，1994年時点で，マレー系7，中国系4の異なる生活地名があった。マレー系はそのすべてが排水路を中心に付した地名であった。一方，中国系は幹線道路の海手と山手，廟の周辺などで地名を使い分けていた。これらの生活地名は空間的には領域を重複させながら並存している。なお林地には生活地名はつけられていない。

　2012年調査でも村内の生活地名を確認した。18年を経てもそれに変化はなかった。また村内での新しい開墾地や施設整備が行われた地点にも，新たな生活地名は付されていなかった。

RB村における「民族界隈」の変化

　1994年調査では，RB村の近隣に，一つの民族集団に占められている「民族界隈」が見られた。図3-4に示すように，村落中心部の商店は3軒を除きすべてを中国系が占めており，その周辺も中国系の住宅が取り巻いている。

　国道から伸びる小幅員の道路に接道し住宅が建ち並ぶ。この道路に並行して排水路があり，屋敷地や林地から排水される。土地区画はプランテーションの農地を含め幹線道路から奥行きが深く短冊状に伸びている。

　この小幅員の道路に沿って住宅が立地する。これが単一民族で構成される「民族界隈」をかたちづくる。異なる民族の「民族界隈」の間には小径や通路による行き来の痕跡がない。いくつかの「民族界隈」は金網の塀で囲われている。

　過去18年間でRB村では人口が増加した。新築の住宅は，民族属性が同じ「民族界隈」のなかに建築されている。村民は「新しく村に転入する世帯は村民の知己を頼ってくる」と言う。

　これはいずれの民族集団においても同様であり，それぞれの「民族界隈」は村落の人口増加を受け止めている。水野浩一は，東北タイの村落の調査から，血縁者の近隣居住を捉えて屋敷地共住集団と呼んだ。[12]この共住集団を支えるのは血縁関係者が中心となる。RB村の場合は屋敷地への増設や同居は必ずしも血縁者だけではなく，村内への仮住まいの人も含まれていた。

　1994年調査では，村内で塵芥が投棄されるなど荒廃しているのは，この「民族界隈」の境であることを見た。街路の屈曲部分，排水路，空き地がそれにあ

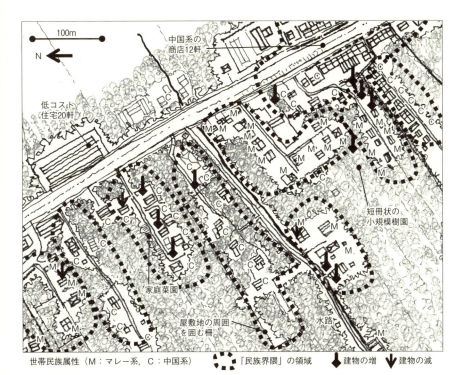

図3-4 RB村の「民族界隈」の変化（1994～2012年）

たる。多くはこの「民族界隈」の境目と一致する。2012年調査では，村のJKKK（村落開発安全委員会）を中心とした美化活動により村内の美観は向上している。それでも，村内でこれらの荒廃が現れる場所の傾向に変化はなかった。

RB村における多民族社会の変化

　先述のとおり，JKKK（村落開発安全委員会）はムキムなどの上位の行政機構と，村内の在来の社会組織をつなぐ役割を担う。JKKKは，村落内の民族ごとの人口割合に応じて委員が選出される。RB村では2012年時点でマレー系が10名，中国系が2名であった。1994年時点では中国系が1名であったので，この間に1名が増えたこととなる。

　制度上，JKKKは特定の民族集団に与しない。ただし村長はUMNO（統一マレー国民組織）の支部代表やモスク管理委員会の長を兼ねてきた。またRB

村はマレー系の人口が優勢だ。このことからマレー系社会との結びつきが強い。この体制は過去18年間を経ても同様だった。
　一方，中国系やインド系もそれぞれに中国廟やヒンズー寺院などを核にした信仰組織や，民族系政党を基盤とした政治組織がある。RB村は複数の民族が一つの村落空間を共有しながらも，信仰，政治，生業ともに民族集団ごとに並存している。そのなかでJKKKは異なる民族集団を，横断的につなぎあわせる役割を担う。
　このように社会組織の面では並存的な状況下でも，生活空間を共有する村民の民族間関係は密接だ。1994年調査の際，村民への聞き取りでも，村長やJKKK幹部への民族を超えた尊敬意識は強かった。JKKKの長でもある村長は，祭礼のとりしきりから，ディストリクトやムキムの関係者との各種折衝までを担う。そこでは一般の村民ではなしえないリーダーシップや見識が期待される。
　村長への村民の尊敬意識は，制度的に権力を与えられた，行政機構や政党支部の末端代表者といった優位性だけに裏書されるものではないようだ。
　RB村の村長は「JKKK委員の互選により選出されているが，歴代の村長は教員や軍人，公務員などの経験と日々の蓄えもある。役所との交渉に長けていることに加え，なにより人望が重要」とする。ここに民族の壁はないと述べる。
　たしかに面談したRJムキムの村長たちの弁舌は明快で雄弁だった。地域で施行されている事業の課題を的確に見すえ，お互いに言葉を選びながら，それらへの批評もする。印象として，彼らの弁舌は日ごろメディアに現れる同国の政府首脳のそれに似ているとさえ思う。
　そして村長は近隣の村や地域の開発動向にも気を配っている。村長は，村の中国系の母子家庭の暮らしぶりから，出稼ぎに出る村民の動静にも気を配る。2012年調査に前後して，政府の地方低所得者むけ生活補助金の支給が話題となった。これは一定の所得以上の世帯には支給されない。これに対し村人の一部からは支給基準や時期への不満が出る。村民の疑問に応え調停するのも村長たちだ。
　一方，JKKK幹部には村落社会の統合に揺らぎを指摘する者もいた。「近年，若年者が出稼ぎなどに出て，そのなかには再び村に戻ってきてもJKKKの活動や決定事項を尊重しない者がいる」と言う。村民の出稼ぎ先での生活体験や

就業形態が影響していると言う。

　RJ ムキム内のある村長はこんな指摘をした。「若者が給料のよいシンガポールに働きにゆく。とくに中国系の若い村民が多い。向こうの暮らしぶりを見て村に帰る。村の暮らしは遅れていると不平をもらす。長く向こうで暮らした者は，マレー人の歴史や文化に関心を失っていることもある。マレー人についても同じ。若い人たちは村の生活に関心を失いつつあるし，UMNO 以外の政党に関心を持つ者が出ている」

　JKKK の関係者はこの影響を警戒している。ただしこの変化は村域での地方開発によって起こるのではなく，村民が「都市生活者の影響を受けた」ことによって起きうると言う。あるマレー系の RB 村民は「村の中国系はみな友人だ。でも大都市の中国系は村のマレー系に寛容ではない」と述べる。

　村民にとって異民族との親密性は「民族界隈」をお互いに接する近隣空間から，村落組織である JKKK がつなぐ RB 村域，そしてより広域の RJ ムキムへと，その空間スケールが大きくなるにつれて逓減するようだ。

　村落社会の好まざる変化は，遠方や都市に住む異民族，都市化し村の心を忘れた住民からもたらされると警戒されるのだ。

　そして RB 村の村長は「過去 20 年間で民族間のいさかいは一度もなかった」と断言する。「村の伝統を守ることが村の安寧の要となる」と付言した。

RB 村の住居空間に見る民族性

　1994 年調査では，RB 村内の住居空間に表れる民族性に注目した。図 3-5 に，RB 村に見るマレー系と中国系の民家と，それぞれの住居にみる起居形式を示した。

　マレーシアの村落の民家を捉えたリム・ジーユアン（Lim Jee Yuan）の研究がある。『マレーの民家』[13]は，マレー系の住居空間の意匠から工法，地域性を集成したものだ。刊行は 1987 年とはいえ現在でもマレー民家を捉えた同国の代表的な論考だ。

　リムは，マレー民家は，高床式の非対称平面で，屋根形状も寄棟や切妻など多様だと指摘した。熱帯の気候条件下で高床であることは，通風，湿気，虫害，浸水などへの対策に優れると指摘している。外部に開放的で村落住民の密接な

人間関係の受け皿となったとする。また，マレー民家の形式には多様な地域性があることを示している。このリムの指摘は，RB村のみならずジョホール州南部の農村にもあてはまる。

ところが，RB村の住宅を見ると民族ごとに住居空間の構成が全く異なる。

中国系住宅は平土間式，左右対称平面で，切妻屋根が多い。この傾向はRB村に限らない。住居形式はマレー系の民家のように地域性を持たない。第5章の5-1で詳述したいが，マレー半島北部のペナン島の，海面上に建てられた杭上住宅のように特殊な建築条件下にあっても，その建築形態は変わらない。

住居は，敷地をとりまく環境が決定要因となり形作られる。とくに気象条件はその最大の与条件であり，伝統的な住居空間にはそれが明確に表れる。しかし，RB村をはじめマレーシアの村落では，気候や立地条件で決定されるのではなく，民族性が作用して住居形式が決定されている。

一方，この中国系の民家の住居空間の固有性は，同国での民家研究では注目されてこなかった。先のリムの論考にはマレー系の民家に対しては充分に説明がなされている。しかし，同じ村落や地域空間を共有している中国系の民家，住居空間についての記述はない。

リムが『マレーの民家』の序章で，マレー系の民家を論じることの意義を述べている。「伝統的なマレー民家は，誰かによって『つくられた』ものではない。それはマレー社会の何世代にもわたって進化を遂げてきた。今日，村落のマレーシアには，いくばくかの『純粋な』伝統的な形が依然として残り，その一方で，近代化の影響を受けているものもある」と述べる。この「純粋」な形態をたどることが「マレーシアの文化遺産」の探求につながるとする。そして，著しい開発は伝統的な生活様式を失わせ，アイデンティティーに揺らぎが生じていると指摘している。そして今一度，伝統的なマレー民家に注目することが現在と未来のマレーシア人の住まいへの要求に応えることにつながると指摘したのだ。[14]

これは，この本が書かれた時代背景を映し出している。同書の刊行された1987年は，公共建築などに「国民建築」が相次いで建設された時期にあたる。「国民建築」については第6章6-2に詳述したいが，その様式の構築においてリムをはじめとする論者のマレー民家への探求が貢献したことは疑いない。

実際に「国民建築」としてのマレー伝統様式には多くの関心が集められた。

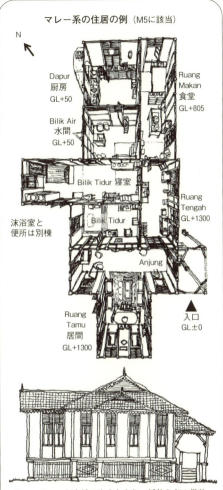
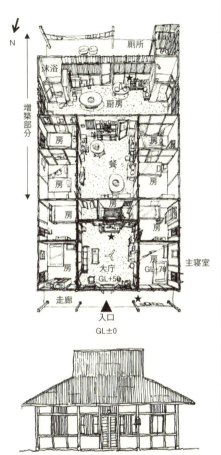

図3-5　RB村に見るマレー系と中国系の住居と起居形式の相違

Ruang Tamuが生活の中心となり、婚礼などの儀礼や祭礼もこの部屋で行われる。中間室となるRuang Tengahは廊下としての役割とともに、儀礼や接客時での女性の空間として機能する。日常的には家事や身支度でも用いられる。食堂となるRuang MakanはRuang Tengahよりも床高さが低くなる場合が多い。増改築される場合は床高さはそろえられる。

大庁が生活の中心となる。玄関の中軸上に祭壇（図中★印）が配置され、これを取り巻くように寝室が配置される。家族関係に従い、おおむね祭壇に向かって右手から左回りに順に年長者が使う。半屋外となる走廊は家事や余暇で用いられ、内職などの空間ともなる。住宅で最も奥部に位置する厨房は火神が祀られるなど重要な位置づけとなっている。この住宅は奥部が増築されたものである。

注記）間取り図：1990年代調査・既刊④掲載図を加筆修正した。
　　　図中の数値は地盤面（GL: Ground Level）からの床高。単位はmm。
　　　また図中のM5、C2はそれぞれ図3-6の平面類型を示している。

第3章　村落──開発と伝統のはざまで　77

マレー民家に対する研究ではマコタ・イスマイル（Moktar Ismail）によるマラッカ州の民家に注目した『マラッカのマレー伝統民家』[15]、構法や装飾を捉えたアブドゥル・ハリム（Abdul Halim Nasir）らの『マレー伝統住宅』[16]など、その地域性に注目した研究が各地で行われた。またこれを伝統工法で復元するマレーシア森林研究所による記録書『マレー木造住宅の修理と再建』[17]など広がりを見せている。

それと比較すると中国系の民家建築への関心は薄い。都市部のショップハウスや宗教建築と比べても、村落の中国系の民家建築や村落空間には多くの論考を見ない。1984年に刊行されたデービッド・コール（David G. Kohl）による『海峡植民地と西マラヤの中国人の建築』[18]は中国系の建築物を網羅し形態から歴史的背景まで論述している。同書には中国系の村落民家についての記述があるが、建築形態や構法を含めて概説にとどまり記述も限られる。また村落空間における異民族間の関係についての論究では、マレー半島東海岸の少数民族を捉えたロバート・ウィンゼラー（Robert Winzeler）の研究がある[19]。ここでは集落の民家に暮らすタイや中国系などの民族属性が捉えられている。それでも中国系の暮らす村落空間や住居の形態への記述は限られるのだ。

RB村における住居空間の変化

RB村内での過去18年間の住居空間の構成の変化を見た。

村落内での開発のみならず州南部の大規模開発の進展など、社会環境の変化がRB村にも押し寄せた。それでも住戸内部の空間利用や空間呼称に変化はなかった。ただし多くの住居で増改築が行われていた。この傾向を図3-6に整理した。

マレー系の住居で増改築が行われたものは、その多くで高床式から平土間式への変化が見られた。またマレー系、中国系の住居ともに増改築の際にほとんどがコンクリート造を選択している。

この理由として住宅の防蟻が大きい。住宅の構造躯体のみならず、仕上げや家具の木部は白蟻の被害を受けやすい。防蟻に有効な強いコンクリートが建材として選択されるのだ。

マレー系の住居での増改築の傾向では、厨房（Dapur）や食事室（Ruang

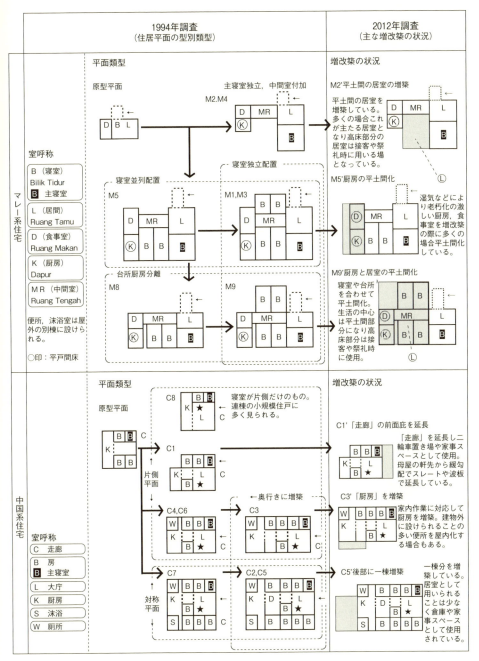

図 3-6　RB 村に見る住居空間の変化と増改築の傾向（1994 〜 2012 年）

Makan）などの水周り諸室が平土間化されている。この部分は伝統的にも居間などと比べ床高さが低い。調理などによる湿気で劣化しやすいため改修の対象となりやすい。この水周り諸室の増改築，平土間化にあわせて，従来は別棟に設けられていた沐浴室や便所も母屋に移設されている。

一方で，住宅のなかでも居間（Ruang Tamu）や寝室（Bilik Tidur）は1994年調査の際に見たままに維持されていることが多い。とくに居間は祝祭や儀礼の空間として用いられることが多いためだ。先のリムの考察でも，伝統的なマレー系の民家は，この居間を核に，周囲に固有の機能を持つ諸室が付加され住居が大型化してゆくさまが示されている。

ただし，従前はこれらの居室で行われていた日常生活は，平土間化された増築部分に移っている。高齢者にとっては平土間部分での起居の方が容易だ。冷蔵庫などの重量のある大型家電のある暮らしはコンクリート床の平土間が適している。また高床部分の屋根は断熱がなされておらず，天井が設置されていない場合も少なくない。このため日中の室内は日射で耐え難く暑い。

増改築では平屋の高床住宅全体を嵩上げし，床下部分を一階として新たに居室を設けている。RB村に見た住居の増改築の傾向は第3章3-2のSK村でも同様だった。同国の村落社会の全体に波及しつつある。

中国系の住居の場合は，以前から平土間なので建物の構造に変化はない。玄関の走廊前部への増改築の場合は，庇から緩勾配の屋根をさしかけている。この増築をきっかけに走廊部分が居室化される場合もある。また厨房側面や後部への増築も少なくない。いずれの場合も増築部分は従前の木造からコンクリート造に変わっている。

中国系の住居での起居形式にも変化はなかった。また玄関に正対する位置に設置されている祭壇などの祭祀にも変化はなかった。ただし1994年調査では厨房からつながる裏玄関の扉の鴨居に豚の腰骨を掲げている住戸が複数あった。世帯主は「悪行を働くイスラーム教徒や悪霊が家のなかに入らぬように」との「まじない」であると述べていた。この「悪行」や「悪霊」はRB村内やRJムキムなど身近な誰かによってもたらされるのではなく，遠い他地域の知らない誰かがもたらすと述べていた。2012年調査では，同様の事例は見つからなかった。

住居の周辺では，1994年調査では中国系は観葉植物や蔬菜などの副収入を得やすい作付けが行われていた。これは2012年でも変わらなかった。また村内では蔬菜が栽培されている範囲が広くなっていた。

　1994年調査では，住宅の建設過程での建材供給は地区内の12軒の中国系の業者が占めていた。建築工事の過程での各種の儀礼ではマレー系ではモスク関係者，中国系では風水師が担っていた。住居の施工でもそれぞれの民族の施工者が担っていた。施主にとってみれば，同一民族の方が言葉の面でもやりとりが容易で，生活習慣にも親しみがあるからだ。

　しかし2012年調査では，州都からRB村へ至る道路の拡幅整備により，建材業者も施工者も営業範囲が広域化していた。これにより住居の増改築工事では新建材が用いられるようになっている。

　村内に新築された住宅は，ほぼすべてがコンクリート造の建築形式が選択されている。外観に表れる民族文化も限られたものになっている。マレー系の高床式住宅のみならず中国系の住宅の形態も工法も変貌の過程にある。

3-1-3　小結 —— 変貌する生活空間とRB村の「安寧」

　RJムキムやRB村では，この18年間で学校をはじめ各種施設を拡充し生活環境や利便性が向上していた。また観光施設や小規模工場も新たに設置されていた。これは近年のマレーシアの地方開発の多元化の成果でもある。

　この開発機会は，地域が「一貫して与党連合BNの支持地域だから与えられた」と村長らには認識されている。このことは民族を超えた結合原理として作用している。2008年選挙以降の与党支持の伸び悩みや，他州では与野の逆転がありながらも少なくとも過去18年間，RJムキムやRB村では政党支持に揺らぎはなかった。

　JKKK（村落開発安全委員会）の構成員は人口比に応じ比例配分されているとされるが現在もマレー系が優勢だ。一方，それぞれの民族集団には信仰施設を中心とした社会組織がある。JKKKを代表とする村落社会集団とそれぞれの信徒集団も並存している。

村長らJKKK構成員は，民族に関係なく村民の尊敬を集めている。JKKKからも多民族からなる村落社会の安寧は保たれていると認識されている。RB村のリーダーシップはJKKKと支持政党，そしてモスクを基軸としつつ過去18年間変化していない。

　この18年間でRJムキムやRB村の人口は増加した。RB村にも新たな転入者が居を構えることになった。彼らは，知己をたどり住宅敷地を分割して住居を構えている。転入者の動静にも村長をはじめとするリーダーは留意し，村内の人間関係に摩擦が生じぬよう配慮している。

　RB村の変化は，村の外からもたらされると村民は考えている。近年の経済成長を受けて都市部へ出稼ぎに出た若年者が異なる生活様式を持ち込む。また都市部の人間関係や他民族観に触れることで，結果としてRB村の社会に影響を及ぼすと憂慮されている。村長らの憂慮は1994年のころよりも年々深くなっているようだ。

　村内の異民族に対しては，村落社会と空間を共有するものとして親近感を覚えながらも，村やムキムを超えた人々には親近感は薄い。とくに遠方の異民族との接触については村社会に「好まざる変革をもたらす」として一定の警戒心がある。

　1994年から2012年にいたる約20年間でも村落内には緩やかに同一民族が集住する「民族界隈」が形成されていた。この間の変化では，この「民族界隈」に血縁者や知己を頼って転入した世帯が見られた。緩やかな住みわけの状況は維持されたままに同一民族の集住の度合いは増している。

　過去18年間で，住戸の起居形式に変化はなかった。住居の平面構成や工法に変化はなく，同一村落空間を共有しながらもマレー系は高床の，中国系は平土間の住居形式が維持されていた。

　ただしマレー系の住宅の平土間化と工業化は進んでいる。一つの住居のなかで，変化と保守が現れていた。老朽化しやすい厨房などは平土間化され，儀礼や祭礼の空間となる居間は高床のままで維持されている。

　中国系の住宅も増改築ではコンクリート造が選ばれていく。村民の住宅団地に見られる都市的な住居形式への志向とともに，防蟻に優れることもある。これは村内での住宅建築の生産にも変化を及ぼしていた。以前は近隣の町や村で

成り立っていたものが，大工や建材業者の営業範囲が交通事情の改善で RJ ムキム内のみならず州内で広域化していた。RB 村に見る 18 年間の変化は現在のところ，次に見る第 3 章 3-2 で見た SK 村ほどではないにせよ，住宅の平土間化と工業化は，この先さらに進むと思われる。

RB 村の生活空間と多民族社会には，変貌した部分と保守され変わらない部分が併存していた。村はこの先どのように変化を遂げてゆくのか。

＊

JKKK は，村落（Kampung）の開発（Kemajuan）と安全（Keselamatan）を担う委員会（Jawatankuasa）だ。行政機構と自然村のはざまに立ち，開発の推進と安全の維持を両輪に機能してきた。彼らは民族を超えて尊敬を集め，村人の暮らしに目を配り，時には集票装置としての役割を担う。このことにより開発は進展した。

一方，後者の安全はどうか。Keselamatan の語幹サラマット（selamat）には安寧の意がある。開発が進展したいま，村は新たな安寧の課題に直面しているようだ。これは村に住む者，都市と村を行き来する者，それぞれの RB 村へのまなざしの変化に左右されそうだ。

この先，RB 村の村落社会は，変転する政治情勢，加速する国土開発のはざまで，どのように安寧を保ってゆくのだろうか。

3-2 【事例研究】変貌する「美しい」マレーカンポン
―― ペナン州 SK 村　1996～2013 年

ペナン州ペナン島南部の SK 村とその地域を対象に 17 年間の生活空間と多民族社会の変貌を見たい。先の第 3 章 3-1 に見た RB 村は，多民族で構成されていた。この節で対象とした SK 村は，村民すべてがマレー系によって占められる単一民族村だ。

一方で SK 村の周辺地区には異なる民族集団で構成される村落があり，近接

する小さな街には中国系やインド系の集住する地区がある。ここでは単一民族村としてのSK村の空間と社会，そして多民族からなる周辺地域社会との関係の変化に注目したい。

SK村を対象とする1996年6月に実施した調査と，2013年9月に実施した調査[20]をもとに比較分析を行う。調査では，対象村落であるSK村を含むペナン島南部の社会と地域の開発の状況を把握した。これには中国系が人口構成で優勢なペナン州の政治情勢も反映している。第2章で述べたとおり，国政での政治的転換は，SK村の社会にも影響を及ぼしていることが予測された。

またSK村はかねてから活力あるマレー村，また美しい村として国内外から注目されてきた。これは，村民のマレーの伝統的なゴトンロヨン（相互扶助）により支えられてきたのだが，これにも地域の開発の進展が影響し始めている。

3-2-1　SK村と地域の形成過程と過去17年間における変化

地域の形成過程と近年の開発動向

1786年に英国東インド会社がケダのスルタンから割譲して以来，ペナンはマラッカ海峡の北端に位置する海港都市として建設された。ペナンの都市部であるジョージタウンの形成過程については第4章4-1や第5章で述べたい。

ジョージタウンが植民地の拠点として開発されるなか，SK村の立地する島南部にはマレー人の村落が点在していた。ペナン州は中国系が優勢な州であると捉えられるが，同じ州でも民族構成は異なる。ペナン島のジョージタウンを中心とする都市部には中国系やインド系の人口が優勢であるが，SK村を中心とする農村部ではマレー系が優勢だ。

この民族構成は，地域開発や地方政治の動向を左右してきた。ペナン州は人口構成上で中国系が優勢だ。第2章でもふれたが，近年のペナンの州政はゲラカン（人民運動党）によって担われてきた。同党は多民族政党であることを旗印にしつつも，中国系がその中核を担ってきたため中国系政党と見なされることが多い。人民運動党は与党連合BN（国民戦線）の構成党だ。このため国政と州政の与野のねじれはなかった。

ところが2008年選挙ではペナン州政で与野党が逆転する。都市部の大衆層に支持されているDAP（民主行動党）に政権を奪われたのだ。この与野党の逆転は2013年選挙においても持続した。

一方で，ペナン州の農村部では，一時的に非BN党に議席をうばわれたこともあるが，おおむねUMNO（統一マレー国民組織）の支持地域だ。SK村の地域からも有力政治家を輩出してきた。

国政と州政の与野のねじれは，一見すると地域社会の諸局面において摩擦を生むかに見える。しかし党の与野を問わず，州の経済振興と活力向上は重要命題であることに変わりはない。そして，政党のいずれにとっても自らの支持地盤を盤石にし，それを拡大することは次期の選挙の結果を左右する。開発機会をつうじた地域社会，票田への働きかけは必須だ。

ペナン島南部では1972年にペナン開発公社によって工業団地を中心としたバヤン・ラパス自由貿易地区（Bayan Lepas Free Trade Zone）が開発されている。1985年には全長13.5kmのペナンブリッジの完成により本土と結ばれている。1990年半ばには交通渋滞が深刻化したため第二架橋が2006年に着工し，2014年から供用されている。SK村のある地区からこの第二架橋まではわずか数kmだ。

地元では，第二架橋の路線をめぐっても政治の影響があったと認識されている。もっともペナン島南部と西部，マレー半島部には広い未開発地がある。この第二架橋は流通上の利便性を向上させるだけではなく，ペナンの経済開発を他地区に波及させることも期待できる。このほかにもペナン島南部では高架道路の建設や延伸，大型商業施設の相次ぐ開業，住宅団地建設やリゾート施設などの大規模開発が続く。不動産価格もこれに呼応して上昇を続けている。

これはSK村を含む地域住民の生活にも影響を及ぼしている。雇用形態も農業から製造業やサービス業に転換しつつある。

SK村はペナン島の南西半分のバラットダヤ（Barat Daya）ディストリクト（以下，BDディストリクトと呼ぶ）にある（図3-7）。BDディストリクトはさらに20余りのムキムに分かれる。SK村はこのなかでTKムキム（仮称）に位置する。近隣にはこの地域の拠点となるBL町（仮称）がある。

BDディストリクトの西部は農村が占めている。従来，この地域の主要農業

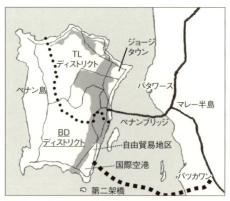

図3-7　ペナン島，BDディストリクトの位置図

は水稲栽培だった。利水や土壌条件もあってプランテーション農業は行われなかった。

近年ではSK村のあるディストリクトの南東部を中心に住宅団地や工業用地開発が進み，SK村の近傍には自由貿易地区の関連企業の工場が多数進出している。ここで働く新住民の地区への転入が増加している。

なおSK村からジョージタウンなどの都市部への交通事情は，バイパスの開通などで改善され，所要時間も短縮された。また州の公共交通政策でバスの運行頻度も上がり，利便性は向上した。これは地域住民の利便性の向上とともに生活圏域の拡大をもたらした。

SK村の形成過程と社会の変化

SK村は現村長の曽祖父にあたるM氏により拓かれた。M氏はマレー半島北部から1910年ごろにSK村に移り住む。村の湿地を改良しながら牧畜で生計を立てていた。BDディストリクトのマレー系農村の多くも同時期から入植し始めている。SK村の地勢は平坦なため水田への利水は容易だが冠水に悩まされる。このことから住居は平地と丘陵の端境に建てられ，木造で高床となった。1930年ごろから村民は徐々に排水路を築き水稲作を本格化した。その後，1940年代の第二次大戦後の混乱の影響でSK村は荒廃する。同じ地域の他のマレー農村と同じく人口は減少する。

3代目のA氏が村長職に就いた1950年代前半は，湿地が残り村民のデング熱や治安の悪化などに見舞われた。このような状況下で，村長A氏自身も自営する印刷工場が安定すると農村開発の先進地への事例視察を行い，村落運営の方法を模索してきた。のちには我が国へも訪問し大分県の「一村一品運動」の情報収集も試みたという。

　1980年代に入りBDディストリクトでの工業団地開発が本格化する。これにより地域に流入する労働者も増加したが住宅団地の整備は追いつかず，SK村などの村落へ転入し始めた。

　SK村の近隣にはショップハウスが約50軒立地するBL町がある。BL町は地域の交通の結節点でもあり，警察署や市場，郵便局などがある。その周辺にSK村を含む村落が8村ある。この地域の空間構成は2013年にいたっても変化はなかった。

　1980年から2010年までの，対象地域の人口動態を示した（図3-8）。BDディストリクトの人口の変動は，ペナン州全体および都市部のティムールラウト（Timur Laut）ディストリクト（以下，TLディストリクトと呼ぶ。TLディストリクトの人口動態は図4-3を参照）と対照的だ。人口統計によると1991年時点でペナン州は106.4万人，都市部を含むペナン島北部のTLディストリクトは39.6万人，BDディストリクトは12.3万人であった。2000年までの9年間の人口増減率（年率）でペナン州では＋1.63％，TLディストリクトで＋0.57％に対し，BDディストリクトでは＋2.92％と州内で著しい人口の伸びを示している。2010年までの10年間でも州全体で＋2.17％，TLディストリクトで＋2.07％に対し，BDディストリクトでは＋2.16％と人口増加は持続している。

　2000年代後半からBLディストリクトでは大規模な住宅団地の造成が各所で行われた。またジョージタウンから市街地南部にいたる道路網の整備も進んだ。これにより地域全体で新規転入が増加している。なお，SK村のあるTKムキムでは人口増加がさらに著しい。2000年までに＋6.18％，2010年までは＋2.96％に及ぶ。

　SK村でも人口は増加した。SK村は1990年時点で224世帯1,055人である。その後，1995年に250世帯1,110人，2003年に315世帯1,635人，2010年に420世帯1,820人にいたっている（JKKK調べ）。人口増減率では2010年までの

20年間で年率＋2.76％となる。

　SK村の民族属性ではマレー系がすべてを占める。一方，BDディストリクトは農村地域にあるにもかかわらず，2010年時点で人口約20万人のうち，ブミプトラは58.3％を占めるにすぎず，中国系30.3％，インド系6.0％だ。一方，SK村の立地するTKムキムはブミプトラが82.6％を占める。同じ地域にありながら地区ごとに民族構成が異なる。

　SK村には外国籍者の定住者はないとされる。地域では外国人労働者も増加している。BDディストリクトには5.1％，TKムキムには4.7％の外国籍者が暮らす。なお短期間滞在者や，不法就労者は統計に表れない。SK村に近接するBL町の飲食店や工事現場には多くの外国籍者が就労しているのを見かける。マレーシアの地域社会において外国籍者の存在は大きくなりつつある。彼らの動向は，この地域の多民族社会の有様に影響するだろう。

SK村の周辺地域における変化

　ペナン島南部の開発はSK村をはじめ地域にも及んでいる。図3-9に地域の拠点であるBL町周辺の1996年から2013年の間の空間利用の変化を示した。

　BL町はSK村から1kmに位置する。東西に伸びる幹線道路沿いに警察署，市場，中国系の廟，中国系学校がある。中心部には中国系の商店が建ち並ぶ。市街が途切れる境界部にBL川があり，これを挟んだ西側の対岸はマレー系商店や飲食店が主体となる。幹線道路からは各村落にいたる複数の道路があり，SK村とBL町は1本の広幅員道路と2本の細街路で接続されている。BL町とSK村の端境にはマレー語学校，イスラーム教徒の墓所がある。

　1996年調査時点では，BL町の中心には約50軒の商店があった。そのほとんどが中国系の経営で，うち5軒はインド系イスラーム教徒が経営していた。インド系イスラーム教徒の経営する商店は食品や飲食の業種に多かった。

　中国系の商店でもマレー系の生活に関係の深い民族衣装や食料品を商う。加えてBL町の中国系の商店主も流暢にマレー語を用いる。これは都市部とは対照的で，人口の9割を中国系が占めるジョージタウン中心部では中国語方言のみを話す商店主も少なくない。

　BL町には1930年に設置された生鮮市場がある。ここはすべての民族集団

ペナン州

人口増減率 (年率%)	人口 (万人)	年
2.17	152.6	2010
1.63	123.1	2000
0.93	106.4	1991
	96.1	1980

BDディストリクト（ペナン島の南西半分に相当，TKムキムの所在するディストリクト）

人口増減率 (年率%)	人口 (万人)	年
2.16	19.7	2010
2.92	15.9	2000
4.41	12.3	1991
	7.6	1980

TKムキム（SK村の所在するムキム）

人口増減率 (年率%)	人口 (万人)	年
2.96	1.57	2010
6.18	1.17	2000
3.70	0.68	1991
	0.46	1980

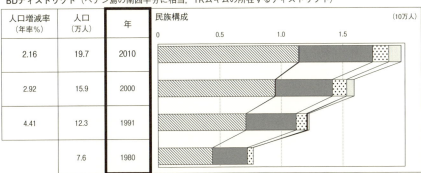
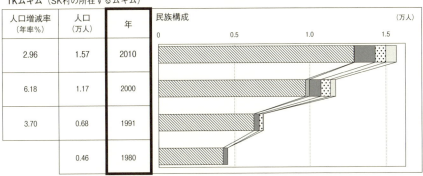

図 3-8　SK 村における対象地区の人口動態と民族構成（1980，1991，2000，2010 年）

データ出典）1980, 1991, 2000, 2010, Population and Housing Census of Malaysia, Department of Statistics, Malaysia.
人口増減率（年率）は上記データより計算した。

注記）統計区分の変更により，1980 年の「その他」には 1991 年以降の「外国籍」と「その他」が計上されている。また「他のブミプトラ」は「マレー系」に計上されている。なお本文で触れた TL ディストリクトの人口動態は第 4 章 4-1 の図 4-3 に表示している。

第 3 章　村落──開発と伝統のはざまで　　89

が利用する。このため食禁忌に触れないよう市場を区画する工夫がなされている。イスラーム教徒が禁忌とする豚肉の販売は区画された場所で行われる。屠畜も離れた別の場所で行われ、鶏もハラルとして屠畜される。

　2013年にいたっても、この商店や市場の空間利用の状況に変化はないが、生鮮市場の周辺には売り場が増設された。BDディストリクトでは人口増加が続く。その意味でもBL町の商店や生鮮市場の役割は、たとえ都市近郊に大型小売店舗の出店が相次いでも変わることはない。

SK村とBL町の中間領域における変化

　このBL町の南部がSK村との中間領域となる。SK村やBL町を含む地区において1996年から2013年にいたる間、空間の変化がもっとも顕著だったのが、この中間領域だった。この変化を図3-9に示した。

　この中間領域にも店舗があるが、これらの業態も変化した。1996年時点でBL町中心部からSK村にいたる街路沿いにはマレー系が経営する飲食店が軒を連ねていた。これが2013年には中国系が経営する中古車販売店や洗車店、自動車修理工場に変わっている。一方、SK村にいたる街路のBL川との間にはヒンズー教の祠があったが、これは寺院に増築されている。このBL川のSK村側の岸にはマレー系の経営する牛の屠畜場があったが移転している。ヒンズー教の信者にとって、牛は神聖な意味がある。その屠畜が川1本を隔てて行われていたのだ。

　SK村に限らず各村落の空間はよく整えられている。この環境の維持については後述したいが、1996年から2013年にいたる間も持続されてきた。しかし村民の周縁空間への関心は依然として希薄なままだった。他の村落との中間領域である河川、排水路、幹線道路は管理主体が明確でないためか荒廃している。1996年時点でも、BL町とSK村を結ぶ道路は塵芥が大量に放棄され荒廃していた。この街路はSK村のみならず、隣接する中国系の村落への交通路であるにもかかわらず荒廃しているのだ。

　2013年時点では塵芥の投棄は若干少なくなっている。しかし地域全体の都市化と開発が進展するなか、廃棄物処理やスクラップ工場、屠畜場などの施設は、徐々に町の中心部からより遠い周縁部に移転している。1996年時点で廃

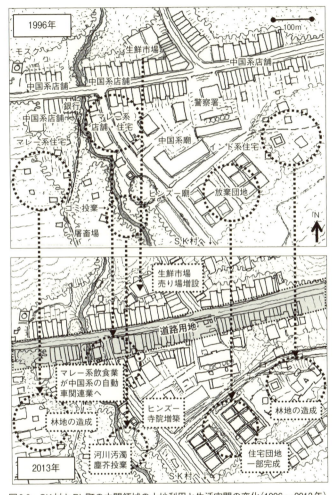

図3-9 SK村とBL町の中間領域の土地利用と生活空間の変化(1996～2013年)
注記)「1996年」ベースマップ：1990年代調査・既刊③掲載図をもとに再作図した。
　　　道路用地は2015年初頭の状況。

第3章 村落 —— 開発と伝統のはざまで　　91

棄物や塵芥の投棄の目立った場所は，2013年には廃棄物処理工場となっていた。その代わりに，BL町から見てさらに離れたSK村近辺に塵芥の放置が目立つようになった。この近隣には粗放地や放棄された住宅が並ぶ。

これによる環境悪化のためか界隈の軽食堂は廃業している。近接する新規に建設された住宅団地の住戸にも放棄されたものが目立つ。また上流の宅地造成が進んだからかBL川の汚濁もさらに悪化し悪臭がただよう。

塵芥の放置については，SK村の村民も好ましいものとは思っていない。しかし，住民はこの近辺を清掃するのは地方自治体のMPPP（ペナン島ミュニシパル：当時）で，村民ではないと言い切る。同国では街路や公園などの公共空間の清掃管理は地方自治体が担う。

もっとも，このBL町を含む地区も，BDディストリクトやペナン島全体から見れば周縁的立地だ。都市部では各種の規制強化で出店できなくなった危険物を扱う工場や廃棄物処分場などがこの地区にも進出してくる。地方自治体の清掃作業もおくれがちだ。

この調査の後，BL町には大きな環境の変化があった。

2015年に入ってBL町を通る幹線道路の拡幅工事が始まった。図3-9に示すとおり，道路用地として収用された土地の幅員は50mにも及ぶ。BL町のショップハウスの家並の南半分はすべて除却された。道路は高架橋の本線と側道を含む広い道路だ。これに合わせて，SK村への道路の拡幅工事も始まった。道路予定地の建物の除却と造成が村の北部に迫る[21]。地域の景観は一変した。

単一民族村としてのSK村

マレー村落においてモスクは村落の核となる。伝統的にはモスクの尖塔から呼びかけられるアザーンの声の届く範囲が村落の大きさを決めた。SK村の中心部にはモスクがある。モスクは幹線道路沿いに立地することもあり礼拝者が訪れる。このモスクの周辺にはJKKK（村落開発安全委員会）の設置する集会所などもあり各種の文化行事などでも用いられる。

1996年調査では祭礼時のSK村の様子を見た。イスラーム教の祭礼日にはSK村にも多くの異民族の訪問者がある。村民は，断食明けの晩餐へは「会社の中国系の友人を招き，周辺の村落の中国系もやってくる」また「中国正月に

は中国系民族村に招かれて行くこともある」と述べていた。異民族の訪問や交流は日常のことだ。2013年調査では，村民の就業形態の多様化からも，交流範囲は民族を超えてより広域化していた。

それでも，村落空間への異民族の転入と定住は否定的に捉えられている。1996年調査では，村内への中国系の養豚業者の転入が1960年代にあったことを把握している。イスラーム教徒であるマレー系の村民にとって豚は禁忌に触れる。このことから近隣の村民から不満の声が上がり，村は畜産業者の土地を買収し，他の村に代替地を与えることで穏便に転出を促した。

この一件からSK村では土地売買や貸借の動向に敏感となった。2013年にいたる間に異民族の住民や業者の転入はない。SK村の土地の多くは開祖のM氏一族が所有する。その意味でも，土地の貸借や売買でも村長らの意思が通りやすい。

またSK村のゴトンロヨン（相互扶助）やモスクへの寄進は村民により担われている。これへの参加は，信仰や習慣の異なる異民族には容易ではないと村民は見ているのだ。2013年調査の際にはJKKK構成員は，縁故のない者，異民族の村への転入は，安寧の維持を理由に前向きではないと述べていた。

口羽益生，坪内良博，前田成文らによる『マレー農村の研究』[22]（1975年）はマレー農村に関する代表的研究だ。そのなかで，マレー村落カンポンでは地縁による結合の「緩さ」が指摘されていた。村の境界は，村民の意識でも曖昧で，紐帯としての村落コミュニティー意識も緩いと指摘している。

一方で，SK村のある地域のように異民族村と近接する村落社会の場合は，村の境界領域は村民の意識のうえでもより明確だ。マレー農村が連担する地域と，SK村のように多民族で構成される地域では自他を区別する地理的境界の意味が異なるのだろう。また開発の進展と政治意識の浸透により，村の境界や社会の輪郭が明確化したのかもしれない。

3-2-2　SK 村の村落空間と民族混住の過去 17 年間における変化

SK 村の村落空間における変化

　図3-10と図3-11に，1996年から2013年の間のSK村の村落空間の変化を整理した。SK村の村域は32haある。西側に丘陵があり，東側に平坦地が広がる。この山裾に村の中心があり幹線道路が通る。

　1996年調査ではSK村の村落空間を見た。村落の中心にはモスク，村長の住宅があり，その周辺をJKKK（村落開発安全委員会）の活動拠点となる集会施設が並ぶ。それを中心に住居が建ち並び，さらにその外側に稲作田，牧畜小屋，養殖池があった。村落内の街路にはヤシの木が並び，緩やかに曲がりながら村内各所をつなぐ。平地の中心には水田があり，村内のどの位置からも見えた。村内の街路や水路への塵芥の投棄などはなく，美観が保たれていた。

　SK村にはマレー民家が建ち並んでいた。屋敷地の周辺に柵や塀などの境界はない。屋敷地の周囲の排水路や小径が隣戸との緩やかな境界になっている。

図 3-10　SK 村中心部の景観の変化

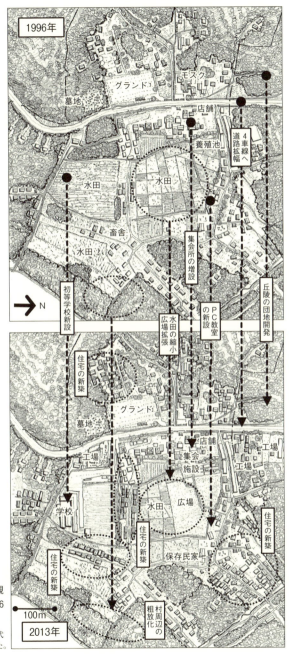

図3-11 SK村の村落空間の景観と土地利用の変化（1996〜2013年）

注記）「1996年」ベースマップ：1990年代調査・既刊③掲載図を加筆修正した。

これらが組み合わさって一つの村落が形成されている。SK 村の村内の景観は 1990 年代に「マレーシアでもっとも美しい村」コンテストで複数回受賞し，マレー農村のありかたをよく表していた。
　この状況については，すでに 1990 年代前半に研究者の間で認識されていた。アミール・ファウジ（M. Amir Fawzi）は，都市化の進むペナンにあって SK 村はマレー系の伝統的な村落の文化遺産を保全する事例として先進的だと指摘していた[23]。またリムの論及のとおり，カンポンとは，村落空間や民家建築などの物的環境のみを指すのではなく，自然環境や生業を含む村落社会を指すのだ[24]。
　2013 年までの 17 年間で SK 村の村落空間にも変化が表れている。村の住戸数（居宅）は過去 17 年間で増加した。1996 年時点で 320 棟だったが 2013 年では 452 棟に増した。
　村内を通る幹線道路は 2 車線から 4 車線に拡幅された。沿道には軽飲食店が新たに開業している。村内の道路もすべてがアスファルト舗装された。また村の南部に学校が開校した。人口の増加が村内の開発を後押しした。
　SK 村の環境は JKKK の主導によるゴトンロヨン（相互扶助）で変わらず維持されてきた。この 17 年間，近隣地区にも先の「マレーシアでもっとも美しい村」コンテストを受賞した村は SK 村以外にない。
　このこともあり，近年では自治体の観光振興キャンペーンなどでも紹介されるようになった。知名度の向上もあって SK 村では各種の団体によるモデル事業が実施されてきた。ペナン州でも資源リサイクルが 2000 年半ばから始まり，そのモデル村になったのだ。国際機関の協力で資源リサイクル箱が設置された。JKKK の活動拠点も 2003 年に新築されている。また村中心部にはコンピュータ教室が設置された。地方農村部への情報技術普及事業によるものだ。州内の教育機関の支援により管理者が駐在している。
　新規の住宅の建設の傾向も第 3 章 3-1 の RB 村に見たものと同様だった。既存住宅の同一の敷地内に新築している。2013 年までに新築された住宅は新転入者の住まいとして建設されたものだ。この住宅や各種施設の新築のために村内の水稲田が埋立てられ，その一部は 2005 年に公園になっている。また養殖池も規模を縮小している。

SK村の村落組織とゴトンロヨン（相互扶助）

　SK村にも，第3章3-1先のRB村と同様に村落組織JKKK（村落開発安全委員会）がある。SK村のJKKKは村長を含み10名で構成されている。

　1996年調査時点では，SK村は開祖直系の村長A氏一族が掌握していた。A氏は村の大地主でもあり，村内には血縁者が多く暮らす。加えて，村の住民はすべてマレー系だ。A氏はモスクの導師をつとめ，メッカ巡礼の経験があった。このため宗教上でも尊敬を集めている。メッカ巡礼者はこの地域では必ずしも珍しくないが，村の開祖として，永年の一族の村への貢献が尊敬の理由となっている。

　SK村のリーダーシップを担う村長は，宗教上，行政機構上，資産上，そして政治体制上も力を有している。このJKKKの組織は，UMNO（統一マレー国民組織）の支持組織としても機能してきた。これはSK村の開発機会の受益にも功を奏してきた。

　この体制のもとSK村のゴトンロヨンによる村落の環境改善が行われてきた。ここでめざされた環境とはマレー農村の伝統を追求することだ。

　ところが，SK村の村民の就業形態ではすでに工場労働が主体になっている。水稲栽培や牧畜養魚で収入を得て生計をたてる必然性は低い。それらはSK村のマレー農村としての象徴として機能している。収穫の成果は，祭礼などの際の行事の原資として用いられてきた。

　一方でSK村のゴトンロヨンは，他地区では一般的に地方自治体が担う街路清掃，排水路や道路の修繕にまで及んだ。地方自治体の作業が，SK村のような小村落にまで十分に行き届かないこともあるが，この負担を村民が厭わなかったのだ。

　村の開祖が一連の活動を開始した理由の主眼として，村の青少年の健全育成があった。村の周辺では窃盗などの軽犯罪が多発し対策が急がれたからだ。その際，注目されたのがマレー農村の伝統だった。伝統器楽や影絵，セパタクなどマレー系の伝統芸能活動も活発に進められた。伝統器楽団の他地域への公演にもつながり反響を得た。

　1996年調査では，多くの村民が，開発の進むペナン島南部に立地しながら，伝統的なマレー農村に暮らすことの物心両面の豊かさを強調していた。ただし

1996年時点でも，村民のゴトンロヨンへの懐疑や負担感がささやかれ始めていた。先に述べたように他地区や住宅団地ならば，地方自治体が行っている清掃や環境整備をなぜSK村では自ら行わねばならないのかとの問いかけだ。
　2013年の調査では，SK村民からも，週末の観光客への対応について負担感がささやかれるようになった。
　加えてSK村の村民の表情から柔らかい笑みが消えたことは印象的だった。村の集会所前で休んでいると，初老の男性が警戒気味に何をしているのかと尋ねる。男性は，日本から来た筆者を歓迎しながらも「家の写真を撮る前に所有者の許可を得る方がいい」と忠告し立ち去った。近ごろは村にも空き巣が出るようになったからだという。地域もSK村も生活様式の近代化を経験した。「美しい」マレーカンポンにあって，ホスピタリティーあふれる姿を保ち続けることに村民は疲労しているのだろうか。

州政の与野党逆転によるSK村への影響
　先述のとおり2008年の総選挙による州政の転換はSK村の村落社会にも少なからず影響を及ぼした。村に対する補助事業は政党支持への見返りとなることが多い。
　ただし，国政と州政の与野のねじれは，JKKK（村落開発安全委員会）の長である村長の去就の絶対的条件とはならない。同国には少なからず州政での野党支持の村長もいる。RB村の事例に見たとおり，村長は単純に当人の支持政党だけでは決定されない。運営能力や村人の尊敬意識が左右するからだ。その意味でもSK村の体制に大きな変化はなかった。
　SK村はモデル農村として，時の政権政党の各種の事業対象として選ばれてきた。与野に関係なく州内にあるSK村が注目されることは政権の利益となる。
　一方，SK村の村長をはじめJKKKは特定の政党関係者への過度の依存を避けてきた。特定の政党による村落運営への干渉を警戒したのだ。通常は公費でまかなわれるモスクの維持管理も寄進でまかなおうとしている。この政治的な自律性と中庸性が与野党逆転を経ても安定した開発機会の享受に結びついたのだろう。
　しかしBDディストリクトをはじめとする地方開発事情につうじる識者は

「SK 村のみならず村落社会は，支持政党によって開発機会の恩恵の明暗を分ける。とくに 2008 年の総選挙のように与野党の逆転が起きると混乱をきたす」とも指摘する。BD ディストリクト内の村でも「デング熱対策の活動を州政府（国政での野党）が行うと，UMNO（統一マレー国民組織：国政での与党）の支持者は来ない。逆に，UMNO 主導の行事には，その反対勢力の者は出席しない」状況だという。

一方で 1996 年から 2013 年にいたる 17 年間，SK 村で行われた整備は，公共施設整備などのいわゆる箱モノが中心となった。モスクや道路などの生活の基盤となる施設が整ったいま，その二巡目となる施設整備が行われているのだ。ただし，整備後は，維持管理や人材育成などでは長期的な運用や質の向上にむけた計画に欠けるとの指摘もある。

SK 村における住居空間の変容

先の 3-1 で論じた RB 村では，同一の村落空間のなかに，高床のマレー系民家と平土間の中国系民家が並存する様を捉えた。この SK 村の周辺にも同様の傾向が見られる。SK 村とその周辺地域の村落社会は単一民族集団によって占められるから，それぞれの村に民族性が反映した住居が建っている。

1996 年調査では，SK 村でもマレー系の民家を把握している。リム・ジーユアンの論考はマレー民家の形態に見る地方性に触れている[25]。このなかでペナン州やケダ州など，マレー半島の西海岸北部のマレー民家の形態的な相違を指摘している。リムによるとこの地域のマレー民家の特徴は，切妻屋根，高床で，玄関の正面はメッカの方向である西にむけられる。

SK 村の過去 17 年間の変化でもっとも大きいのは村内の住居形態だろう。この間，SK 村の村落住宅では，伝統的な高床式住宅が土間化している。このことは RB 村に見た傾向と同様だった。

1996 年時点でも SK 村の住居の平土間化が見られた。村内の排水路の整備で街路や敷地内の冠水が大幅に減り，高床である必然性が低下した。

図 3-12 に，SK 村内のある住居の空間構成とその増改築傾向を示した。この住宅は先のリム・ジーユアンの論考に示される，ペナン州を含む地域に見られるマレー民家だった。高床の主屋（Rumah Ibu）にベランダ（Serambi）がつい

ている。ただしベランダには外面して窓がつけられており居室となっている。1996年調査でもこの住宅ではすでに増改築が行われていた。主屋の奥はすでに平土間化していた。また主屋の床下は嵩上げのうえ，居室化（天井高さ1,800mm）されていた。この居室部分は，台所（Dapur）と同じ床高さでつながっている。この結果，就寝以外はすべて土間部分で行われ，高床部分は婚礼などの祭礼で用いられるとのことだった。

　平土間化された居室は起居が容易だ。RB村では，白蟻による虫害が平土間化の原因であると述べられていた。SK村でも同様に壁や柱脚にはコンクリートが用いられている。

　これらの増改築を経ても，家の人たちの住み心地への意見は割れていた。1996年時点でもこの家では主屋をはじめとするマレー民家の伝統的なたたずまいに満足しているとしながらも，主屋の日中の暑さは不評だった。床下に増築された居室には天井が低いため天井扇を設置することもできない。それに木部への白蟻被害も憂慮されていた。

　その後，この家は2008年ごろに除却され，コンクリート造の住宅が建てられた。この平土間化と工業化がSK村の多くの住宅で見られることになる。住宅金融の融資条件も有利なコンクリート造が選ばれてゆく。

　新築される住宅の工法だが，鉄筋コンクリートで梁や柱が築かれる。地震が起きないとされる国土のため梁柱ともに小断面だ。そのうえで梁と柱の間にできるフレームの間にコンクリート煉瓦とモルタルを用いて積み上げて壁面を構成する。この壁面はほとんどの場合，鉄筋は配されていない。この上にモルタルを塗り込め，仕上げとなる。この壁面の工法は中層以上の建物でも一般的に行われている。屋根は鉄骨の架構の上にスレートや鉄板が葺かれる。ほとんどの場合，断熱材は施されていない。

　マレー半島の民家の屋根葺き材に多く見られたアタップ（ニッパヤシの葉脈を編み込んでつくる）は失われつつある。アタップは耐久性に劣り，ニッパヤシの収穫も容易ではないことがその理由だ。1996年時点で，SK村の住宅で，屋根をすべてアタップで葺いたものは320棟中3棟しかなかった。2013年でアタップを葺いた住居は，SK村中央にあり，訪問者に公開される展示用の民家以外では空き家となっている住宅のみだ。新しく建てられるコンクリート造

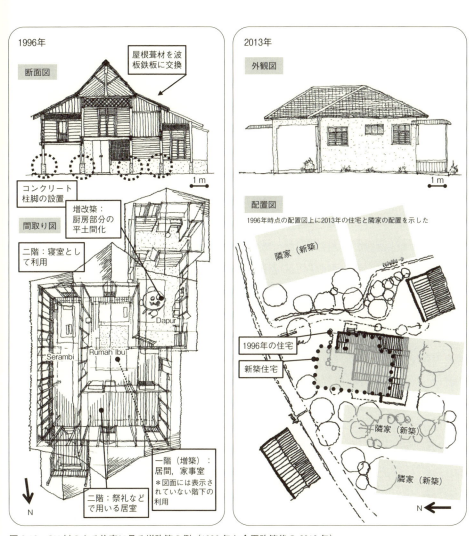

図3-12 SK村のある住宅に見る増改築の例（1996年と全面改築後の2013年）

注記）「1996年」間取り図：1990年代調査・既刊③と④掲載の図面に加筆修正した。

の住宅は，軒先飾りにマレー民家の装飾を施すが，他の部分は住宅団地と同様だ。

近年では，文化遺産の保全をめざす市民団体などからも，村の伝統的住宅の喪失が危惧されている。SK 村のマレー農村らしい風景の構成要素としてマレー民家の存在は重要だった。しかしそのままでは村民の住要求の多様化にこたえるのは容易ではない。この住居空間にみる伝統の喪失は，相互扶助（ゴトンロヨン）への意識の変化とともに，SK 村の今後のありかたに影響しそうだ。

3-2-3　小結 ── 「美しい」マレーカンポンと地域のこれから

SK 村では，村の開祖を系譜とする村長を核とした JKKK（村落開発安全委員会）が中心となりリーダーシップがとられていた。村は政権党と一定の距離を保ちつつも，モデル農村として各種の施設整備やモデル事業を受け入れてきた。

2008 年以降の州選挙では，ペナン州は与野党が逆転した。それでも村長らの巧みな采配もあって，現在のところ SK 村の社会や村落整備の方向性に影響はない。

JKKK はこうした公的事業の受け入れによる村落開発だけではなく，ゴトンロヨン（相互扶助）をつうじてマレー農村ならではの環境維持を進めていた。この意味において SK 村の「美しい」村の風景には，経済成長の著しい同国において，たとえその隣接地域で同国屈指の工業団地開発が進もうとも，マレー系の伝統を保守しようとする意思が表れていたのだ。

近年の著しい開発の進展からか，伝統的な生活環境や自然環境への関心が高まっている。観光政策の一環としてマレー民家でのホームステイプログラムなども展開されている。これについてはロハスリンダ・ラメリラムリ（Rohaslinda Ramele Ramli）により運営手法や農村経済に与える影響が分析されている。[26] これは今後の同国における地方開発の新しい分野として拡大してゆくだろう。

2013 年にいたるまで，およそ 20 年の時間の流れは SK 村に対して空間的にも社会的にも変化をもたらした。多くの住戸が平土間のコンクリート造に変わり，また村落の中央にあった水田の約半分が埋立てられ宅地や公園，駐車場に

変わっている。

　17年間を経ても，村民にとって伝統的なマレー農村の風景はかけがえのないものだ。一方で，BDディストリクトに進出する製造業への就業などで所得が上向くなか，村民の生活空間に求める要求も多様化した。またゴトンロヨン（相互扶助）は元来，村落における生業と一致することで成立していたのだ。しかし多くが都市型の就業形態に転換するなかで，それは単なる労力の負担に変わる。村民の意識は揺らいでいると見てよいだろう。

　SK村の周縁空間は17年間を経て若干の改善を見たが荒廃したままだ。SK村とBL町の中間領域の荒廃は，周辺地区の開発を受け，さらに後背地側に移動している。荒廃に対する地方自治体の対応も後手となりがちで，地域住民全体で対応する仕組みは未成熟だ。

　SK村を一つの「民族界隈」として捉えた場合，村人のまなざしは界隈空間としての村の中心にむかうのだが，その反面，周辺環境に対しては希薄となる。

　異民族との交流は，隣接する地域の商業中心でも日常的に行われている。多くの場合，商業に従事するのは中国系である。この空間をマレー系と食習慣の相似するインド系などが仲立ちしている。さまざまな民族文化上の相違をたくみに調停することで，地域空間での多民族の共存が可能になっている。

　近年，SK村周辺では，大規模な住宅団地開発が進んでいる。SK村の近隣村では，民間業者によるリゾート型の高級住宅団地の建設計画が作成され，借地権者である村民に移転を求めた。これに対して近隣村民からは補償額や移転までの期間をめぐって抗議が起きている。

　2015年，BL町では高架のバイパス道路の建設が始まった。BL町の街並みは，その片側，南側半分がすべて除却された。道路用地となり赤茶けた造成地が広がる。

　この道路は完工後はペナン島と本土をつなぎ，2014年から供用開始したペナンブリッジ第二架橋と接続される。これにより開発の余地がある島西部との道路網が充実する。その道路拡幅はさらにSK村の中心部にもむかう。

　人口の増加が続くマレーシアの地方開発でも基盤整備の重要性は今後ますます高まる。景観の大きな変化は，これまでも多くのマレーシアの町や村で，国土開発の進展に伴い経験されてきたものだ。

一方,これまでに見たように,SK 村をはじめとする町や村に住む,多様な民族の人々の暮らしが,この BL 町の街角で緩やかにまじわっていた。食習慣の違いや言葉の壁を超え,人と人とが,日々を細やかにつなぐ暮らしの場であったのだ。

　この場が失われることは,地域の多民族社会の有様に,この先どう影響を及ぼすのだろうか。

注

1　Ibrahim Ngah, 2010, Rural Development in Malaysia, *Centre for Innovative Planning and Development, Faculty of Built Environment, Universiti Teknologi Malaysia*, Monograph 4, p. 5, p. 15.

2　リー・ブーントン,シャムスル・バリン(著),神波康夫(訳),2008『マレーシア連邦土地開発機構(FELDA)50 年の歴史——ゴム・オイルパーム土地開発者から投資家へ』東南アジア社会問題研究会,iv 頁。

3　坪内良博,1996『マレー農村の 20 年』地域研究叢書,京都大学学術出版会,305 頁。

4　調査項目:調査①村落調査:村内住戸の民族属性・構造・屋根型・葺き材・床の高さ・階数・入り口の向き,村内の基盤施設の状況,農地や排水路等を把握。調査②住居調査:選定した住宅の配置,増改築の状況の把握。調査③近隣調査:村落中心部周辺,中国系の廟周辺,船着き場,プランテーション住宅周辺の空間利用を把握。調査④インタビュー調査:近隣村落を含む村長を対象。2012 年調査では,調査④については RB 村のみならず,RJ ムキムの複数の村長とも面談することができた。調査の一部はマレーシア工科大学の技術職員の協力を得た。

5　Narifumi Maeda Tachimoto, 1994, Coping with the Currents of Change: A Frontier Bugis Settlement in Johor, Malaysia, *Southeast Asian Studies*, 32-2, pp. 202-204.

6　Marvin L. Rogers, 1993, *Local Politics in Rural Malaysia: Patterns of Change in Sungai Raya*, S. Abdul Majeed & Co., pp. 131-132.

7　Lat, 1977, *The Kampung Boy*, Berita Publishing.

8　アジジ・ハジ・アブドゥラ(著),藤村祐子,タイバ・スライマン(訳),1982『山の麓の老人』大同生命国際文化基金。

9　Iain Buchanan, 2008, *Fatimah's Kampung*, Consumers' Association of Penang.

10　*The New Straits Times*, 2012. 5. 9.
11　建築学会（編），1989『図説集落』都市文化社，12頁，69頁。
12　水野浩一，1981『タイ農村の社会組織』創文社。「屋敷地共住集団」についての最初期の論及は1969年に行われている。
13　Lim Jee Yuan, 1987, *The Malay House: Rediscovering Malaysia's Indigenous Shelter System*, Institut Masyarakat.
14　Ibid., p. 6, p. 11.
15　Moktar Ismail, 1992, *Rumah Tradisional Melayu Melaka*, Persatuan Muzium Malaysia.
16　Abdul Halim Nasir, Wan Hashim Wan Teh, 1994, *Rumah Melayu Tradisi*, Penerbit Fajar Bakti.
17　Wulf Killmann, Tom Sickinger, Hong Lay Thong, 1994, *Restoring & Reconstructing The Malay Timber House*, Forest Research Institute Malaysia.
18　David G. Kohl, 1984, *Chinese Architecture in the Straits Settlements and Western Malaya: Temples, Kongsis and Houses*, Heinemann Asia. 中国系の民家建築については139-142頁に述べられている。
19　Robert Winzeler, 1985, *Ethnic Relations in Kelantan: A Study of the Chinese and Thai as Ethnic Minorities in a Malay State*, Oxford University Press.
20　調査項目：調査①村落調査：村内住戸の民族属性・構造・屋根型・葺き材・床の高さ・階数・入り口，村内の公共施設，農地や排水路の状況を把握。調査②住居調査：住宅の配置，増改築の状況を把握。調査③近隣調査：村落中心部，近隣村の空間利用を把握。調査④インタビュー調査：村落における相互扶助活動に関する把握。
21　*The Star*, "Villagers against relocation for road project," 2013. 11. 11.
22　口羽益生，坪内良博，前田成文（編），1976『マレー農村の研究』創文社，11頁，36頁。
23　M. Amir Fawzi, 1996, Towards a New Dimension in Leisure Development, *Town and Country Planning Seminar*, Urban Planning Association, Universiti Teknologi Malaysia, pp. 13-15.
24　Lim Jee Yuan, 1987, op. cit., pp. 88-95.
25　Lim Jee Yuan, 1987, op. cit., p. 27.
26　Rohaslinda Ramele Ramli, 2015, *The Implementation and Evaluation of the Malaysian Homestay Program as a Rural and Regional Development Policy*, Doctoral Dissertation, Kobe University.

第4章
都　心 ── 再編される市街地と観光開発

　この章では都心空間の 1990 年代から 2010 年代にいたる約 20 年間の変化を捉えたい。これをつうじて都心の生活空間と多民族社会の変貌を見る。

　本章で捉えたジョージタウンとマラッカは，英国などの植民地支配の過程でマラッカ海峡に面する海港都市として拓かれた（図 4-1）。シンガポールとともに海峡植民地（Straits Settlements）となって繁栄した。

　ジョージタウンやマラッカをはじめとした都心空間は，植民地時代から現代にいたるまで，経済や政治の拠点としての役割を担ってきた。また同国の文化的発展を先導し，社会開発が最も顕著に表れたのだ。

　しかし，独立以降，市街地では大規模な開発は行われず，植民地時代の建造物や景観が残存した。1990 年代初めごろ，かつての発展の象徴であった市街地はすでに古びていた。植民地時代に築かれたままに，その後の建物の維持管理はなされず都市基盤も老朽化していた。街路には路上生活者の姿も少なくなかった。

　人口は急増し国土開発が進むなか，なぜ都心は大規模な開発の対象とならなかったのか。市街地は不動産の権利関係が複雑だ。それに中国系が優勢な市街地は，マレー系の優勢な政治体制下では，首都圏をのぞいて開発が優先的にむかう対象でもなかった。

　また 1990 年代は，都心から郊外へ向かって資本と人口の流出が進み郊外化

図4-1 ペナン州ジョージタウン，マラッカ州マラッカの位置図

が加速した時期でもあった。人口の増加が著しいマレーシア国内で，唯一人口が減っているのはジョージタウンやマラッカのような古くからの街の中心部だ。しかも都心の環境は必ずしも良くなかった。郊外団地開発による森林伐採で，スコールの際にはしばしば冠水被害が出た。また自動車社会の到来で，郊外から市街地に集中する自動車で渋滞が深刻化していた。

　しかしこの状況も1990年代の後半から変わり始める。

　一つめの変化は，2000年の不動産関連法である家賃統制令（Control of Rent Act）の「撤廃」である。この制度によって，戦前に建築された指定建物の家賃は戦前水準にとどまるよう統制されていた。この制度は借家人にとっては低家賃で住まいを確保できることもあり福音だった。一方，所有者にとっては建物の維持管理にむけた意欲をそぐ。これの存在が同国の都心部の古い建物が残存した最大の要因だろう。ただ2000年の家賃統制令の完全撤廃は家賃上昇を招き，市街地に残存した古い建物は開発の対象として一掃されると考えられていた。

　二つめの変化は，市民団体の主導による古い建物を文化遺産として捉え直す動きだ。市街地の密集し老朽化した生活空間が，単に開発から取り残された後発的空間ではないと見なされ始める。国民全体で共有し後世に伝えられるべき価値のある歴史的遺産として提唱され始める。

　2000年代に入り，都心空間を新たに価値づけする取り組みが本格化した。政財界からの観光産業振興への期待も大きかった。このことが2008年の世界

遺産「マラッカとジョージタウン——マラッカ海峡の歴史都市」の登録につながる。この登録はむろん、英国などによる植民地統治の栄光が讃えられたのではない。マレーシアの多民族社会の文化的多元性と共存に価値があると評価されたのだ。[1]

事例研究 4-1 のジョージタウンは、マレー半島の西海岸北部にあるペナン州にある。ペナンは 18 世紀後半から英国の植民地支配を受けた。マラッカ海峡の北端に位置し、インド洋ともつながる恵まれた立地条件から海港都市として繁栄する。英国の植民都市として近代的な港湾が造営され、銀行などの金融機関も集積した。その過程では、在地のマレー系に加えて中国系やインド系などの移民が大量に入植する。これが現在の多民族社会の源となってゆく。

市街地には多様な宗教施設が建てられてゆく。これが多様な民族集団の生活様式とともに多彩で活気ある都市空間が生まれた。しかし独立以降も、国土が開発により変貌するなか、市街地では大規模な開発が行われなかった。このため、植民地時代に築かれた多くの古い建物が残存することになったのだ。

ジョージタウンの市街地にはインド系が集住するリトルインディア地区のほか、同じ民族集団が集住する「民族界隈」が見られる。一連の世界遺産への登録や観光産業の振興により、都心の生活空間と多民族社会はどう変貌したか。また「民族界隈」はどのように変化したのだろうか。

事例研究 4-2 のマラッカは、マレー半島の西海岸マラッカ州にある。

マラッカの歴史はジョージタウンよりも古い。マラッカ王国による統治の後、ポルトガル、オランダ、英国と植民地支配者が変わった。そのたびに市街地はそれぞれの持ち込んだ開発手法で造営されてゆく。

これらは市街地空間に重層し今日まで伝えられている。この多様さが今日のマラッカの都市景観を形成した。またそこに暮らす人々の多彩さも、ジョージタウンよりもさらに多彩で、民族間の通婚によるプラナカンやユーラシアンといった民族集団も生まれた。

独立以降も、市街地では大規模な開発が行われず、古い建物が残存した。この事情はジョージタウンに似ている。その一方で、マラッカ州はほかの都市のような工業分野で基幹となる産業を持たなかった。そのことから 1980 年代前半には同国でも先駆けて、観光産業が注目されてきた。

このためマラッカの市街地には以前から観光客の往来があった。2008年の世界遺産への登録以降はさらに多くの観光客が押し寄せる。また市街地周辺では大規模な埋立事業が行われた。文化遺産の保全対象となった都心の都市景観には大きな変化はないものの、周辺地区は観光客と開発の受け入れを見込み変貌している。大規模開発に取り囲まれて、マラッカの歴史的市街地は観光資源としてどのように変貌してゆくのだろうか。

4-1　【事例研究】変容する市街地と「民族界隈」
　　　―― ペナン州ジョージタウン　1995～2011年

　ペナン州ジョージタウンの都心を対象に1995年から2011年の間の生活空間の変容を見る。対象での調査は、1992年の調査を初回として、1995年（10ヶ月間）と2001～03年（2年間）の滞在調査、2011年の調査を実施している。
　本節は1995年6月実施の調査と2011年10月に実施した調査[2]をもとに、この16年間の多民族社会と生活空間の変化を対象に考察を行う。
　この2度の調査では、ジョージタウンを含むペナン島の開発動向について各種統計などで把握した。そのうえで都心の主要街路に面した約2,200軒の建物一階部分の用途、民族属性、建物属性を把握した。あわせて同一地点での写真撮影で街路景観の変化を比較した。
　調査対象の中心市街地は建造物では9割以上が店舗併設住宅のショップハウス（Shop House）が占める。一階が主に業務、二階以上が住居などで用いられる同国の市街地で広く見られる建築形態だ。これについては後述する。
　近年のジョージタウンの社会の変貌を捉えた調査報告書では、ペナン州都市計画局などによる2009年から2013年の土地利用と人口動態をGIS（地理情報システム）で分析したものがある[3]。これは世界遺産登録後の2009年以降の4年間の社会環境の変化に着目したもので、世界遺産への登録以降の変容を捉えるうえで参考となる。

4-1-1　ジョージタウンの都市形成

ジョージタウンの歴史的形成過程

　1786年に英国東インド会社が，ケダのスルタンから割譲して以来，ペナンはマラッカ海峡の北端に位置する海港都市として成長を続けた。

　土着のマレー人に加えて，英国による植民地開発に従事した中国人やインド人などの移民を受け入れた。西欧の文化とともに多様な民族文化がそれぞれの固有性を維持しつつ，熱帯の気候条件のもとでまじりあった。

　植民都市の建設において，英国はまず防衛機能を高める。要塞や砲台を築き兵站を設ける。これに続いて港湾や備蓄庫など流通機能を充足させる。ジョージタウンは錫鉱山やプランテーション開発での物資の集散地として成長した。とくにペナンが自由貿易港となると人口は急増した。

　海浜には蒸気船の就航に対応して桟橋が築造された。第5章5-1で述べるが，港湾荷役に従事する人々の集落であるクラン・ジェティーも港に近い海浜にできてゆく。

　ビーチロード沿いには銀行などの金融機関が集積した。1899年に本土のブキメルタルジャンまでマラヤ鉄道が開通するなど，マレー半島とマラッカ海峡における交通の要衝としても機能した。

　都市基盤が充実してゆく過程で市街地の建設も進んでゆく。ジョージタウンは歴史的に市街地人口のほとんどを中国系が占めてきた。一方で，インド系やマレー系，その他の少数民族の集住する地区も形成した。

　このように都市の経済活動の活発化と人口の増加で高密度化し，市街地は拡張する。海岸では埋立てが進み，内陸が開拓されてゆく。

　都市の高密度化は建築形態にも影響した。東南アジアの諸都市に見られる，店舗併設住宅のショップハウスが圧倒的多数を占めるようになった。この建築形態の形成については，ジョン・リム（Jon S. H. Lim）による一連の論考が見逃せない。[4]

　ショップハウスは英領の植民地統治下に移民文化などのさまざまな建築文化の混淆で成立した建築形態だ（図4-2）。街路に面した一階部分は通路の歩廊が

設けられる。間口の幅に比例して課税が行われたこともあり，道路へ面した間口は狭く，奥行きが深い矩形の平面だ。建物にはさまざまな民族文化の影響を受けた多彩な装飾が施された。ショップハウスの平面は単純な矩形だが，多種多様な業務や民族集団の暮らしを受け止める。使用の用途に応じて入居者がしつらえを変えてゆく。

　こうして，ジョージタウンの人口が増加し植民地としての重要度が増すにつれて，自治組織も充実した。1951年にはマラヤで初となる議員選挙が行われた。ジョージタウンは1957年には自治権限のより大きい「市」となる。

　しかし1969年には自由貿易港は撤回される。これに追い打ちをかけるように1976年にはジョージタウンは「市」から「ミュニシパル」に格下げされ，島全体をその行政区域とするペナン島ミュニシパル（Majlis Perbandaran Pulau Pinang）の一部となる。その後，次々とほかのミュニシパルが市に格上げされるなか，ペナンは行政自治力を据え置かれることとなる。

　この情勢を深刻に受け止めたペナンの政財界は策を打つ。1969年の自由貿易港の撤回に対応して，ペナン開発公社（Penang Development Corporation）によって島の南部に工業団地を中心とするバヤン・ラパス自由貿易地区を開発する。これは第3章3-1に見たSK村のある地域に位置する。また交通利便性の向上を目指して1985年にペナンブリッジが建設され本土とつながる。

　バヤン・ラパス自由貿易地区は同国における自由貿易区法の最初期の適用事例であった。これにより3.8万人の雇用が生まれた。1970年代前半に15%だったペナン島の失業率は1980年代前半には5.5%まで改善している。現在もこの自由貿易地区には世界的シェアを持つ先端技術企業が軒を連ねている。

　一方，都心には行政機関や商業施設を収容する超高層のコムタ（KOMTAR: Kompleks Tun Abdul Razak, 1986年竣工）が建設され，マレー半島北部で屈指の商業空間ができた。

　ただ，一連の開発も都心の市街地には及ばなかった。家賃統制令の長期間にわたる適用もあって多数の老朽化した建造物が残存した。

　第3章にも見たとおりペナン州は中国系人口が優勢だ。公称は多民族政党だが中国系政党と受け止められているゲラカン（人民運動党）が州政を担っていた。同党は与党連合BN（国民戦線）の構成党だ。しかし連邦政府から見ると

市場周辺のショップハウスと，早朝の市で混雑する街路の様子。右店舗は飲食店，左は乾物店。二重三重に品物が陳列される。双方ともに2010年ごろ閉店。
（図4-6に同じ街区の写真を示した）

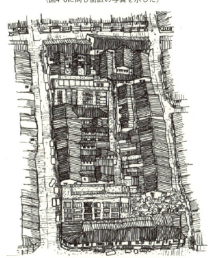

街区の鳥瞰。街区内部に後背路がある。瓦の家並が続く。一部が中層の建物に建て替えられている。

ショップハウス正面。街路に面して歩道がある。インド系雑貨店。祭礼に備えた飾り付けが行われている。

インド系服地店の内部。左側が歩廊のベランダウエイ。カウンターごとに異なる種類の商品が並べられ，壁には原色のサリーの見本が飾られている。

図4-2　ジョージタウンの都心街区とショップハウスの空間利用

注記）上段：1990年代調査・既刊④掲載図を再作図．中段右と下段：1990年代調査・既刊④掲載図を再掲．

ペナンへの開発機会付与の優先順位は高くはない。ジョージタウンの市街地は圧倒的に中国系が優勢な人口構成だ。このことは連邦政府からペナンへの各種の国庫補助金が他都市と比べ少ない理由とされ，これも都心の開発の抑制要因になった。

一方，連邦政府から見ると，ペナンは他地域と比較して産業集積が十分で自主財源も十分にあるため，国庫補助金が他地域と比べて少ないと説明される。実際に一時期はペナン島ミュニシパルは州政府の2倍の財源規模を有した。

しかし，開発機会としては好機に恵まれなかったからこそ，ペナンでは同国でも先進的な施策が打たれた。先述のバヤン・ラパス自由貿易地区やコムタの建設はその好例だ。また地方自治体としてのペナン島ミュニシパルは，たとえば財政運営や都市計画において同国でも先導的な取り組みを続けてきた。

2008年の総選挙では州政の与野党が逆転する。ゲラカンから，中国系を支持基盤とする野党のDAP（民主行動党）が州政を担うことになった。

与野党の逆転を経てもミュニシパルから市への格上げは争点となった。2010年には再び連邦政府に請願が出されるが，実を結ばない。2013年の総選挙でも州議会はDAPが勝利した。

連邦政府は2015年に，39年ぶりにペナン島ミュニシパルを市に格上げする決定を下す。ペナン島ミュニシパルは地方自治法に定められる人口や歳入規模などの市の要件に適合しているのに永年にわたり格上げされなかった。

これが一転して市に格上げされたのは，与党連合BNが構成党であるMCA（マレーシア中国人協会）やゲラカンからのペナンの中国系有権者の支持離れに危機感を抱いた結果との見方もある。

4-1-2　ジョージタウンの市街地に見る過去16年間の変化

以下に，1995年以降のジョージタウンの変化とその要因を整理する。ここでは，都市の郊外化，家賃統制令，文化遺産保全の3項の影響を論じたい。

都市の郊外化による影響

　同国では1970年代から住宅団地開発が本格化するが，ペナンでも郊外住宅団地の開発が進んだ。ペナン島は平坦地が限られ宅地造成に適した土地に限りがある。図3-7に地図を示している。

　そのためペナン島内の住宅団地開発は高層化が進んだ。また近年の団地開発の主軸は地価が廉価なペナン州の本土側へと移りつつある。ペナン開発公社は今後は第二架橋でつながる本土側のバツカワン（Batu Kawan）地区周辺で大規模開発が進むと予測している。[7]

　郊外化に連動して，大規模小売店が次々に郊外で建設されているが，近年では供給過剰と賃貸料の高止まりの影響で空床の増加が問題になっている。

　ジョージタウンの大規模複合施設のコムタでも，高層棟に入居する州機関の規模縮小や施設老朽化もあって，客足が伸びず空床が増加している。これは周辺市街地の路面店へも影響している。

　図4-3に1980年から2010年にかけての人口変動を整理した。

　ペナン州の人口は2010年に152.6万人で持続的に増加を続けてきた。2000年から2010年の間の人口増減率は＋2.17％。民族構成を見ると，ペナン州ではブミプトラが41.2％であるが，ジョージタウンは63.2％が中国系，ブミプトラが21.0％，インド系が9.6％となっている。

　一方，都市部のジョージタウンは人口減少を示している。1991年から2000年では人口増減率（年率）は－1.75％となっている。人口は2000年代後半に再び増加に転じ人口増減率は＋0.90％となった。これは都市近郊で新規に完成した住宅の高層化が主因だ。もっとも本稿の対象地であるジョージタウンの都心市街地は人口減少がさらに進んでいる。

家賃統制令の撤廃による影響

　同国では1966年に施行された家賃統制令が2000年まで適用されていた。同法は1948年以前に竣工した建物を対象として家賃を戦前水準の価格に据え置いた。この法制をつうじて借家人を制度的に保護したのだ。ペナン州には1.2万戸の家賃統制令による対象建物があった。これは同国で最多でジョージタウンの都心部にその大半があった。

統制対象物件の賃貸価格は，近年の市場価格と比較すると著しく低い。これは，所有者による再投資や不動産管理への意欲を失わせた。また賃貸住宅の又貸しも行われ，権利関係も複雑だった。結果として都心部には老朽家屋が残存した。これは不動産保有税の税収にも影響した。

筆者はこれまでの研究で，同法の2000年の撤廃により，都心の家賃は上昇し市街地の更新が進むと推測していた。都心の空洞化が進むとともに歴史的な景観は喪失すると見ていた。

家賃統制令の解除に伴う家賃上昇は都心の建物利用の変化を促した。借家人が転出し在来業種が移転した。生活困窮世帯には収入に応じて行政が補助を行っている。しかし，2002年には老朽建物が倒壊し入居者が死傷する事故も起きた。市民団体は家賃上昇によりホームレスが増加することや市街地での治安が悪化すると問題提起していた。

世界遺産への登録と観光産業による影響

同国の文化財保護の制度では1976年施行の古物保存法（Antiquities Act）があり，これに基づいて古文書から建造物に及ぶ広い領域の文化財を保護してきた。このもとに地方自治体が条例を定めていた。

その後，2000年前後からこの古物保存法により実効性をもりこんだ連邦法の制定にむけた検討が始まる。これを受けて2005年に国家遺産法（National Heritage Act）が施行される。

2008年の世界遺産への登録では，ジョージタウンの都心部の広範囲が世界遺産の領域となった（図4-4）。世界遺産への登録に際して施行された関連条例の効果もあり建物の除却は抑制された。これらの条例は施行以前の準備段階でも適用される。州政府やミュニシパルは，技術的支援や開発行為の管理を所管する有限責任会社を2010年に設立している。

あわせて世界遺産への登録は，近年伸び悩みの傾向にあるペナンの観光産業振興策としても財界を中心に期待されていた。実際にペナン州への観光客数は，登録直後の2008年には前年比21％増の630万人となっている。

一方，世界遺産への登録は同国の文化政策面でも大きな転換だった。筆者のこれまでの研究でも歴史的環境の保全の対象となる地区や物件の選定に作用す

ペナン州

人口増減率 (年率%)	人口 (万人)	年
2.17	152.6	2010
1.63	123.1	2000
0.93	106.4	1991
	96.1	1980

TLディストリクト（ペナン島の北東半分に相当）

人口増減率 (年率%)	人口 (万人)	年
2.07	51.1	2010
0.57	41.6	2000
0.10	39.6	1991
	39.1	1980

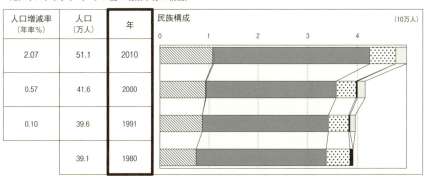

ジョージタウン（ジョージタウン市街地の範囲に相当）

人口増減率 (年率%)	人口 (万人)	年
0.90	19.8	2010
-1.75	18.1	2000
-1.03	21.3	1991
	23.8	1980

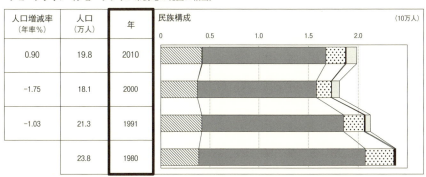

凡例：マレー／他のブミプトラ／中国／インド／その他／外国籍

図 4-3　ジョージタウンにおける対象地区の人口動態と民族構成（1980，1991，2000，2010 年）

データ出典）1980, 1991, 2000, 2010. Population and Housing Census of Malaysia, Department of Statistics, Malaysia.
　　　　　人口増減率（年率）は上記データより計算した。
注記）統計区分の変更により，1980 年の「その他」には1991 年以降の「外国籍」と「その他」が計上されている。また「他のブミプトラ」は「マレー系」に計上されている。

第 4 章　都心 —— 再編される市街地と観光開発

る政治性について指摘した。多様な系譜や信仰，文化的背景を持つ人々は，一つの事物に対する価値観にも相違があるからだ。[15]

ハロルド・クラウチ（Harold Crouch）は1996年刊行の著作で，同国では「マレー系の文化を国民文化として捉える一方で，中国系やインド系などの文化は重視されてこなかった」と指摘している。[16] 文化財の保全でも国教のイスラーム教のモスクに対しては財源措置も手厚い。

しかし2008年の世界遺産への登録では，多元文化主義を前面に据え社会の多元性が重視された。ユネスコに提出された世界遺産への登録にむけた諮問文書にも多様な民族集団の共存が歴史的に卓越した価値があると記載されている。このことは保存地区の設定や対象物件の選定にも表れた。より多様な民族の文化遺産が保全の対象となったのだ。

近年では世界遺産への登録もあって，都心の美観や環境保全への市民の関心が高まっている。政府の主導で，リサイクル事業や主要街路の緑化事業も進められている。[17] 都心では自動車交通の増加による渋滞対策として，無料循環バスの運行や自転車の利用促進にむけた取り組みが始まった。

市街地は開発から取り残された空間としてではなく，社会の系譜や歴史を表す空間として，また観光資源として再認識されたのだ。

4-1-3　ジョージタウンの市街地開発と過去16年間の変化

ここではジョージタウンに見る1995年から2011年の16年間の生活空間と多民族社会の変化を見る。市街地の各地区における，市街地の変化と開発動向，建造物の利用動向と変化，街区ごとの民族構成の変化を捉えた。

市街地の変化と開発動向

対象市街地では先の要因から大規模な開発を受けていない。それでも図4-4に示すように，1995年から2011年にかけて都市基盤の改良，公共施設の設置が続けられてきた。

世界遺産の登録に際しては，コアゾーン（核心領域）とバッファゾーン（緩

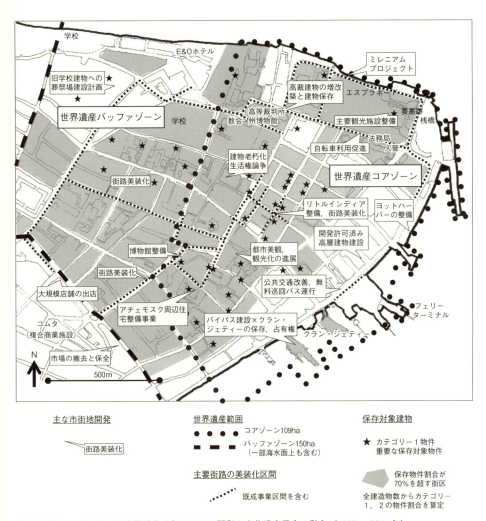

図 4-4　ジョージタウンの市街地中心部における開発と文化遺産保全の動向（1995〜2011 年）

衝領域）が定められる。ジョージタウンでは，コアゾーンとバッファゾーンの面積は合計259haとなった。検討段階では財界などからの異論を受けて再精査され，範囲は計画当初のおよそ半分の面積となった。

このうち保存対象物件のカテゴリー1（連邦による指定文化財，図4-4中の★印，71件），カテゴリー2（保存対象建物，3,572件）となっている。[18]2015年現在，より詳細に土地利用を定めた都市地方計画法の特別地区計画（Special Area Plan）の施行準備が進んでいる。

これにより対象地区では建物の保存が促進され，都市景観の変化は抑制される見込みだ。ただし各種の保全施策に対しては，財界から規制が強すぎると難色が示されている。その一方で市民団体からは開発規制の強化と，保存や修理技術の向上が必要だとも提起され，論争は尽きない。[19]

市街地では街路の美装化事業や街路景観形成が行われてきた。これまでも市街地のなかに点在する「民族界隈」の街路景観に表される民族文化の扱いをめぐり話題を呼んだ。

1995年にインド系商工会から，インド系の民族性を街路景観に表したリトルインディア地区の整備計画が提案された。当時ミュニシパルは一民族（インド系）の文化を街路景観に強調することは多民族の融和の観点にそぐわないとの見解で，事業は保留された。[20]

しかし世界遺産登録にむけた準備が本格化する2002年ごろから街路景観の美装化や装飾電灯の設置があいついで行われた。この街路景観の意匠はインド系の民族意匠が用いられた。これに対しては，安易な民族文化の使用だとの批判や過度の観光化を憂慮する指摘もあった。ただし先の家賃統制令の撤廃による地域活力の低下を懸念したインド系の商工団体を中心とした関係者は歓迎していた。[21]

連邦による指定文化財のアチェモスクの周辺には，マレー系人口が優勢な「民族界隈」がある。2002年に州宗教局による整備事業として，モスク敷地内への集合住宅の建設計画が発表された。モスクの敷地は，イスラーム教徒の信仰や暮らしに使用できる寄進財産のワクフ（Waqf）に指定されている。

建設は市街地人口の減少による礼拝者の減少を案じていたモスクの関係者にも歓迎されていた。またこの開発にはUMNO（統一マレー国民組織）の後押し

もあった。市街地の人口が減少するなかで，この位置への住宅建設は地区の活力維持でも一定の効果を見込むことができる。

しかし市民団体からは住宅建設反対の声が上がる。集合住宅の計画敷地に建つ，戦前に建築された住宅の除却に反対したのだ。これらの建物に歴史的価値があるとの主張だ。

結果，集合住宅の建設計画はもちこされたが2009年に公共事業局により一部のショップハウスが建て替えられた。2011年の調査時点ではギャラリーなどが数店舗あるほかは，既存の営業者は退去し空き家が占める。

ペナンでは1991年には地元の専門家らが，歴史的建造物の保全の必要性と多様な民族文化の共存の表れとしての都市景観の価値を指摘していた[22]。しかし都市開発が優先された当時は，建物の保全は世論の支持を得なかった。中心市街地は老朽化した建物が残存する，中国系の歴史を表す空間との認識が優勢だった。

その後の1990年代中ごろから，ペナン・ヘリテージトラスト（Penang Heritage Trust：設立1986年）をはじめとする市民団体による建物保存にむけた活動が本格化する。市街地の有形無形の文化的多元性を捉え直す取り組みだ。

この取り組みも，近年では領域に広がりが出ている。学校教育でも他の民族集団の有する芸能や手工芸などを相互理解するカリキュラムが設定された。たとえば非営利で児童を対象とした創作活動を振興する行事のアナアナ・コタ（Anak-Anak Kota）もその一つだ。この実践を発展させたジャネット・ピレイ（Janet Pillai）による「カルチャルマッピング」[23]では，都市空間に交差する人々の生業や人間関係の重要性が示されている。

インド系ムスリムの文化に注目しカピタンキリン・モスク（Kapitan Keling Mosque）を中心として料理や演劇に着目した市民団体による行事も開催されている。

街路名や地名についても注目されている。同国では独立以降，植民地時代の英語名が，国語としてのマレーシア語におきかえられてきた。ジョージタウンは英国国王ジョージ三世にちなんで命名されている。2015年にはマレー系の保守系組織が，ジョージタウンの都市名を，植民地以前の地名であるタンジョンペナガ（Tanjung Penaga）にもどすよう提案している[24]。その一方で市民団体

が中心となり，英語，マレーシア語，中国語，タミール語などのさまざまな街路呼称とその歴史的背景を学び，捉え直す取り組みも始まっている。

以前は民族融和の観点から，公的機関の発行する地図上に積極的に単一の民族集団が集住する様が示されることはなかった。しかし2008年の世界遺産登録以降は，民族集団ごとの居住地をエンクレーブ（enclave）と称して地図に示し，居住地とその核になる宗教施設が注目されている。民族集団の多様性と，生活空間の多元性の価値が市民の間でもより深く認識され始めている。

建造物の利用動向と変化

調査対象路線には合計で2,275軒の建物と土地がある。

図4-5に，1995年から2011年の間の各街路の建物の空き家占有率とその増減，在来業種（1995年時点で存在した業態）と新規業種（1995年以降に新たに生まれた業態）の集中街区，信仰施設立地の変化を示した。

在来業種は2011年時点で全体の64%を占めていた。1995年時点と同様に同業者が集中する街区が市街地に点在している。しかし在来業種は2011年では1995年比で14%減少した。在来業種のうち同一地点での継続営業の傾向の高い業種は，医院，薬局，貴金属，両替商，葬祭業，印刷業，機械加工業だ。

一方，飲食店や衣料品，旅行業，自動車修理は業種の転換が多い。図4-5の自動車関連業が集中していた街区Gは空き家が増加している。この他，海産物や漁具卸業の集中する街区A，市場の周辺で美観整備が行われた街区Bでは空き家率が全体の20～49%を占める。

一階部分を居宅として利用している建物は2011年時点で12%を占めるが，1995年比で1.8%減となっている。街区Cでは在来業種が廃業されたものが居宅になっている。逆に観光関連業の出店が進む街区Dでは居宅から新規業種へ転換している。

2011年時点で市街地には空き家14%，空き地3%がある。1995年比でそれぞれ+6%と+2%と増加している。これらの増加した街区では，建造物保存にむけて修理が進む。2011年時点で空き家や空き地が多い地区では，卸売業などの移転が進む街区E，建物保存修理は完了したが大規模で家賃の高い物件の多い街区F，駐車台数が不充分で小規模建物の多い街区G，失火物件の近隣

	居宅	在来業種	新規業種	空き家 工事中	空き地 放棄地
2011年　実数	278	1,458	158	317	64
2011年　割合（％）	12.0	64.0	7.0	14.0	3.0
対1995年増減率（％）	−1.8	−14.0	＋7.0	＋6.0	＋2.0

図 4-5　ジョージタウンの市街地における空間利用の動向と変化（1995 〜 2011 年）

注記）1995 年調査は泉田英雄氏・代表『東南アジアの歴史的街屋建築に関する研究』（住宅総合研究財団）調査に同行した際の情報より。

で荒廃した街区だ。

　逆に，空き家や空き地の少ない街区には，貴金属店，薬局，金属加工店などの継続営業の傾向が高い業種が立地する。新規業種の出店が進む街区，リトルインディア地区をはじめ街路景観整備から時間が経過した街区の空き家率は5〜19%程度と低い。また信仰施設については1995年と比べ利用用途に変化はない。

　新規業種は全体の7%を占める。業種では，高級宿泊施設のブティックホテル（街区H），低廉な宿泊施設のゲストハウス（街区I），ギャラリーやカフェ（街区J），IT企業やデザイン事務所，美容サロン，婚礼関連業（街区K）がある。これらの街区には，家賃統制令の撤廃に伴う家賃上昇で既存テナントが転出した後，建物を保存修理し新規業種が進出している。

　建物の利用用途の転換には一定の傾向が読み取れる。対象となりやすい物件は，建築面積が大きく，角地立地，連棟の建物だ。これらは開発業者が一括して買収し不動産事業を行いやすい。ただし建物の修理により同業者の転出が続くと街区の性格や周辺の経営環境にも影響を及ぼす。

　州都市計画局他の調べによると，世界遺産の緩衝領域内に2013年時点で約2,300世帯，9,400人が居住している。世界遺産への登録以降の2009年から2013年のわずか4年間で人口は730人減となった。反面，ホテル41，飲食47事業所が増加するなど変化が著しい。[26]

　外国籍者による購入も増加している。行政担当者は「地元の業者には手が出ない高い価格で外国籍者に買われている。外国籍者の所有は約4%ある。世界遺産への登録以降は不動産バブルだ」と憂慮する。

　むろん，不動産の実取引価格は取引形態により左右される。それでもショップハウスの価格は年々高騰している。市民団体関係者によると2010年以前は家賃1,300リンギであった建物が，既存の借家人が退去し建物修理が行われると，家賃は10倍にまで上昇しているという。

　2016年，ペナン州知事はこの状況を憂慮し「不動産の高騰に歯止めをかけたい。再び家賃統制令を見直したうえで再適用できないか検討する」と表明している。[27]

　これらの変化は街路の景観やその使用状況にも表れている。市内で最大規模

図4-6　ジョージタウンの生鮮市場周辺における街路景観の変化（1995〜2011年）
注記）撮影時間帯はいずれも非祭礼日の平日午前7時。

の歴史ある生鮮市場周辺の街区Lでの1995年と2011年の同一地点の街並みの変化の様子を捉えた（図4-6）。1995年時点では路上に露店があり活況がある界隈だった。ここでの商いは，異業種間や，異なる社会階層の間の密接な相互関係があって成り立っていた（図4-2・上図）。

　この付近では，2009年ごろから路面の美装化事業が行われ，沿道のショップハウスも相次いで建物修理が行われた。写真のとおり2011年時点では多くのショップハウスは空き家のままだ。多くの物件は家賃統制令の指定建物だった。修理後の家賃は市場価格まで上昇する。既存の賃貸による出店者にとっては負担が容易でない。加えて公衆衛生上の出店規制の強化を受け，露店業者の姿も限られる。

　街路の美装化や家賃統制令の撤廃，建物修理の工事が長期間に及んだことなどの複合的要因は既存の出店者や露店業者の転出に追い打ちをかけた。調査時点では街路整備や建物修理の完了からの時間経過が短いこともあるが，空洞化により街区の界隈性が変貌している。

街区ごとの民族構成における変化

　調査対象路線に面した建物一階の占有者の民族属性について，1995年から2011年の変化を図4-7に示した。2011年調査によると，マレー系0.2%（－0.5%），中国系64.1%（－12.4%），インド系16.0%（＋1.8%）。その他・不明は3.1%（＋2.8%）を占める（括弧内は対1995年増減率）。中国系は減少し，インド系は漸増している。

　街路別に見ると，調査対象路線の圧倒的に多数の建物が中国系に占有されている。この点は1995年と変化はない。

　マレー系の集住する街区としては，アチェモスクを中心とした街路（街区b）にマレー系が5～10%集住している。アチェモスクの門前に近い街路はさらにマレー系の占有率が高くなる。

　インド系の集住する街区としては，マーケット・ストリート（街区a～i）のリトルインディア地区はインド系が70～100%を占める。インド系はこのほかにもチュリア・ストリート（街区g）やキャンベル・ストリート（街区c）周辺に集住する街区があるが割合は5～10%と低い。

　リトルインディア地区に出店するインド系の衣料品店経営者は「営業面では，同一の業種が集中する街区に出店した方が有利だ。同じ民族のいる街区を選ぶ」と述べる。出店位置の選択では家賃とともに界隈の民族性を重視すると述べる。リトルインディア地区周辺には，中国系とインド系の混住域が形成されている。とくに街区d付近が顕著だ。

　1995年の調査においても市街地には一定の民族集団が緩やかに集住し界隈を形成している「民族界隈」を見た。これは2011年でも変わらなかった。

　ただし「民族界隈」の領域は変化し，民族構成は変化している。リトルインディア地区周辺のインド系の増減率を見ると，街区の中心となるマーケット・ストリート（街区a～i）周辺ではインド系の増加率が対1995年で60%増を超える街区がありながら，街区d周辺では逆に減少している。この増減はリトルインディア地区の周辺すべてで同様に起きているわけではない。

　リトルインディア地区周辺のインド系出店者の増加傾向を見ると，1995年から2011年の間，北東の方角で増加している。その一方で南西の方角にはインド系出店者の増加はない。

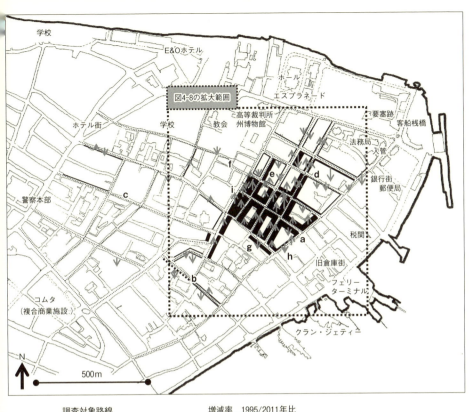

図 4-7　ジョージタウンの建物使用者の民族属性とその増減（1995〜2011 年）

注記）図 4-5 と同様。

第 4 章　都心 —— 再編される市街地と観光開発　　127

リトルインディア地区から見て北東の方向の街区でもインド系の増加が少ないところもある。たとえば街区 e の付近は中国系の同祖廟が連続して立地することもあって，周辺の街路を含めてインド系の占有者は 5 〜 19％と少ない。同じ傾向は中国系廟の北の街区（街区 f），チュリア・ストリートを隔てた街区（街区 g），ビーチ・ストリートを隔てた街区（街区 h）にも見られる。これらの街区には中国系の廟所有地が点在する。一部，インド系の増加を示す街区もあるが，ここにはインド系イスラーム教徒の礼拝するモスクがある。

1995 年時点でリトルインディア地区の街路整備計画では，街路のアーチ（地点 i）が民族融和に影響を及ぼすと当局が難色を示し設置されなかった。ただしこのアーチの設置の有無に関係なくインド系が出店しリトルインディアは拡大していった。

この「民族界隈」領域の拡張はどのように起きているのか。図 4-8 にリトルインディア地区周辺の，建物利用の状況（図 4-5）と，建物使用者の民族属性（図 4-7）と対照した。民族構成や混住の度合は，空き家の発生を伴いつつ変化し

図 4-8　ジョージタウンのリトルインディア地区と周辺における占有者の民族属性，土地と建物の利用の分布状況とその変化（1995 〜 2011 年）

注記）図 4-5，4-7 中央部の部分拡大。

続けている。2011年時点で，空き家の多く発生している街区には新規業種としての画廊や宿泊施設が次々に出店している。

4-1-4　小結 ── 市街地と「民族界隈」のこれから

　本節で調査対象としたジョージタウンでは，家賃統制令により2000年まで多くの建物が残存していた。その一方，2008年の世界遺産への登録に前後して施行された条例やガイドラインによって開発が抑制されてきた。
　世界遺産への登録以降は，不動産価格の高騰が起きた。また建物の修理を契機にして既存のテナントが転出している。家賃統制令撤廃による家賃上昇に，経営的に耐えられない業者や低所得者層の転出が相次いでいる。また街路整備や出店規制の強化により露店も減少した。
　同業者の集中する街区には，製造から小売りにいたるさまざまな業者が出店していた。これらが徐々に転出を始めると，街区の空洞化が連鎖的に進む。また市街地の人口減少も続いている。
　1995年調査では，市街地にはリトルインディア地区をはじめとする「民族界隈」を見た。2011年までの16年の間で，市街地全体では中国系が占有する建物が優勢であることには変わりがない。一方「民族界隈」の領域や集住の度合で変化があった。この変化は市街地全体で一様に起きるのではなく，街区ごとに異なっていた。
　「民族界隈」の周辺には多民族混住がみられる街区が形成されていた。インド系の「民族界隈」であるリトルインディア地区は，1995年から2011年の16年間でその範囲が拡大していた。インド系の集住する地区は，その中心部から見て北東方向に拡大していた。また中心部もインド系の出店者が増えていた。リトルインディア地区が拡大している街区に限らず「民族界隈」の周辺には空間利用の面で特徴があった。範囲の変化は，既存の建物使用者の転出入を伴いつつ起きている。
　転出の要因は，近隣における関連業種の減少，失火や建物放棄による環境の悪化，家賃統制令撤廃後の賃貸料上昇，保存事業による建物の改修の長期化が

挙げられる。これが，空き地や空き家となり，のちに次の占有者である他の民族や異業種へと時間を経て転換してゆく。この際の過渡的状況が，民族混住の領域として表れるのだ。

一方，この「民族界隈」の拡大は，界隈の周辺街区すべてで起きるわけではない。リトルインディア地区に近接する，中国系の同祖廟が軒を連ねる街区は，以前と同様に中国系が優勢で変化が少ない。

家賃統制令の撤廃により家賃が上昇しているにもかかわらず，リトルインディア地区周辺にはインド系の出店が集中している。それぞれの営業者は家賃を考慮しつつも，同じ民族集団が集中する街区への出店を好んでいる。文化的な親和性に加えて，同一業種の集積を営業上の利点と捉えているのだ。また家賃上昇に対応して，出店者は一つの店舗を複数で分割し賃借している。

不動産業者は「新規の営業者の出店位置の選択では界隈の民族性が影響する。リトルインディア地区はインド系にとっては有利だが，他の民族には魅力は少ない」と断言する。営業上の優越性と，既成の「民族界隈」との親和性に応じて出店位置が選ばれている。

一方，1995年以降に現れた新規業種の店舗は「民族界隈」周辺の多民族混住が見られる街区に出店している。これらの新規業態は，従来のように同業者と同じ地区に集まって出店していない。また近隣とも業務上の関連性は薄い。

対象地域が，世界遺産に登録されたことは「民族界隈」の変化をさらに早めたといえる。世界遺産への登録を契機に建物を保全し街路の美装化も進んだ。ただし建物修理の工期が長期間に及び，完成後は家賃上昇を伴った。これが業種の入れ替わりを促すことになった。建物の保存や街路の美装化事業の施工から間もないこともあるが，保存対象の建物を中心に空き家が目立った。

世界遺産への登録による観光客数の増加は，新規業種の都心への出店需要の高まりとしても表れている。これは1990年代前半から顕著になった都市の郊外化，商業施設の大型化の流れに対して，都心活力の回帰の兆しとも読み取れる。この傾向は今後の都心の民族構成や「民族界隈」の有様にも影響するだろう。

4-2 【事例研究】保全される市街地と観光開発
── マラッカ州マラッカ　1995～2013年

　マラッカ州のマラッカの都心を対象に，1995年から2013年の間の市街地の生活空間と多民族社会の変容を論じる。マラッカでの現地調査は，1995年11月の現地調査に続いて，2000年9月，2013年6月に行った[28]。これらをもとに，この18年間の都市社会と空間の変化を対象に考察を行う。

　とくにマラッカの市街地の変化を早めた世界遺産への登録の前後を中心に，この間の歴史的市街地の保全をめぐる影響に注目したい。

　2008年の世界遺産への登録は，多くの市民に歓迎された。予想を上回る観光客の入り込みは経済的な恩恵をもたらした。後述したいが，マラッカには独立以降も基幹産業が成長しなかった。このことから観光産業への期待が以前から高かったのだ。

　その反面，世界遺産への登録は，物価上昇や不動産価格の高騰など，市民生活にも影響を及ぼしている。

4-2-1　マラッカの都市形成と開発の経緯

市街地の形成

　マラッカは，古くからの海港都市だった。マラッカ海峡の対岸のスマトラとの関係も密接だった。15世紀初頭にはマラッカ王国が成立し，マラッカ川南岸の丘にスルタンの宮殿が建てられた。

　西洋列強による支配は1511年のポルトガル艦隊のマラッカ占領から始まる。ポルトガル軍はスルタンの王宮があった丘に城塞を築いた。城塞の内部には役人や司祭が居住し，政庁や教会，病院が置かれた。

　城塞の外部には商人が居住し，民族ごとに住みわけられ統治された。市街地には300人程度の中国人の商人が暮らしていた。土塁の外側には農漁業を営む

マレー人やジャワ人が居住していた。マラッカ川の河口にはジャワ人の市場が開かれた。ただしポルトガルは海域を制覇しながらも後背地の資源を活用できぬまま他国との抗争で消耗し、都市は衰退していった。

　1641年、オランダがポルトガルをおさえ、城塞を中心に都市建設を行う。市街地の外縁には掘割を設け、海岸には消波堤をめぐらせた。市街地の建物には延焼対策を試みた。不燃の建材である煉瓦の使用、建築線の設定、近隣への延焼防止などを導入した。

　あわせてオランダは、マラッカの自給力を上げようと試みる。周辺の湿地を排水し、農地を開墾した。マラッカが繁栄するとさらに多くの中国人やインド人などの移民が往来した。彼らは、民族集団ごとに相互扶助を組織しつつ廟や寺院を建設していった。土塁の外側には農漁業を営むマレー人やジャワ人が住んだ。

　この間、東洋人と西洋人の混血化も進みユーラシアンと呼ばれる社会集団も生まれる。現在も彼らの末裔の集落がマラッカ近郊に残っている。また中国に系譜を持ち、マレーや西欧人と通婚したプラナカン（Peranakan）も多く居住した。彼らはいち早く複数の言語を使いこなし財産を築いた。タン・チェンロック（Tan Cheng Lock）通りには、現在も壮麗な居宅や民族団体の施設があり、私営の博物館も開館している。

　1824年の英蘭協約の発効でマラッカは英国に割譲された。後にシンガポール、ペナンとともに海峡植民地となる。都市は錫やゴムなどの植民地産業における物資の集散地として開発が進む。またマラッカの市街地もショップハウスが占めてゆく。市街地には教育機関をはじめ公共施設が建設されていった。

　しかし海峡植民地となった三都市のなかでもマラッカの開発の進行は緩慢だった。後にシンガポールとクアラルンプールを結ぶマラヤ鉄道は市街地から遠くはなれた内陸に敷設された。また港湾施設の整備も進まず、船舶の大型化に対応できないままだった。都市活力の低下に伴い、マラッカの富裕層はシンガポールやクアラルンプールへ移り住んでいった。

　独立後も植民地時代からのプランテーション産業は維持された。しかしマラッカへの工場進出の件数は同国でも下位に甘んじた。のちに建設される高速道路も内陸部を通り、マラッカ海峡に面した中心市街地には大規模な開発は起

きなかった。1970年代後半から州内への工場誘致が始まるが，大規模な開発は主に主要交通路に近い内陸部で進んだ。また郊外の住宅団地の建設もあってマラッカの中心市街地の人口は減少した。市中心部にあった行政機関やバスターミナルも郊外へ移転していった。

　他州では工業化が進むなか，マラッカ州の基幹産業は成長しなかった。そんななか1980年になって市街地に残存していたポルトガル時代以降の歴史的建造物が観光資源として注目され，国内だけでなくシンガポールからの観光客が増え始める。1971年にマラッカ州開発公社が設置され1980年代初頭から観光開発が進められた。こうしてマラッカは同国でも最初期に観光地として知られるようになる。1990年からの同国の観光キャンペーンであるビジット・マレーシア・イヤー（Visit Malaysia Year）でもマラッカはその目玉となった。

4-2-2　マラッカにおける過去18年間の変化

市街地における過去18年間の変化

　観光産業が地元政財界から注目されるなか，マラッカは連邦政府による開発機会にも恵まれた。マラッカは独立以前からも多くの有力者が出ている。UMNO（統一マレー国民組織）や与党連合BN（国民戦線）の構成党にも有力者を多く輩出した。このことは地方自治にも表れた。自治体制の整備もいち早く進められ，2003年にはマラッカは「市」の格が与えられている。

　図4-9に1980年から2010年にかけての人口変動を整理した。

　マラッカ州の人口は持続して増加している。人口増加率は高く，2010年までの10年間で年率＋2.70％を示し，2010年の人口は79.0万人となっている。中心市街地を含むマラッカ・テンガ・ディストリクトはうち48.5万人を占め，人口増加率も年率で＋2.71％となっている。民族構成では，州やディストリクトレベルでは60％強をブミプトラが占めるが，市街地を含むバンダ・マラッカは一転して中国系が優勢で60％を占める。

　一方でマラッカの市街地は人口が減少している。バンダ・マラッカは1991年時点で7.6万人の人口だったが，2000年までの9年間の人口増減率は年率で

マラッカ州

人口増減率 (年率%)	人口 (万人)	年
2.70	79.0	2010
2.00	60.5	2000
1.73	50.6	1991
	41.9	1980

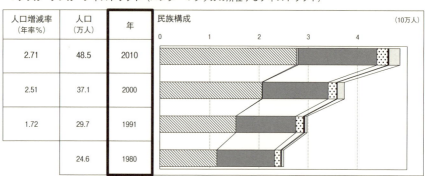

マラッカ・テンガ・ディストリクト（バンダ・マラッカの所在するディストリクト）

人口増減率 (年率%)	人口 (万人)	年
2.71	48.5	2010
2.51	37.1	2000
1.72	29.7	1991
	24.6	1980

バンダ・マラッカ（マラッカ市街地の範囲に相当）

人口増減率 (年率%)	人口 (万人)	年
-0.31	6.4	2010
-1.56	6.6	2000
-1.28	7.6	1991
	8.7	1980

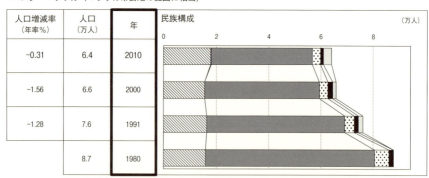

凡例：マレー／他のブミプトラ／中国／インド／その他／外国籍

図4-9 マラッカにおける対象地区の人口動態と民族構成（1980，1991，2000，2010年）

データ出典）1980, 1991, 2000, 2010, Population and Housing Census of Malaysia, Department of Statistics, Malaysia.
人口増減率（年率）は上記データより計算した。

注記）統計区分の変更により、1980年の「その他」には1991年以降の「外国籍」と「その他」が計上されている。また「他のブミプトラ」は「マレー系」に計上されている。

図4-10 マラッカの市街地開発と市街地保全の動向（1995～2013年）

海岸線位置の典拠）1936年海岸線：Malacca Town 1936（所蔵：Survey Department of Melaka），2001年海岸線：World Heritage Nomination's Dossier Proposals, 2001. 4.
世界遺産核心領域・緩衝領域）2011年の領域変更後の位置。UNESCO World Heritage Centre, 2011, Melaka and George Town, Historic Cities of the Straits of Malacca- inscribed minor boundary modification.
注記）★印は図4-11の撮影位置。

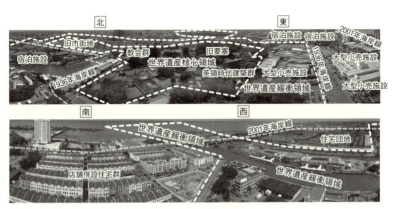

図4-11 マラッカの市街地周辺の埋立てと世界遺産の範囲

海岸線位置の典拠）図4-10と同様。
世界遺産核心領域，緩衝領域）図4-10と同様。
注記）図4-10の★印の位置にある展望塔（高さ約100m）から撮影（2013年）。

−1.56％を示している。近年は人口減少が若干鈍化しているが，2010年には6.4万人まで減少した。

　2000年，マラッカの中心市街地人口は2,790人（ミュニシパル報告書）だった。2008年の人口では，チュア・ランシー（Chua Rhan See）は昼間人口は2,560人で，1,484人が夜間人口にすぎないと示している。[29]この6年間で約10％の減だ。

　この人口減はすでに1990年前後に予見され対策が論じられてきた。1993年にミュニシパル政府のストラクチャープラン，翌年には市街地中心部のローカルプランが立案され，市街地の再整備計画が立案されてきた。

　これらの計画の目玉は，市街地の都市基盤施設の再整備とともに，沖合の埋立事業だった。マラッカは歴史的にも海岸線の埋立とともに市街地が拡張してきた。喫水の深い大型船の入港の妨げとなった遠浅海岸は，逆に埋立事業に好適だ。

　図4-10，4-11にその埋立てと開発の進展の状況を示した。ポルトガル時代に建設された城塞は海岸線に接していた。これ以降，継続してさまざまな規模の埋立てが繰り返された。その結果，英領期の1936年までに沖合の150mが埋立てられた。ここに広場，港湾施設，公共施設が建設された。

　1993年策定のミュニシパルのストラクチャープランには市街地で保存対象とする3種の区域が示された。その一方，市街地の沖合へのさらなる埋立てや市街地を迂回するバイパス道路の計画路線が示されている。[30]これに従って埋立開発はさらに進み，2001年には沖合の約600mまでが埋立てられた。埋立完了後は大型商業施設や住宅団地が建設された。その後，さらに沖合に人工島が建設され2006年にはモスクが開堂している。

　一方で歴史的市街地の保全や観光産業についても各種の策が打たれた。1994年にはミュニシパルと市民団体による歴史的市街地の建造物調査が実施された。これを受けて州政府による各保存地区における建物保存と観光開発策が検討されている。観光資源としての歴史的市街地の建物保存が進められる一方で，河川改修や道路整備は急務と指摘されてきた。[31]

　2008年の世界遺産への登録を機として，連邦からの予算措置もあり，市街地の環境整備が急ピッチで進められた。2000年時点では汚濁が深刻だったマラッカ川は美化が行われた。従前は塵芥が散乱し荒廃していた河岸も観光客む

けに歩道が整備された。河口には大型ホテルが建設された。

　また教会や史跡などの文化財でも修理事業が行われ，要塞の遺構の発掘や水車の復元が行われている。また保全対象地区を中心に約20の歴史的建造物が州の「博物館都市構想」にのっとって各種の博物館となっている。

　この間，マラッカ州への入込観光客数は持続して増加した。1980年56万人，1990年116万人，1995年132万人，2000年220万人となった。観光客の伸びは1991年に短期間減少を示しているが，1998年以降は増加がさらに加速し，2011年には1,220万人を示している。20年間でおよそ10倍に増加したことになる。とくに世界遺産への登録以降は外国人観光客の増加が著しく，2012年の州機関の報告書によると37％を占める。近年ではマラッカへの訪問目的も医療ツーリズムや農村でのホームステイなどと多元化している。[32]

　観光客需要の高まりを受け，世界遺産バッファゾーン（緩衝領域）の隣接地には高層ホテルや商業施設が建設された。ホテル開発業者は2004年ごろ，マラッカへの投資は需要面や各種の開発規制からもリスクを伴っていた。しかし世界遺産への登録以降は観光ブームの状況下にあり客室稼働率は高い。今後も投資効果に期待できると述べている。[33]

　一方，好況にわく観光産業にも懸念材料がある。観光客数は増えたが滞在時間が短く，訪問者あたりの消費単価は想定より低いとの指摘だ。また学校休暇など連休日は観光客で混雑するが，平日は観光客数も減少する。安定して収益を上げるのは容易ではない。

　市街地に増加している歴史的建物を転用した，いわゆるブティックホテルやヘリテージホテルは客室数が少なく，一般のホテル事業と比較して収益率は低い。2011年に歴史的建物を改造したホテルを開業した経営者は「建物改造を行うにも規制が多すぎる。歴史的建物で利益を上げるのは難しい。それにマラッカは再訪問客が少ない。近ごろは同じようなホテルが増えているので競争も激しい」と先行きに楽観的ではなかった。

過去18年間における市街地開発と保全の展開

　マラッカは観光地としての成立も他都市と比較して早かったが，文化遺産の保全でも先行した。同国初となる州の文化財保存修理条例を1988年に定めて

いる。これらを所轄する機関として博物館法人（Museum Corporation）が 1993 年に設置され，州や自治体の建築局や都市計画局などと連携をとり，建物の現状変更や新規物件の形態について指導・勧告を行ってきた。

　条例では建物の保存や修理方法が定められた。ただし市街地の建物の多くは私有物件で，所有者が条例を守らずに除却される事例も起きた。行政部局間や州と自治体との連携の不十分さも指摘されてきた。2002 年 7 月には保存地区内のショップハウスが無許可のまま除却されている。そのたびに市民団体による抗議の声も上がるが，同種の事例は後を断たない。

　思わぬ問題も生じた。食材業者が中華料理の高級食材のツバメの巣の収穫をねらい，市街地の空き家となったショップハウスに大量にツバメを営巣させている。これは建物の構造に悪影響を与え，糞や害虫の発生により周辺住民の健康への影響も懸念される。国際機関の関係者もツバメの営巣は建物を老朽化させるとして対策を求めていたが，2013 年時点でも規制はとられていない。

　マラッカでは州全域を対象に 2002 年に州ストラクチャープランが策定された。この州ストラクチャープランを受け，マラッカ市によるローカルプランが定められている。すべての開発行為はガイドラインにのっとって開発許可が求められるようになった。

　ストラクチャープランでは，4 段階からなる保存地区の指定とガイドラインが定められる。これは 2000 年以降に本格化する世界遺産への登録の準備作業にも関係した。世界遺産のコアゾーンには，オランダ統治時代の要塞，中国系が優勢な市街地，モスク，中国系廟，ヒンズー寺院などが含まれた。

　世界遺産登録では，2001 年の準備書面で核心領域 42.37ha，緩衝領域 187.13ha の合計 229.5ha が世界遺産の対象領域として提案されていた。2008 年の登録では，核心領域 38.62ha，緩衝領域 134.03ha の合計 172.65ha に縮小された。核心領域からは市街地北西部が，緩衝領域からは 1990 年以降に進められた埋立地が除外された。緩衝領域から除外された地区には 2000 年代後半から相次いで高層のホテル建築物や商業建築が建設された。

　その後，特別地区計画（Special Area Plan）の策定とともに，ユネスコの勧告を受け，2011 年に核心および緩衝領域ともに一部拡大している。

　しかし世界遺産への登録以降の課題も少なくはない。州機関の担当者は「地

元住民は，遺産保全を観光産業振興にむけたものと考え，新たなビジネスの機会だとしか見ない」と嘆く。地元住民にとって「遺産保全は美化であり，改造であり，既存建物の改良にすぎない」と指摘する。[39]

サイド・ザイノ（Syed Zainol）らは，各種の開発ガイドラインの実効性をより高めることや，観光や都市開発などの官民の各種機関の連携をいっそう強化することが不可欠であると指摘する。[40]

前述の「博物館都市構想」でも，当局主導で歴史的建造物が各種の博物館に転用されている。ただし建物修理の質や博物館のコンテンツは未成熟だ。建物の維持管理の質にも課題が残る。

民有の建物でも，オランダ時代の政庁の外壁色である赤褐色が，それぞれの建物の来歴とは関係なく次々と塗り替えられてゆく。また世界遺産の緩衝領域に隣接して高層ビルが建ち並ぶ。景観形成でも課題は少なくない。

連邦政府の国家遺産局の関係者は，世界遺産への登録以降に増加した保全事業を担う人材の不足や事業体制にも課題を指摘する。「遺産保全事業では，一定額以下は国家遺産局が担う。ただし事業費が一定額を超えると予算規模も大きく，職員を多数抱える公共事業局の所轄となる。彼らは大規模事業に長けるが，文化財保存の技術は未成熟だ。この場合，国家遺産局は開発手続きの段階で修理方法の見直しを求めることができる。ただし，それは助言的な立場となるため確実に修理の現場に反映されるには限界がある」

一方，世界遺産への登録前後に施行された開発事業では公共事業局をはじめとする関連部局の貢献も大きい。汚濁が深刻だったマラッカ川の水質改善と河岸の美装化が行われ成果を上げた。また市民からは，歴史的な都市景観を損なうと批判する声があるにせよ，市街地周辺の都市基盤の整備は進んだ。世界遺産への登録以降，交通需要の高まりを受けモノレールの建設にも着手している。

開発は市民生活へ波及している。

保存地区内の不動産にもシンガポール資本による投資が続く。市内の不動産業者によると，好立地の物件では世界遺産への登録直後に３倍の価格上昇を示した物件もある。マラッカでも家賃統制令の撤廃により新たな不動産需要を生んでいることもあるが，建物が老朽化したまま放置される例は少ない。マラッカの観光需要の高さが表れている。

この不動産価格の上昇傾向は市街地周辺にも波及している。世界遺産の緩衝領域となった中心市街地周辺でも観光産業への需要を見込んで不動産価格は上昇が続く。

歴史的市街地の保全と民族集団
　世界遺産への登録に先立って施行された州ストラクチャープランを受け，市によるローカルプランでは保存対象が定められた。
　一般的に，歴史的な環境を守る場合，その対象に対して点（物件単体），線（街並み），面（地域や地区）を定める。歴史的な価値を見極め財源などを考慮しつつ，対象や事業手法が選ばれる。一方でこの過程は，後世にわたって保存し伝えられるべき対象と時代を選別することにもつながる。
　マレーシアの場合，在来文化としてのマレー系文化やイスラームに基軸を据えた，国民文化政策の基本指針がある[41]。これは独立前後におけるマレー系の特別な立場に立脚するものだ。
　世界遺産登録におけるコア（核心）とバッファ（緩衝）の範囲の設定は，地域の生活空間を歴史的に価値づけする行いだ。世界遺産として語られるべき歴史を構成する物件が，そのコア（核心）に重点的に含められる。
　マラッカの世界遺産におけるコアゾーンには，植民地支配（オランダ，ポルトガル，英国）の過程で建造された建物が含まれる。また中国系やプラナカンが暮らし商ってきたショップハウスの建ち並ぶ市街地も含まれた。
　一方でコアゾーンには，モスクは含まれるが，居住地としてのマレー集落は含まれていなかった。また国民統合の象徴的空間である，独立の舞台となった広場や，ポルトガル系の集落，インド系のサブグループとなるチェティアの居住地も保存対象には含まれていない。その後，2011年にバッファゾーンの見直しが行われた。これによりブキ・チナ中国系墓地と，マラッカ海峡の海面，埋立地でコアゾーンに近接する部分が加えられた。
　2014年にペナン州では，世界遺産のバッファゾーンの外側にある歴史資産を物件単体ごとに指定する取り組みが始まっている。州は約2,500物件を指定し保存を行う予定だ[42]。
　もう一つの課題は，選定し保全する対象をどのように選ぶかだ。1995年時

点でも，モスクや植民地時代の建築は，古物保存法のもとで単体の物件として保存の対象となっていた。世界遺産への登録と観光産業振興を受け，予算措置も行われ修理が行われてきた。マラッカに限らず，文化財指定を受けているモスクは比較的に高い水準で保存修理が行われていた。州関係者は，それぞれの信仰団体の財務状態と文化財としての修理の必然度で修理対象が決定されていると述べている。

ただし，中国系とインド系の歴史に関係した建物保存には課題が残る。古物保存法による文化財指定を受けながらも永年にわたって保存修理が行われなかったのだ。これは2013年時点でも変わらなかった。

たとえば，市内の中国系廟の関係者は「自己財源で維持するしかない。これには膨大なコストがかかる。また地元には寺院を充分に修理するだけの技能者がいない。州や市政府は世界遺産への登録前後から多くの補助金を投じているが，中国系の寺院は優先順位が低い。モスクの修理には補助金が出るが中国系寺院には補助金が下りない」と述べている。

4-2-3　マラッカの市街地開発と多民族社会の過去18年間における変化

建物利用と民族属性の変化

世界遺産への登録によって，日帰り観光が可能なシンガポールや，マラッカから80kmの距離にあるクアラルンプール国際空港から来訪する観光客が増加している。

この増加を見込んだ小売店や古物商，宿泊施設などの事業所が急増している。1995，2000，2013年にマラッカの中心市街地における建物の利用状態を把握した。図4-12にその分布を示した。調査対象とした地区には2013年時点で建物が合計で975棟ある。このうち店舗と住宅が95％を占め，信仰施設や同祖会館などが21棟ある。

1995年時点で市街地には観光業者らの間でアンティーク通りと呼ばれる街路が現れていた。海岸線と並行し市街地を貫く2本の街路ハン・ジェバット（Hang Jebat：図4-12の街路A）通りやタン・チェンロック（Tan Cheng Lock：

図4-12の街路B）通り周辺に古物商や宿泊施設，土産物店が出店していた。

2000年前後にかけて業者の出店が相次ぎ，比較的交通量の少なかったハン・ジェバット通り周辺に土産物店が立地するようになる。その後，世界遺産への登録の準備が本格化し，街路の美装化が進み周辺地区の観光関連施設が集積するにつれ，出店する業種も多様化した。後述する週末の露店夜市ジョンカーウォーク以降，業者の出店が進む。

2008年の世界遺産への登録以降はさらに出店が進んだ。2013年の分布を見るとハン・ジェバット通りを軸にしつつ周辺の細街路にまで出店範囲が及んでいる。また中心市街地以外の市街地にも広がっている。元来は居宅専用のショップハウスが優勢だった街区にも業者が出店するようになった。

図4-13に事業所数から見た建物利用の経年変化を整理した。ここでは主に観光客を対象にした業態を計上し，土産物店，飲食店，ギャラリー，宿泊施設，古物商に分類した。これによると，1995年時点では合計で45軒あった事業所が，2013年には239軒で，5.3倍の軒数になっている。

とくにハン・ジェバット通りでは居宅専用で利用される建物は10軒を切るようになった。また，もとは廟だった建物が飲食業に転用される事例もある。

出店者は，1995年時点では地元資本が主であったが，2008年以降は他都市からの大手資本の出店なども見られるようになった。マラッカ川河岸の元は市場の敷地は，長期間にわたり空地となっていたが，世界遺産への登録後，国際フランチャイズの大型飲食店が建てられた。

2013年時点ではハン・ジェバット通りから見て二筋目の街路は地元の在来型の飲食店などが中心に営業している。しかしこれらの街路でも好立地の物件では改装工事が行われ転用にむけた準備が進む。

一方で，既存の用途のままの建物も少なくない。宗教団体が所有する不動産や，富裕な一族の生家だ。とくにタン・チェンロック通り周辺に多い。このほかはイスラーム教徒の使用に限られるワクフ（Waqf）の土地だ。

集客をねらい建物外壁の色を彩やかに塗り替える所有者も出てきている。これらの塗装は建造物の素地と景観を損なうと市民団体から批判されている。近年では，マラッカやマレーシアの建築の色彩には見られない色彩も増えている。タイやバリ島に見られるリゾート建築や商業施設のデザインが多用される。

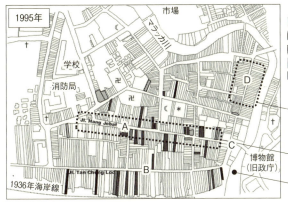
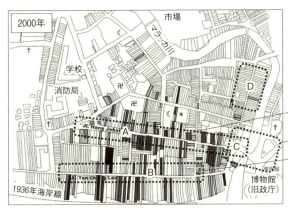
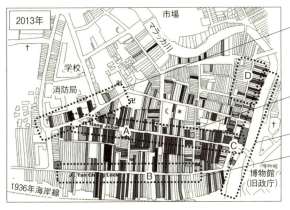

図 4-12　マラッカの市街地における建物利用の経年変化（1995, 2000, 2013 年）

第 4 章　都心 ── 再編される市街地と観光開発

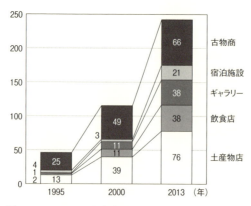

図 4-13　マラッカの市街地の観光関連事業所数の経年変化
（1995，2000，2013 年）

　また 2011 年には，主要街路の交差点（図 4-12 の C）の上空に巨大な龍のオブジェが設置された。都市の公共空間の整備でも，形態や色彩，材質の選択でマラッカの歴史的市街地との調和が課題となっている。

　これらの市街地の建物の占有者は圧倒的多数が中国系だ。一方でマラッカにはインド系で金融業を営むチェティアと呼ばれる人々が暮らす。1995 年時点から 2013 年にいたってもその位置と出店者数に変わりはなく，マラッカ川に近い街区（図 4-12 の D）に出店している。1995 年時点では，このほかハン・ジェバット通り周辺にも 5 軒程度出店していたが，2013 年では経営者が変わっている。なおマラッカの市街地では，マラッカ川対岸にインド系の集住する「民族界隈」がある。

街路空間の変化

　2000 年 7 月，中国系政党 MCA（マレーシア中国人協会）所属の議員の後押しで，ハン・ジェバット通りは「ジョンカーウオーク」と銘打ち週末の夜間に歩行者専用とし，露店が出店するようになった。瓜生宏輝らの調査によると 2009 年 7 月時点で延べ 241 の露店が出店していた。[43] ジョンカーウオーク開始時点では 20 〜 30 程度の出店数であったことを考えると大幅な増加だ。

　ジョンカーウオークの開始以降，市政府はハン・ジェバット通りを中心に街

路美装化を行い，塵芥回収や清掃も徹底した．1995年時点では，市街地には悪臭が漂い塵芥が散らばる場所も少なくなかった．これもほどなく改良された．

さらに官民からなる運営委員会は，範囲の拡大を始めた．先に見たとおり，マラッカの市街地は人口減少傾向が示されている．中心市街地の活性化や，観光客の滞留時間の増加の面でこのとりくみは成功を収めたと評価されている．当時は建物保存に対する財源が未確立ななか，観光産業をつうじた地区の歴史的建物の保全に期待していた．

一方でジョンカーウオークに対しては，交通渋滞や夜間の騒音などへの市民の批判も絶えなかった．加えてステージドカルチャー[44]としての文化の変質への懸念や，プラスティックストリート化（露天で廉価なプラスティック製品ばかりが売られている様子）への批判もあった．長い歴史を持つ精肉市場[45]はジョンカーウオークのステージ用地に転用された．

ジョンカーウオークは年々規模を拡大している．この過熱を規制誘導するのは容易ではない．2013年時点で古物商への営業許可書の発行数を抑制することや，ショップハウスの現状変更，用途変更の際に行政指導を行うことが検討されている．

ところが2013年6月に州政府は，交通渋滞を理由に歩行者専用化をとりやめると表明した．これに対して出店業者は反対の声を上げる．これは，2013年の同国の総選挙でマラッカ中心部の中国系の票が与党から野党に流れたことに対する対抗的措置とも噂された．これに対しては州首脳が流言であると否定している[46]．

2013年8月時点では，露店を歩道上に移動させ，車道を一部開通させるなどの暫定的な措置をとっている．一方で，市政府による露店業者への営業許可の更新は抑制措置がとられているとの指摘もある[47]．これが事実ならば営業許可期限の満了以降は露天の出店ができなくなる．

4-2-4　小結 —— 進む観光開発と「歴史的」市街地のこれから

マラッカ州は独立以降，製造業分野などで基幹産業を確立できないなか，観

光産業が重視されてきた。1980年代からすでに市街地の活力の減退が警戒され，人口減に歯止めをかけるものとして期待されてきた。中心市街地は第4章4-1で見たとおり，家賃統制令や都市の郊外化の影響もあり古い建物が残存した。

1995年から2013年の間に，観光客むけの出店数は5倍を超した。世界遺産への登録以降，その出店の範囲はアンティーク通りとして知られていた中心街路から細街路まで市街地全体に広がっている。もちろん，人口減少に直面していた中心市街地の再生と活性化という面では歓迎された。

しかし，過度の観光化は市街地における生業や生活文化を変容させる。市街地の建物はほとんどが私有物件で，用途転用を規制することは容易ではない。また転用に際して建物修理の質の向上が課題になっている。

市街地の周辺地区の変化は大きかった。この18年間で沖合約500mが埋立てられた。ここはほとんどが世界遺産のバッファゾーンの外側だが，大型の商業施設や宿泊施設が林立することとなった。マラッカの都市形成の過程は沖合の埋立ての歴史でもあったが，一連の開発は都市景観を大きく変えた。

もっとも，世界遺産への登録がもたらしたのは観光開発ばかりではない。これを契機とした都市整備はマラッカの生活環境を向上させた。長年の課題であった河川の美化や都市基盤の整備には成果が出ている。

現在，過熱する市街地の観光開発は，建造物や都市空間以外にも影響を及ぼしている。すでに文化や伝統の変質や商品化を憂慮する声も内外から出始めている。マラッカの有する歴史的な重層性や，チェティアやユーラシアン，プラナカンといった人々の暮らしと文化がどう護られるかは大きな課題だ。

持続的に生活環境を守り，多様性を失なうことなく，多様な民族集団の有様を継承することはマラッカの将来にとっても重要だ。市街地の急激な観光化は，永年にわたり営まれてきた生業や日常生活を，沈黙のまま失わせることになる。過度の開発や建物用途の転用を規制誘導することは急務だろう。

市街地の価値の「再発見」は，そこで培われてきた歴史や遺産を守ることではなく，郊外を蚕食した開発が再び流れ込む対象なのだろうか。世界遺産への登録で再認識された民族の共存と文化的多元性の価値は，観光地化と周辺市街地の開発により変化のただなかにある。

注

1 UNESCO World Heritage List, 2008, Melaka and George Town, Historic Cities of the Straits of Malacca, Nomination File 1223. 両市の歴史的卓越性は次のように記述されている。「港湾と市街地は西洋と東洋の 500 年にわたる交易と文化接触の成果である。移民やアジアやヨーロッパの無数の港湾都市の影響は固有の多元文化からなるアイデンティティーを形成し、有形および無形の文化遺産、すなわち異なる民族集団や機能を有する地区、宗教的多元性、街路に軒を連ねる固有のショップハウスや宗教建築として表れている」

2 調査①文献調査：各種統計、報告書、新聞各紙の把握。調査②建造物環境調査：(調査②-1) 主要街路の約 2,200 軒の建物 1 階部分の用途の別（居宅、業種、空き家・工事中、放棄・空き地）、民族属性（マレー系、中国系、インド系）、建物属性（建物類型、構造、階数）を把握。(調査②-2) 調査対象地区の同一地点での写真撮影。調査③聞き取り調査：行政関係者、識者。なお、調査②-1 では建物 1 階部分を対象とした。街区内部や細街路、建物上階の利用状況も、多民族社会の動向を捉えるうえで重要であり、これの把握を行ったが 2011 年時点では世界遺産への登録後の保存施策もあり際立った変化は見られなかった。

3 JPBD, World Heritage Inc., Think City, Geografia, 2014, George Town World Heritage Site: Population and Land Use Change 2009-2013.

4 Jon S. H. Lim, 1993, The 'Shophouse Rafflesia': An Outline of Its Malaysian Pedigree and Its Subsequent Diffusion in Asia, *Journal of the Malaysian Branch of the Royal Asiatic Society*, vol. 66, part(1), pp. 47-66. 同氏の著作にはペナンで活動した建築家の足跡を追ったものがある。Jon S. H. Lim, 2015, *The Penang House and the Straits Architect 1887-1941*, Areca Books.

5 ジョージタウン「市」は 1976 年のミュニシパル合併前の旧自治体。

6 穴沢眞、2010、『発展途上国の工業化と多国籍企業――マレーシアにおけるリンケージの形成』文眞堂、136-137 頁。

7 *Buletin Mutiara*, "Model mega housing project," 2011. 10.

8 宇高雄志、岡本祐紀、2000「植民都市における都市計画制度の導入とその今日的影響――マレーシアの家賃統制令の廃止と市街地変容を巡って」建築学会計画系論文集 529、2000. 3、211-216 頁。

9 *The New Straits Times*, "Collapsing walls kill baby boy," 2002. 2. 19.

10 *Save Ourselves*, "Press release: Original residents as their human rights perspective," 2002. 4. 21.

11 Wan Muhammad Mukhtar Mohd Noor 2002, Legislation on Conservation, The

Study on the Improvement and Conservation of Historical Urban Environment in the Historical City of Malacca, Melaka Municipal Council.

12 世界遺産登録に際して施行もしくは準備された各種制度として，州ストラクチャープラン，世界遺産管理計画，ミュニシパル・デザインガイドライン，都市地方計画法・特別地区計画などがある。

13 George Town World Heritage Incorporated.

14 Ministry of Tourism and Culture Malaysia, 2009, Tourist Arrivals Statistics, Tourism Malaysia.

15 宇高雄志，2004「マレーシアにおける歴史的市街地の保全——その現状と制度整備上の課題」建築学会計画系論文集 584, 2004. 10, 91-97 頁。

16 Harold Crouch, 1996, *Government and Society in Malaysia*, Allen and Unwin Australia, pp. 166-167.

17 *The Star*, "Build it better," 2011. 10. 4.

18 State of Penang, 2008, Historic City of George Town, Heritage Management Plan. 世界遺産の範囲外にも Heritage Building は島内にカテゴリー 1 が 41 件，2 が 2,295 件ある。

19 *The Star*, "Special Area Plan to govern planning control in heritage site," 2015. 3. 12.

20 *The Star*, "Little India 'Should Have Own Identity,'" 1995. 12. 27.

21 *The Star*, "Little India all spiced up," 2011. 10. 5.

22 Tan Ten Siew, M. Amir Fawzi, et. al., 1991, Case Study of Lebuh Acheh - Lebuh Armenian Area, George Town, Penang - Planning for Conservation of Historical and Cultural Enclave, The Third International Training Workshop on Strategic Areal Development Approaches for Implementing Metropolitan Development and Conservation, UNCRD and Municipal Council of Penang Island.

23 Janet Pillai, 2013, *Cultural Mapping: A Guide to Understanding Place, Community and Continuity*, SIRD.

24 *The Sun*, "Tanjung Penaga," 2015. 7. 6.

25 たとえば George Town World Heritage Incorporated によるリーフレット A Guide to Selected Chinese Clan Houses in the George Town World Heritage Site など。

26 JPBD, World Heritage Inc., Think City, Geografia, 2014, op. cit., pp. 1-2.

27 *The Star*, "Foreigners 'invading' pre-war properties in Penang," 2016. 6. 12.

28 調査①文献調査：各種統計，報告書，新聞各紙の把握。調査②建造物環境調査：（調

査②-1）主要街路の約2,200軒の建物一階部分の用途の別（居宅，業種，空き家・工事中，放棄・空き地），民族属性（マレー系，中国系，インド系），建物属性（種別，構造，階数）を把握．（調査②-2）調査対象地区の同一地点での写真撮影．調査③聞き取り調査：行政関係者，識者．

29 Chua Rhan See, 2011, *Adaptive Reuse in World Heritage Site of Historic City Center*, Doctoral Dissertation, Kyushu University, p. 53.
30 Melaka Municipal Council, 1993, Melaka Structure Plan, Tourism Component 3, Melaka Municipal Council, p. 3/75.
31 Melaka Municipal Council, 2002, The Study on the Improvement and Conservation of Historical Urban Environment in the Historical City of Melaka.
32 Melaka State Tourism, Culture and Heritage Committee, 2012, Tourism Statistics, State of Melaka.
33 *The Star*, "Developer has faith Malacca will boom economically," 2013. 10. 19.
34 Preservation and Conservation of Cultural Heritage Enactment of State of Melaka 1988.
35 Mahesan T., 2003, Crumbling Heritage of Malacca, *Berita Perancang*, Malaysian Institute of Planners, p. 4.
36 *The Star*, "CM irate at demolition of shoplots," 2002. 12. 19.
37 World Heritage Nomination's Dossier Proposals, 2001. 4.
38 UNESCO World Heritage List, 2008, op. cit. および Conservation Management Plan for the Historic City of Melaka, Historical City of Melaka, 2008. 1. 30.
39 *The Edge*, "Melaka: Historic city under siege," 2013. 7. 24.
40 A. I. Syed Zainol, R. O. Dilshan, 2013, Heritage Impact Assessment as a Tool in Managing Development in the Historic City of Melaka, Malaysia, Kapila Silva, Neel Kamal Chapagain（eds.）, *Asian Heritage Management: Contexts, Concerns, and Prospects*, Routledge, pp. 285-286.
41 1971年に開催された政府補助による会議で提示された．国民文化は，土着文化を基にし，イスラームはその重要な要素となる．なお，他の文化も好ましい要素はその一部として受け入れられる．
42 *The New Straits Times*, 2014. 9. 10.
43 瓜生宏輝，出口敦，2010「マラッカ歴史地区における歩行者天国の運営と利用実態に関する研究」建築学会大会学術講演梗概集F-1，7048，135-136頁．
44 Shinji Yamashita, Kadir H. Din, J. S. Eades（eds.）, 1997, *Tourism and Cultural Development in Asia and Oceania*, National University of Malaysia Press, pp. 21-

22, pp.110-111.
45 *The Star*, "From historic to plastic?" 2001. 12. 20.
46 *The Edge*, "Find other ways to ease traffic congestion in Jonker St," 2013. 6. 24.
47 *The Star*, "Jonker Walk trial extended," 2013. 8. 6.

第5章
周　縁 ── 継承されたフロンティア空間

　この章では，第4章4-1で見たジョージタウンの都市の周縁に位置する2ヶ所の生活空間の，1990年代から2010年代にいたる約20年間の変化を捉えたい。これをつうじて都市周縁に見る生活空間と多民族社会の変貌を見たい。

　2ヶ所の空間は，都市の玄関口の港湾に立地する集落のクラン・ジェティー（Clan Jetty）と，最奥の丘陵の高原避暑地（Hill Stations）のペナンヒル（Penang Hill）（図5-1）だ。双方ともに，地理的には都市の周縁に位置する。しかし，これらの空間は海港都市の成長の原動力であり，かつ近年の社会変容のフロンティアとしての性格を包含した。

　第4章のジョージタウンとマラッカの事例に見たとおり，海港の植民都市の建設は，防衛と港湾機能の建設に始まる。次に経済活動の核となる市街地の建設にむかう。この過程で，税関や金融機関などが建設され，商業地も充実し始める。その後，都市の郊外化が進む。そして植民都市の完成段階では療養や余暇，文化的生活に必要な機能が充足する。

　ジョージタウンの建設過程において，その最初期にクラン・ジェティーが，そして完成期にペナンヒルが建設されたのだ。ところが，都市建設の黎明期にはフロンティアとして形成されたこの2ヶ所の空間も，1990年代前半のジョージタウンの都市開発をめぐる情勢では単なる周縁にすぎなかった。

　事例研究5-1の，クラン・ジェティーは，ジョージタウンの主要な港湾施設

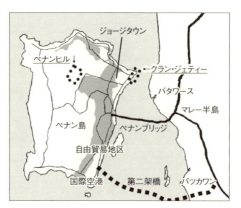

図5-1　ペナン州クラン・ジェティー，ペナンヒルの位置図

に隣接した海面上に建つ。集落は，桟橋（Jetty）に付設された住居群で構成され，住民は中国系の氏族（Clan）によって占められる独特の景観を有する。

クラン・ジェティーは港湾の近代化以前から荷役作業などを担い，世界とマラヤをつなぎあわせる海港都市のフロンティアとして機能した。

ただし，港湾の海水面上に立地することから，土地所有の面で不安定で，その扱いは時の政治情勢に左右された。このため幾度も除却や埋立ての危機に瀕した。事実，ジョージタウンの市街地は過密で交通渋滞は年々深刻化していた。また第4章4-1に見たとおり家賃統制令の影響で市街地での大規模再開発は望み薄だった。

この意味では市街地に隣接するクラン・ジェティーは，ほぼ唯一の未開発地でもあった。実際に，クラン・ジェティーの占有する海面を埋立てて都市基盤を整備する計画が幾度も提案されている。

しかし，クラン・ジェティーは姿を変えることはなかった。不動産制度の固有性や，時の政治性の作用もあって，姿を変えることなく今日にいたっている。それだけではなく，クラン・ジェティーは，世界遺産への登録に際して核心領域（コアゾーン）の範囲に含まれたのだ。

事例研究5-2の，高原避暑地は療養・余暇空間として植民都市の完成期に開発のフロンティアとして現れた。

高原避暑地はマレー半島のみならず近隣諸国の各地にも建設された。マレー

半島には4ヶ所が建設され，本章で取り上げるペナンヒルは最初期に建設された。

ペナンヒルをはじめとする高原避暑地は，植民地の官僚の熱帯病を避け療養するための空間だった。ほどなく余暇空間として受け入れられる。しかし避暑地空間は標高により住みわけられた。独立以前は，植民地の支配者と限られた富裕者のみが立ち入り可能だった。その意味では支配者と被支配者の関係が空間に投映されていたのだ。

ところが，高原避暑地は独立以降，植民地支配の残滓とは受け止められなかった。徐々に国民の間で余暇空間として受け入れられてゆく。その後の経済成長に伴う国民所得の向上を受けて，多くの高原避暑地では余暇施設の建設が進められた。

ペナンヒルでも民間業者より大規模開発計画が州政府に提出されたのも1990年前後のことだ。しかし開発計画は環境アセスメントを受け，当局より却下された。この開発計画の提出に前後して，ペナンヒルへの開発計画に対して市民から反対運動が起きる。その冷涼さと豊かな熱帯の森林は，自然保護の象徴となってゆく。これは，頻発する洪水への対策や，貴重な水源としてペナンヒルの自然環境の価値が認識されたことが大きい。

クラン・ジェティーもペナンヒルも，いずれもが経験したことは，既存の大規模開発を基軸とした路線から，文化と歴史の継承にむけた転換だった。この転換の事例で市民の果たした役割は大きかった。文化遺産，自然環境の保全の両面において，同国の社会開発における先駆的なフロンティアとして捉えられている。

本章ではこの周縁性とフロンティア性の性格を包含した，二つの生活空間の変化と，これに関わる多民族社会の変貌を捉えたい。

5-1 【事例研究】港湾杭上集落に見る開発と継承
—— ペナン州クラン・ジェティー 1992〜2012年

ペナン州ジョージタウンの港湾部に立地する港湾杭上集落を対象に1992年

から 2012 年の間の生活空間の変容を見る。ペナンでは，1992 年の調査を初回として，1995 年（10 ヶ月間）と 2001 ～ 03 年（2 年間）の滞在調査，2012 年の調査を実施している。本節は 1992 年 7 月の調査と 2012 年 9 月に実施した調査[1]をもとに 20 年間の生活空間と多民族社会の変化を対象にする。

2012 年調査の時点で，ジョージタウンのクラン・ジェティーは 6 集落あった。調査では各種統計と報告書の閲覧，住民および識者への聞き取り調査を実施した。またクラン・ジェティーの立地する周辺の空間利用状況の変化を把握した。そのうえでリム・ジェティー（姓林橋）を対象に建物や集落空間の変化の把握を行った。

クラン・ジェティーについては近年では，その独特な景観から各種の観光媒体にも取り上げられるようになった。

しかし，その社会や空間を捉えた論考は限られる。チャン・リーンヒン（Chan Lean Heng）による研究[2]では，集落の形成と華人社会の変容が捉えられている。またフローレンス・ガエザービドゥー（Florence Graezer Bideau）らによる研究[3]では，周縁としてのクラン・ジェティーが世界遺産登録として捉えられる過程を議論している。

5-1-1　クラン・ジェティーの形成と変容

海港都市の原動力，クラン・ジェティー

第 4 章 4-1 で論じたとおり，ペナン島ジョージタウンはインド洋と接するマラッカ海峡の北端に位置し，海港都市として成長を続けた。西欧へむけて錫，スパイス，ゴム，茶が，アジア各地へは農産物が積み出され，港には各地からの多くの船舶が寄港した。ジョージタウンは，1827 年から自由貿易港となる。マラヤでは 1840 年代からの錫鉱山，1890 年代からのゴム農園への投資熱が高まり，後背地でも開発が進んだ。

大型の船舶を受け入れるべく港湾の整備が進む。海岸線は埋立てられ倉庫群が建てられる。目抜き通りには金融機関も進出する。マレーシアで最初期に各国の代表的銀行の支店が建てられたのもこの地区だ[4]。

英国東インド会社はペナン島の後背地の開発を促すために，土地は開墾した者に所有させた。これは資本家の投資や移民をひきつけた。港湾の建設と労働には中国人やインド人などの移民が従事した。中国からは，南部の広東省や福建省などからの移民だった。東南アジア地域との交易の歴史があったことや，慢性的な貧困から移民が出ていたのだ。

　中国人の移民たちは，幇（パン）と呼ばれる同郷の集団をつうじて海を渡ってきた。渡航に先立って仲介者が旅費を貸与し，着後の労働で返済することとなっていた。借金の返済が終われば一財産を築けるはずだった。しかしほとんどの移民たちは重労働と貧困にあえぐ日々を送ることになる。

　この困窮のもと彼らは従来から「三縁」と呼ばれる「同郷（出身地）」「同縁（血縁）」「同業（職業）」などの重複した社会集団によって支えあった。

　住まいに困った彼らは，土地の所有関係があいまいな海岸や河川敷に身を寄せる。そんな状況の下，氏族（クラン）が身を寄せあって，海岸線の桟橋（ジェティー）に住み込んだのが，クラン・ジェティーの始まりだ。オン・センファット（Ong Seng Huat）は，移民たちの相互関係は密で，故郷の中国の村の延長としてクラン・ジェティーを認識していたと述べる。

　ジョージタウンに寄港する大きな船舶は沖合に停泊する。そこをクラン・ジェティーの人々が，艀で往復し荷物や人を渡す。また対岸のバタワースのマングローブの材木からつくった木炭を街の人々に売った。

　最初期は，桟橋に接した海岸に小屋が建てられた。のちに海面上に杭上の住宅を徐々に建築し，現在のクラン・ジェティーの有様に近づいていった。

　クラン・ジェティーの人口は1910年代から増加し始める。当初は労働者としての男性が優勢だった。その後1920年代以降は女性人口も増加する。クラン・ジェティーでは人口が増加しても氏族が集住する傾向は変わらなかった。たとえばリム・ジェティーは変わらず福建語で姓林橋（セー・リム・キャオ）と呼ばれ続け，林姓の住民で占められている。

都市開発と海岸の埋立て

　図5-2にジョージタウンの海岸線の埋立ての過程を示した。ジョージタウンの海岸線は，岬の要塞を中心に市街地の南と北東側に広がる。北東側には海岸

線に官公庁などが建ったことや水深が深いことから埋立ては進まなかった。一方，南側は波浪も穏やかで遠浅で埋立ても容易だ。貿易会社や倉庫が集積したこともあり断続的に埋立てられてきた。

　ジョージタウンの開発初期1798年の地図（Popham図）では，海岸線は現在のビーチ・ロード（Beach Road）の位置にある。現在の海岸線から200m内陸だ。このころは海岸線から無数の長い桟橋が遠浅の沖合に伸びていた。潮の干満に関係なく艀の接岸に必要な水深を得るために長い桟橋が必要だったからだ。

　これが，およそ100年後の1893年の地図（Pemberton図）によると，現在の海岸道路であるウェルド・キー路（Weld Quay Road）[9]まで埋立てが進んだ。

　埋立地には税関や鉄道局，倉庫群が建てられた。倉庫は港に間口をむけて建てられ，内陸側に奥行きが深い矩形平面だ。いまも残る倉庫には，同じ建物なのに棟高や煉瓦の大きさなどが建物の部分ごとに異なるものがある。埋立ての進展にあわせて海側に増築されたのだ。

　埋立てにより新しい施設の建設が可能になっただけではない。陸地が沖合に

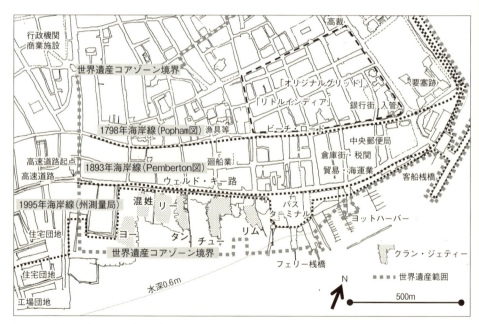

図5-2　クラン・ジェティーの位置と市街地開発の状況

延びることで吃水の深い，より大きな船の接岸が容易になる。ジョージタウンに限らず，海岸や河川，湖の埋立ては，都市の成長の原動力となった。あわせて海岸線は都市の血液ともいえる燃料の貯蔵の場でもあった。1930年代ごろまでウェルド・キー路の沿道には炭や薪が積み上げられていた。

競合するクラン・ジェティー

1927年時点で，ジョージタウンの港湾施設を管理したウェルド・キー管理委員会は15のクラン・ジェティーがあったことを記録している。

1930年代，住民の生業は荷役業務で成り立っていた。港の景気は世界経済とも直結していた。好況のときはよいが，悪ければクラン・ジェティー間で荷役作業をとりあい諍いが起きる。折にふれ騒動が起きたため，集落の代表者間で話し合いが持たれた。この結果，荷主によって請け負うクラン・ジェティーを分けるようにした。チュー・ジェティーはインドネシアむけ，リー・ジェティーは中国むけの荷役を担うようになった。他のクラン・ジェティーは炭や農産物を商うようになる。

第二次世界大戦では日本軍によりクラン・ジェティーの40軒あまりが壊された。また日本軍の占領後は海岸線やウェルド・キー路周辺も港湾の警戒と防諜のため立入禁止となった。

戦後，1950年代の後半までクラン・ジェティーには水道や電気は通っていなかったので，ウェルド・キー路まで水道水を汲みに行った。体を洗う際には，まず海に入って，そのあと少量の真水で洗った。しばらくの間はクラン・ジェティー内で水道の開通した世帯から水を買う生活が続いた。

この生活環境は時に政治性を帯びることになった。選挙では，候補者が支持の見返りに各種設備の整備をにおわせに来る。その際に住民の代表は巧みに交渉を繰り返す。そして水道や電気が集落のなかに延伸していった。

1960年代までクラン・ジェティーの労働は世襲されていた。荷役の労働は過酷だった。重い荷物を担ぎ，足場の悪い船と桟橋を往復する。貨物船の大型化に伴って，高所からの転落や船倉で発生する有毒ガスによる死亡事故も起きた。

それでも労働者間の競争は厳しい。桟橋の上で炎天下に行列をつくり仕事を

待つ。相互に仕事を調整するルールもあり、通船で沖合の船に船員を渡す際にはパン・ケォ（*pan keo*）と呼ばれるくじ引きで順番を決めていた。

　ジョージタウン南部の沖合の埋立てが進んだ1960年代後半でも8ヶ所のクラン・ジェティーがあった。それぞれオン、リム、チュー、タン、リー、チャップ、ヨー、ペンアン、コイと、それぞれの姓ごとに呼ばれていた。

　なかでもコイ・ジェティーは最後に建設されたクラン・ジェティーで1960年ごろに建設されている。このコイ・ジェティーは唯一、中国系のイスラーム教徒が居住するクラン・ジェティーであり生活習慣も異なっていた。

クラン・ジェティーの斜陽

　1965年に港湾労働委員会の指示ですべての港湾労働者は登録制となった。当局はクラン・ジェティーのような氏族による雇用関係は旧弊で解消されるべきだと考えたのだ[10]。その主眼は労働環境の改善だったが、各地の港で頻発していた港湾労働争議の抑制も見込んだのだ。これに対抗して漁船が集結して雇用の確保を訴え抗議行動がとられた。

　1969年、政府はペナンの自由貿易港を撤回する。同時に積荷への課税の厳格化が進められた。すべての船舶はペナン港湾局（Penang Port Commission）の桟橋での荷役と検査が求められるようになる。その後、国と州政府は、手狭なジョージタウンの港に代わって、対岸のバタワースに大型船の接岸が可能な近代的な港湾を建設する。

　こうしてクラン・ジェティーの人々は荷役業務を失うことになった。それでもしばらくは農産物の搬送や停泊船への物資の供給などの業務は残った。

　本土側の対岸で生産されるマングローブ炭の海路運搬も続けられた。しかし1970年代になって、ジョージタウンではガス調理が普及し、炭の需要は減少してゆく。クラン・ジェティーの住民たちは、漁業や市内のほかの労働に移っていった。しかし港と海で生きてきた彼らにとって、陸で仕事を見つけるのは容易ではなかった[11]。

5-1-2　クラン・ジェティーにおける過去20年間の変化

埋立計画と「一時占有許可」

　こうしてジョージタウンの港湾としての機能は低下しても，クラン・ジェティーの一帯は，将来の開発の対象として重視されてきた。ペナン島南部には，本土と島をつなぐペナンブリッジや自由貿易地区(FTZ)がある。これとジョージタウンの間は道路整備も途上で，交通渋滞が年々深刻になっていた。そしてジョージタウンの市街地はすでに建て詰まっている。

　一方，クラン・ジェティーのある海水面上は遠浅で埋立ては容易だ。1988年当時の論調として，ペナン島の周囲すべての海岸の「埋立てはペナンの唯一の可能性だ」とさえ受け止められていた。[12]

　1987年に策定された州ストラクチャープランでは，クラン・ジェティーは開発の対象として見なされた。ここを埋立てたうえで道路を建設し，客船桟橋を増設し港湾機能を充実させる計画が記される。高速道路建設はペナン島南側から順次着工された。2004年には島南部からの高速道路がクラン・ジェティーのすぐ南の地点まで開通している。[13]

　それでも，クラン・ジェティーの除却と埋立てが行われることはなかった。権利関係の複雑さや政治の影響もあり，施行されなかったのだ。

　クラン・ジェティーには一時占有許可（TOL: Temporary Occupation Licence）が適用され続けてきた。一時占有許可は，国土土地登記法（National Land Code）により定められ，州政府より交付される。[14]一時占有許可の有効期限は1年間だ。主な交付の対象は公有地での農耕や仮設的住宅などの土地利用である。原則的に恒久的な建造物の建設は許されず，申請者が死亡した際は再申請となる。この際，一時占有許可の占有課金の金額は占有用途や立地によって異なる。[15]

　ただし一時占有許可の条件下では，建造物や財産は恒久的でないと見なされるため，不動産としての評価は高くはない。そのためクラン・ジェティーの家賃は市中の家賃水準よりも低い。このことは借家人には好条件だ。

　一方，所有者にとっては，建物を除却すると，同一地点では一時占有許可が

確実に更新される保証はない。改修を繰り返すことで急場をしのぐ。また新規の許可は出にくいため建物が増えることはない。

　クラン・ジェティーにも幾度かの転機があった。2003年に発生した大規模な火災だ。コイ・ジェティー（図5-2のヨー・ジェティーの近隣）から火災が発生し、集落の約50軒の家屋が焼失した。

　コイ・ジェティーは港湾の南端に位置し、開発計画上で要の立地にあった。そこで火災の後、焼け残った家屋を含めてコイ・ジェティーを完全除却のうえ埋立てし、公営駐車場と住宅を建設する計画が浮上した。

　これに対して市民グループが完全除却に反対する。歴史的に価値のあるクラン・ジェティーの住民を、同じ地点で生活再建させるべきと主張された。火災直後、ペナンの郷土史家が中心となって、このコイ・ジェティーの住民は中国系イスラーム教徒の系譜を持つ歴史的に重要な集落だと指摘した[16]。

　この火災を契機に、クラン・ジェティーの歴史に市民の関心が高まる。クラン・ジェティーの生活環境も注目され、研究者の間からも塵芥や排水の処理方法の改善が必要だと問題提起がなされた[17]。

リム・ジェティー ── 変化する生業と継承される伝統

　リム・ジェティーの住民は1900年代初頭の中国福建省泉州同安県后村荘からの出身者の末裔で構成される。ほぼすべての世帯が林（リム）姓である。

　リム・ジェティーには1992年時点で40世帯が生活していた。この時点から30年の間、世帯の増減は起きず、建物の増減も数戸のみだった。2012年時点で35世帯が暮らす。

　ペナン研究所（Penang Institute）の調べによると、2015年の各クラン・ジェティーには以下の世帯数があった。リム36、チュー75、タン13、リー24、ヨー21、混姓21だった。世帯型では、クラン・ジェティー全体で6～10人がもっとも多く29％、次いで4人世帯が25％だ。ちなみに独居世帯は7％にすぎない[18]。この傾向はリム・ジェティーとほぼ一致する。

　これは、先述の一時占有許可により新規の建築申請が制限されていることと、中国系の通婚習慣である異姓間結婚が守られているからだ。クラン・ジェティーの女性は婚姻に際して多くが他の場所に嫁いでゆく。このため世帯数は一定規

模で維持されることになる。近年では，若年者の流出もあって借家人を含んでも人口は漸減の傾向にある。それでもクラン・ジェティーは比較的に家賃水準が低いため一定の需要がある。

リム・ジェティー住民の生業は，1992年時点では港湾労働や遠洋漁船への物品補給などの海運関連が大半だった。これも船舶の大型化と機械化により下火となり，2012年時点では非海運関連業に転業した住民が多い。

この生業の変化はクラン・ジェティーの生活空間にも表れていた。1992年時点では，同祖廟の近くの待合に住民が溜まっていた。またジェティーの先端部には漁具置き場があり，漁労も行われていた。2012年時点でも同祖廟近くの待合や漁具置き場は残っているが，閑散としている。

リム・ジェティーの住民は主に儒教・仏教を信仰しておりキリスト教信者が若干いる。クラン・ジェティーには，他の多くのクラン・ジェティーと同様に，桟橋の先端部分と，ウェルド・キー路と接続する陸上部分に廟がある。リム・ジェティーには，集落の入口に日月壇と，桟橋の先端に五谷仙祖堂がある。従来は桟橋の先端の五谷仙祖堂が信仰の拠点となってきた。のちに寄進により陸手の日月壇が建てられた。日月壇の隣には集会所が建てられ，中国福建省の出身地や，村内組織が掲示されている。ここは先祖祭礼や村民の寄り合いの場にもなる。

リム・ジェティーでの祭礼は地区外の中国系にとっても重要だ。

日月壇では航海の守護神である媽祖（マーツー）の誕生祭が行われる。祭礼ではマレー半島側のバタワースから媽祖像がリム・ジェティーの日月壇へと船に載せて運ばれる。媽祖の到着を受けて盛大な祭礼が行われ，繁栄と安全が祈願される。[19]

自治組織の代表は住民の互選で選ばれる。自治組織の活動は冠婚葬祭や集落設備の管理を含む。住民生活を支えており，現在も変わりはない。

リム・ジェティー —— 継承された住まいと暮らし

クラン・ジェティーの空間は海岸線から沖合にむけて延びる桟橋を軸としている。リム・ジェティーでは，桟橋の北側は船舶が接岸できるよう建物は建てられていない。一方，南側には住居が高密度に建てられている。

図5-3に1992年から2012年の間のリム・ジェティー周辺の空間の変化を示した。リム・ジェティーの周辺では小規模な埋立てが進んだ。1992年時点で放棄されていた廃船が撤去され、2000年ごろから埋立てられた。埋立てられたあとは駐車場になった。またリム・ジェティーの東側は大規模に埋立てられ、バスターミナルが拡張され、州機関や税関の建物が建てられた。

桟橋は村内組織によって維持管理されている。桟橋は荷役の際の通路となってきたが、現在は街路としての機能を担う。また、家事や内職、食物の乾燥場や子どもの遊び場になる。幅員は1〜1.5mあって二輪車が通行可能だ。リム・ジェティーには集落の内側に2本の桟橋の通路がある。

図5-4に、リム・ジェティーの断面図を示している。クラン・ジェティーの住戸は桟橋に接して建てられる。1992年時点ではヤシなどの材木を杭にした住宅が多かった。しかし耐久性に欠けることもあり、腐食したものから順次、場所打ちのコンクリート杭に付け替えられている。

杭上の住宅であるため住戸面積は35〜50㎡程度で小さい。住戸の平面形態は、ジョージタウンをはじめとした都市部で多く見られるショップハウスとは

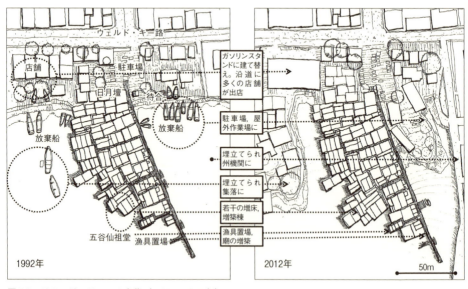

図5-3 リム・ジェティーの変化(1992〜2012年)

異なる。むしろ第3章3-1のRB村の事例に見たような，村落の中国系の住戸に相似する。各室の呼称もそれに一致している。

　潮風に常に曝される海上にあって，建物部材の腐食は早い。そのため屋根はたびたび葺き替えられている。1992年時点では，多くの住居で屋根温度の軽減をねらって波板鉄板のさらに上にアタップが葺かれていた。しかし耐久性は

図5-4　リム・ジェティーの断面図（2012年）

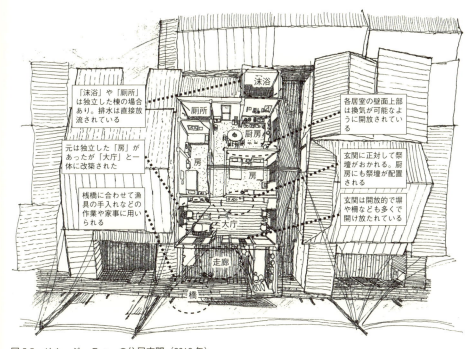

図5-5　リム・ジェティーの住居空間（2012年）
注記）中央部の住居間取り図：1990年代調査・既刊④掲載図を加筆修正．

第5章　周縁──継承されたフロンティア空間　　163

高くなく，現在ではスレートなどの建材に変わっている。

図5-5にリム・ジェティーの住居とその周辺の平面を示した。1992年から2012年の間，クラン・ジェティー内の住居の起居形式に変化はなかった。桟橋に接して漁労や内職でも用いられてきた半屋外空間の走廊がある。

住居の入口の戸口上部に風水鏡や暦などが吊るされる。玄関の内側に大庁がある。大庁は居間として用いられ，玄関に正対して祭壇が設けられる。その奥には寝室となる房が配され，さらにその奥に厨房や厠所がある。

屋根形状は切妻平入だ。一部，入母屋のものがある。住宅の寸法体系では，柱間寸法は村落の住居と相違ないが，天井高さはやや低い。住戸から直接海へ降りる階段はない。

通常，ジョージタウンをはじめ同国の市街地の住居では，玄関を含む開口は防犯のため用心格子で固められている。しかしクラン・ジェティーでは開放的で，これも村落に見る中国系の住居に相似している。

5-1-3 継承されるクラン・ジェティー

世界遺産コアゾーンへ

ジョージタウンを世界遺産に登録する取り組みが始まったのは1990年代後半のことだ。この検討の初期段階から，クラン・ジェティーを含む海水面上の広い範囲が世界遺産の核心領域（コアゾーン）として示されていた。

当初案では核心領域として海岸線から約500mの範囲が示され，主な港湾施設や航路をも含んでいた[20]。のちに港湾関係部署との調整で港湾区域の海水面上は縮小された。旧要塞周辺の北部の海水面上は核心領域から除外された。

しかしクラン・ジェティーを含む海岸線から約200mの海面が核心領域となった（図5-2）。一時占有許可の条件下にもかかわらず世界遺産の構成要素とされたことは，同国の遺産保全や都市計画の関係者にも驚きをもって捉えられた。

時の政治にクラン・ジェティーは左右されてきた。チャン・ガイウェン（Chan Ngai Weng）は，クラン・ジェティーは政治情勢に常に翻弄されてきたと指摘

する。世界遺産登録に先立って与野党の関係者が地区を訪れている。

　世界遺産登録と時を同じくする 2008 年総選挙では州政で与野党が逆転する。第 2 章や第 3 章 3-2 でも述べたが，国政では与党連合 BN（国民戦線）の一角となっているゲラカン（人民運動党）が州政を担ってきたが，野党 DAP（民主行動党）に州政権を奪われた。

　クラン・ジェティーは世界遺産の核心領域に含まれることとなったが，2012 年時点で，文化財には指定されていない。また都市計画上の建造物保存ガイドラインでも保存の対象となっていない。海上の杭上住宅には構造的にも腐食の対策が必要だ。また海水面上を占有するクラン・ジェティーの存在は，ジョージタウンの港湾機能との兼ね合いもある。一時占有許可の扱いも登録前のままだ。

　世界遺産登録以降，隣接するジェティーには，ゲストハウスが開設されている。また土産物を扱う店舗も開業している。近年では，観光客の増加による騒音や迷惑行為も報じられている。

クラン・ジェティーの「二重の周縁性」

　フローレンス・グレザビドー（Florence Graezer Bideau）らは，クラン・ジェティーは「二重の周縁性」にあったと指摘する。その理由は一般市民に避けられていたこと（麻薬，不法移民など），また市街地の中国系社会から切り離されている点だ。

　ただし前者については，少なくとも 1995 年時点のクラン・ジェティーでは，通船客や釣り客ら外部者の立ち入りが自由だった。また後者については，集落内の生業は周辺の市街地の社会との交換のうえに成立しており，廟での祭礼や婚姻をつうじても都市の中国系社会とのつながりは密接だ。

　もっとも市民にとっては，クラン・ジェティーが，一時占有許可の更新のうえに存在していることや，杭上に建つ住居の様態に不安定さを想起させることは疑いない。またマレー系が優勢な政治的情勢下では，既出のハロルド・クラウチの指摘にもあるとおり，非マレー系の文化は二次的に位置づけられてきた。その意味でフローレンス・グレザビドーの指摘のとおり「二重の周縁」性を有したともいえる。

第 5 章　周縁 ── 継承されたフロンティア空間　　165

一方，ジョージタウンの社会から見て，クラン・ジェティーがどの程度，意識的に周縁的であるかは議論が残る。
　ジョージタウンの中国系にはクラン・ジェティーとその界隈に系譜を持つ人も少なくない。郊外の住宅団地に住む富裕な世帯には「先代がクラン・ジェティーに住んでいて，船を漕いで対岸から木炭を仕入れて商っていた。その後，現在の家業を起こした」と回顧する人もいる。不動産業を営むある男性は折にふれ一人で界隈を散策し，廟を礼拝するという。
　経済開発が一段落した同国において，クラン・ジェティーの風景に自らの系譜を重ね，その風景に郷愁をいだく市民がいることは見逃せない。
　チャン・リーンヒンは，市中に見られる植民地建築や宗教施設と比べて，クラン・ジェティーは，それに内包されている記憶の意味が異なると指摘する。前者が社会的な強者の栄光の記憶と足跡であるのに対して，クラン・ジェティーは労苦や痛みの記憶への共感をつたえる場だと指摘するのだ[26]。
　それに，クラン・ジェティーに対する市民の関心は，時間の経過により減退する一方ではない。都市開発による撤去埋立てや，2003年のコイ・ジェティーの焼失などといった一連の喪失が，人々に価値の再認識に向かわせたのではないか。
　その過程で市民団体の果たした役割は大きい。残存する建造物や歴史だけではなく，そのまなざしを自然環境にも向けさせた。リック・アティキンソン（Rick Atkinson）は，クラン・ジェティーを伝統的な住居形態とマングローブの保全とあわせもった地区として再生することを提起している[27]。2004年には市民団体の主導により「ベスト・ジェティー」コンテストが開催された。周辺の美化活動も展開されている。
　近年ではクラン・ジェティーは新たな観光資源としても紹介され始めている[28]。クラン・ジェティーに対してその歴史的背景や景観に注目した創作も進む。オン・ブーンキョン（Ong Boon Keong）による映像作品『忘れられてしまった』[29]（*Bo Lang Chai*）は，クラン・ジェティーの暮らしを活写した。作品は国内の映像祭優秀賞を受賞している。これまではクラン・ジェティーの日常の光景が被写体となり共感を呼ぶことは限られていたのだ。

5-1-4　小結 —— クラン・ジェティーを継承すること

　クラン・ジェティーは市街地に隣接しつつ，社会・空間ともに固有性を有している。中国系の氏族集団が占め固有の婚姻制度が作用したこともあり，その生活空間も形成期から現在にいたるまで大きく変わることなく残存していた。

　この背景には一時占有許可（TOL）が適用されており，建物の除却や増築が制限されたことがある。また1980年以降は一貫して都市開発の対象と見なされながらも，時の政治情勢が影響している。

　一時占有許可や水上に建つ住居は不安定さを想起させる。またマレーシアの政治体制下での中国系の文化の位置づけという点でも周縁的だった。

　それでもクラン・ジェティーが市民のまなざしから消え去ることはなかった。自らの系譜を重ねる人も少なくなく，また信仰空間としてもクラン・ジェティーは重要な役割を担ってきた。クラン・ジェティーは，労苦や痛みの記憶を他者と共有し，その共感を表徴する空間であるというチャンの指摘は重要だ。

　都市開発の進展による事物の喪失がそのきっかけとなったことは否めない。実際に，クラン・ジェティーの歴史的価値が注目され始めたのは，大火や除却といった喪失をきっかけとした。

　これが当事者である住民，もしくは同一民族のなかでのみ共感されたのではないことは，注目に値する。多様な民族集団によって構成される市民団体の果たした役割は大きい。また既存の取り組みのように，建造物をモノとして保存することのみにとどまらず，自然環境や芸術表現の対象として間口が広がったことも注目に値する。

　文化遺産として，クラン・ジェティーを捉える場合，それを守り継承することは易しくはない。一時占有許可にかわる恒久的な維持にむけた制度的裏づけは不可欠だ。また海上の杭上住宅は腐食が早い。

　この意味では，クラン・ジェティーの生活空間を継承することは，制度と技術の両面で，世界遺産に登録された2ヶ所の都市に内在する課題のなかでも，もっとも難易度が高いといえる。

　クラン・ジェティーの生活空間と社会が，都市全体の歴史と接合され，次の

世代に継承されたことは，マレーシアの社会開発のフロンティアとして重要な意味を持つだろう。

5-2 【事例研究】高原避暑地に見る変容と継承
―― ペナン州ペナンヒル　1994～2012年

　ペナン州ジョージタウンの丘陵部に位置する高原避暑地ペナンヒルを中心に，1994年と2012年の間の生活空間の変容を見る。また高原避暑地の形成過程についてマレー半島全体について述べたい。

　ペナンでは1994年の調査を初回として，1995年（10ヶ月間）と2001～03年（2年間）に滞在調査，2012年に調査を実施している。本稿は1994年9月実施の調査と2012年9月に実施した調査をもとに，この間18年間の多民族社会と生活空間の変化を対象に考察を行う[30]。

　ペナンヒルについての開発関連資料の閲覧，住民および識者への聞き取り調査を実施した。また高原避暑地全体の建物配置や街路などの建造物環境と変遷を把握するとともに，避暑地に対する開発規制や維持管理計画を含む動向について把握した。

　本章冒頭で述べたとおり，高原避暑地は植民地の都市の建設過程において，その完成期に開発されている。マレー半島では，民族の住みわけは政策的にはとられなかった。しかし独立以前の高原避暑地は隔てられ，支配と被支配の関係性を表象した。支配の残滓でありながらも，独立後はその冷涼で美しい景観が，民族や社会集団に関係なく余暇空間として受け入れられたのだ。

　マラヤの高原避暑地は，植物分布，熱帯気象など広い分野の関心を集めてきた。ロバート・アイケン（S. Robert Aiken）は，ペナンヒルを含むマレー半島の高原避暑地の形成，社会的背景，生活史について詳細に論述している[31]。ダリル・ローチョ（Darryl Low Choy）は高原避暑地の建設の背景と現在の観光開発について考察している[32]。

5-2-1　マレー半島における高原避暑地の形成

療養地から余暇空間へ

　西洋諸国による植民地の拡大は，その統治において新たな課題に直面した。熱帯では伝染病の対策が必須となった。熱帯植民地での長期の勤務は赴任者とその家族の身体と精神を蝕むと考えられていた。

　このことは彼らの士気のみならず投資家の投資意欲にも影響する。当初とられた対策は，定期的な一時帰国や非熱帯地への転任だった。

　その後，18世紀に入ると熱帯病の研究も進む。マラリヤの場合，蚊を媒介とした感染が原因であることが示される。このなかで，マラリヤ蚊の生息しない標高の高い土地は熱帯病対策のうえで優位であるとわかる。

　こうして高原避暑地の建設計画が始まる。適地選定では地理調査や測地で収集されていた地形，気候，水利，植生などの情報を総動員した。また母都市との距離や避暑地への交通手段も重要な判断材料だった。

　1800年代の後半，避暑地建設の動きはマレー半島でも本格化する。スペンサー（J. E. Spencer）らによると，高原避暑地は1940年にはアジア全体で115ヶ所，マレー半島だけでもペナンヒルを加えて4ヶ所が建設された（図5-6）。[33]

　高原避暑地の開発は，一時にそろって施設が建設されるわけではないので，その完成を明確に示すことはできないが，1800年代前後から始まった。

　ペナンヒルは，マレー半島の高原避暑地のなかでも最初期に建設された。避暑地としての滞在は1800年前後のバンガロー（Bungalow）の建設からだとされる。

　タイピン市郊外のマックスウエル・ヒル（Maxwell Hill）には1884年に最初のバンガローが建築された。1888年にはヒュー・ロー（Hugh Low）がペラ州とパハン州の境界部分の開発を提唱し，その後ウイリアム・キャメロン（William Cameron）がキャメロン・ハイランド（Cameron Highlands）を拓いた。セランゴール州の高原避暑地はトレチャー（W. H. Tracher）が1893年に登頂したブキ・クツ（Bukit Kutu）に築かれた。その後1925年から，スコットランド人のフレー

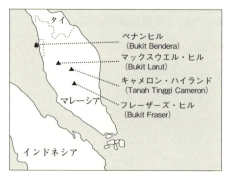

図 5-6　マレー半島の高原避暑地，ペナンヒルの位置図
注記）他に独立以降に建設された高原避暑地がある。括弧内はマレーシア語名称。

ザーズがさらに奥のセランゴールとパハン州の境界部分にフレーザーズ・ヒル（Fraser's Hill）の建設に着手している。

1880年ごろ，英領マラヤは，他の東南アジアの任地と比較して，交通の便がよく気候も穏やかで好評だった。それでも当初のマラヤへの植民地官僚の任期は6年間であった。それが1900年代に入ると3〜4年間まで短縮される。

しかし任期の短縮は，赴任や休暇にかかる運用コスト増をもたらす。また，第一次世界大戦など世界情勢の悪化は，英国の制海力をもってしても赴任や帰任の道中に危険を伴った。これにコストとリスクをかけずに休暇を過ごさせ士気を維持する場が必要になる。こうして高原避暑地が余暇空間として脚光をあびたのだ。

アンソニー・キング（Anthony D. King）は，すでに18世紀後半には高原避暑地の余暇機能が重視され始めたと述べている。[34] 植民地に赴任する官僚からも，母国へのホームシックを癒し渇望感を満たすために高原避暑地での余暇の希望が大きかった。そのために高原避暑地は，その建設や整備にかけるコストを鑑みても充分理に適ったのだ。

しかし，高原避暑地の充実があっても西欧人たちはマラヤを終の棲家とは考えなかった。西欧人が定住者としてマラヤに居住するのは，1935年以降となる。植民地で退職した15人がキャメロン・ハイランドの避暑地住宅に定住したのが初の事例だ。[35]

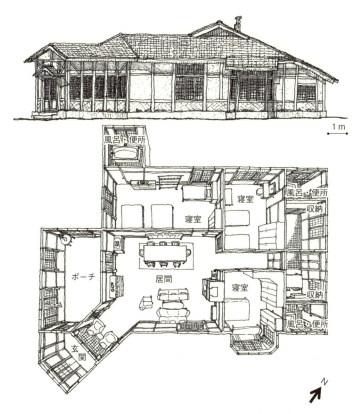

図 5-7 高原避暑地における避暑地建築の例（フレーザーズ・ヒル）
注記）間取り図：1990 年代調査・既刊④掲載図を加筆修正。
　　　同一敷地内にほかに 1 棟付属屋がある。

　避暑地住宅にはバンガローが多く見られる。これはベンガル地方の建築様式を源とする。形態は低層の平土間で，建物の外周の軒が深く，ベランダを持ち，熱帯気候にも適応している。
　この建築様式はマレー半島の高原避暑地にも普及し，住居だけでなくホテルや公共施設にも用いられた。リム・テンイン（Lim Teng Ngiom）は，建築様式としてのバンガローを「ユビキタス」すなわち建築様式として遍在的だと形容している。[36]
　図 5-7 にフレーザーズ・ヒルの避暑地住宅の事例を示した。これは公共事業

第 5 章　周縁──継承されたフロンティア空間　　171

局により建てられ，短期訪問者の宿泊施設として利用されてきた。

　高原避暑地の建設は，住居や公共施設の整備だけではなかった。避暑地全体の景観も重視された。避暑地住宅の庭園づくりも大切だった。庭園には英国から持ち込まれた草花と東南アジア各地の植物が植えられていた。この庭園づくりは，異動する植民地官僚をつうじて他の土地にも伝えられてゆく。赴任者の間で流行し，園芸技術を記した本も刊行される。それは熱帯植物への需要を呼び，ペナンはその集散地としても知られるようになった。

ペナンヒル建設

　1805年にペナンが海峡植民地の管区都市として認定されると，多くの植民地官僚が新たに赴任してきた。その後もジョージタウンの人口は増え続ける。1835年の統計では，ペナンには40,207人が計上されている。このうち16,435人がマレー人，8,751人が中国人，9,208人がインド人，このほかアラブ，シャム，ビルマ，アルメニアン，アチェなどと続く。統計上のヨーロッパ人は790人だった。[37]

　ペナンヒルの建設は1820年代に本格化する。政府はペナンヒルに医療担当者を常駐させ，軍人とその家族の治療・療養地として活用した。療養所は1820年代にペナンヒル山系のスコットランド・ヒル（Scotland Hill）に建てられた。

　これにはジョージタウンの衛生状態の悪化もあった。市街地では時にコレラなどの伝染病が流行した。人口の増加は衛生環境をさらに悪化させた。医療施設の整備も遅れ気味で，医療水準も低かった。このことも西欧人たちをペナンヒルに向かわせた。

　ただペナンヒルの標高は最高峰が830m程度で，山頂部は750m程度だ。マレー半島ではマラリヤ蚊はさらに標高のある山中にも生息することが知られていた。ペナンヒルの標高程度ではマラリヤ蚊の対策は充分ではない。しかしペナンヒルの清涼感や都市の衛生環境の悪化が訪問者をひきつけた。

　しかし1832年，海峡植民地の管区都市がシンガポールに移ると，ペナンの位置づけは低下した。この時期，他のアジアの高原避暑地の建設計画が停止された。それでもペナンヒルはジョージタウンの港から近い避暑地として注目を

集め，開発は続けられた。

　各地でホテルを経営していたアメリカ人のサルキーズ（Sarkies）兄弟によってクラッグ（Crag）ホテルが1890年代に開業する。このホテルの開業でペナンヒルはさらに注目を集めた。また島の北海岸のバツ・フリンギ（Batu Ferringhi）に海浜リゾートができる。ペナンは山も海もある余暇都市としても注目されるようになった。

　しかし，ペナンヒルの利用者数には一定の許容量があった。その最大の制約が交通手段だった。避暑地の建設では大量の資材を運ばねばならない。完成後も生活物資の搬入と利用者のための交通手段が必要だ。当初は人力にたよったがコストも時間もかかる。

　これが鋼索鉄道の建設で様変わりする。1890年代に英国人技師によって馬力牽引による鉄道建設が計画されるが頓挫する。その後，1923年にペナンヒル鋼索鉄道（Penang Hill Railway）が開通する。この鋼索鉄道は中間駅（Middle Station）で乗り換えが必要だった。2本の上下線が中間駅で結ばれる交走式線路で構成され，そこを木造の客車が走った。[38]

　これにより一気にペナンヒルへの訪問者が増加する。鋼索鉄道の開通後の1920年後半には別荘の建築ブームが起きる。鋼索鉄道が開通して，訪問客や建築資材の搬送が容易になったことが大きい。

　図5-8にペナンヒルの建物などの配置を示した。1929年には警官駐在所が歴代の統治者（Governor）の邸宅のベル・レティーロ（Bel Retiro）の門の正面に建築された。郵便局もまもなく建設され，水道ポンプ場，公共事業省の出張所も建設された。これらの建つ山頂部が鋼索鉄道の駅とも近接し，ペナンヒルの中心地となる。

　高原避暑地は，英国のカントリーサイドの風景がうつしとられた。ペナンヒルの山稜の等高線に沿って道路が設けられた。道路は緩やかにカーブし山肌を乱暴に削ることはなかった。丁寧に築かれた沿道の石垣は高原の風景に調和している。

　ここに，避暑地住宅が建設されてゆく。土地は完全所有としては分譲されなかった。公共施設を除きリースホールド（時限付土地借地権）を条件に建物が建築される。当初より多数の建物の建設は計画されなかった。

避暑地住宅の敷地は地形的に眺望に優れる尾根筋の土地が好まれた。避暑地住宅はペナンヒル東稜に建設された。東稜は眼下にジョージタウンの市街地と港が広がる。そして水道をはさみマレー半島本土を遠望する。道路を歩く人からの視線を，植栽や塀で適度にさえぎりつつ，その存在を誇るように避暑地住宅が建てられてゆく。

住みわけられた避暑地空間

こうして冷涼で眺望のよい避暑地が建設されたが，その空間はすべての人に開かれた場ではなかった。高原避暑地は住みわけされていた。

スペンサーらは「避暑地に行くということは，経済状態や雇用形態上で余裕を有したほとんどの西欧人にとっては年中行事だった」と描写する。[39] 西欧人でも一定の余裕を有する選ばれた者や現地の富裕者に限られた。さらに行政や軍に就く者が優先された。

ペナンヒルでは，鋼索鉄道の山頂駅より下のバイダクト（Viaduct）駅以上の標高には，西欧人以外は居住できなかった。唯一の非西欧人としては当時のジョージタウン市議員のクー・シャンイー（Khoo Sian Ewe）らに限られた。またペナンヒルのみならず多くの避暑地では，頂上部の不動産を西欧人以外に売却貸与することを禁じていた。

標高に表れる権威の強弱はペナンヒル内の建物配置にも表れた。標高のもっとも高い地点の頂には，統治者の邸宅ベル・レティーロが建つ。ここからは港を出入りする艦船を遠望でき，港や要塞とは信号旗で通信した。ペナンヒルは，ブキ・ベンデラ（Bukit Bendera），すなわち旗竿の丘とも呼ばれた。

もっとも，避暑地での生活は膨大な数の労働者で成り立った。中国系の使用人を雇い，茶や蔬菜の栽培にあたらせる。ポーター，御者，仕立て，コック，乳母，洗濯，庭師も必要だ。また膨大な量の生活物資も必要だ。物資の運搬はマレー系やインド系の苦力（クーリー）に担わせた。

しかし，使用人らは職場である邸宅の周辺に住むことは許されなかった。西欧人は現地人との接触を恐れていたからだ。伝染病に罹患することを恐れたこともあるが，支配者としてふさわしくないと考えたのだ。

植民地支配の過程では居住地の住みわけは広く取り入れられた。熱帯病の伝

染を予防するためには，隔離が有効とされたからだ。

資産の継承と余暇空間化

　1957年の独立は，高原避暑地にとっても転機となった。植民地時代に築かれた避暑地空間は支配のあだ花と見なされる可能性もあった。

　しかしペナンヒルの財産は中国系などの富裕な人々に引き継がれていった。独立後に起きた通貨暴落を受け，中国系は残された英国資本を手に入れてゆく。そして政治的に地位を守られたマレー系のスルタンやガバナーも別荘を手に入れる。ベル・レティーロもペナンのガバナーの邸宅となる。

　植民地支配の権力を表象した避暑地空間は，独立を経て新たな優越性と権威を表す。そして避暑地空間や生活様式は市民にもある種のあこがれとして受容されてゆく。中国系などの富裕層は英国への渡航や留学をつうじて避暑地での生活様式に親しみがあったこともあるだろう。

　一方，独立以降の「国民文化政策」に影響され，高原避暑地の名前は改められた。図5-6に示したとおり，たとえばマックスウエル・ヒル（Maxwell Hill）は独立以降にブキ・ラルート（Bukit Larut）と改められる。

　マラヤに限らず，高原避暑地は東洋人には居住地としては好まれなかった。利水も耕作も容易ではないからだ。ただし，市街地に住む現地住民にペナンヒルが意識されていなかったわけではない。ペナンヒルは宗教的な象徴性を有する。中国系にとって，ペナンヒルは風水上で理想的な環境だ。この風水的な適地性から，ペナンヒルの山麓には中国系の寺院や墓所が多数設けられた。ジョージタウンで行われるインド系の祭礼でも聖体は最終的にペナンヒルの山麓の寺院に向かう。独立以降，ペナンヒルの最高峰でベル・レティーロの近隣には，モスクとヒンズー寺院が設けられている。ペナンヒルは山体そのものがさまざまな宗教集団それぞれに意味を持つ聖域として機能している。しかもそれらは，相互に干渉したり摩擦を生じたりすることなく並存している。

　これに加えて，良好な眺望や冷涼さは現地住民の間にも受け入れられる。これが，のちに観光資源として捉えられるようになるのだ。

5-2-2　ペナンヒルに見る開発と生活空間の過去 18 年間における変化

避暑地としてのペナンヒル

　図 5-8 にペナンヒルの建物などの配置とともに，1994 年から 2012 年の間の変化を示した。ペナンヒルの頂上部分には，等高線にそって 5 本の道路がある。

　1994 年の調査時点では，これに沿って 40 軒あまりの避暑地住宅が散在していた。そのうち 30 軒は中国系に所有され，残りは市政府の所有と宗教団体に所有されていた。このうちの 3 軒は市民団体が所有していた。

　居宅として利用されている避暑地住宅の所有者は，ほとんどがペナンに在住する中国系だ。多くが市街地に生活の本拠となる住宅を所有するが，ペナンヒルを本拠とする世帯も少なくはない。別荘として利用する所有者は，シンガポールやクアラルンプール在住者も含まれる。

　市民団体や宗教団体所有の避暑地住宅は，各種の研修の場として活用されている。独立以前からインド系の使用人や公共事業省の職員が住んでいた簡易宿舎は現在でも当時のまま利用され，インド系の世帯で占められた。

　中国系は高原避暑地での商業や流通でも優勢だ。交通，商品の卸売り，小売店舗，蔬菜栽培の業種を占めていた。それでも，鋼索鉄道駅の近くにはミュニシパルの設置した商店街があり，ここではマレー系に一定の戸数の店舗が割り当てられていた。

　ペナンヒルは避暑地としての機能以外に，独立以前から現在にいたるまでジョージタウンの水源保全地に指定されている。1960 年に定められた土地保全法（Land Conservation Act）により開発行為は制限されてきた。

　一方，ペナンヒルの山腹は冷涼なため蔬菜栽培に適している。そのため無許可で森林が伐採され耕作が行われてきた。また，近年の山麓部の住宅団地開発でも森林が伐採された。これによりペナンヒルの保水力が低下し，ジョージタウンの市街地中心部を流れるペナン川（Sungai Pinang）流域などの低地では，住宅の浸水被害が毎年のように起きている。[40]

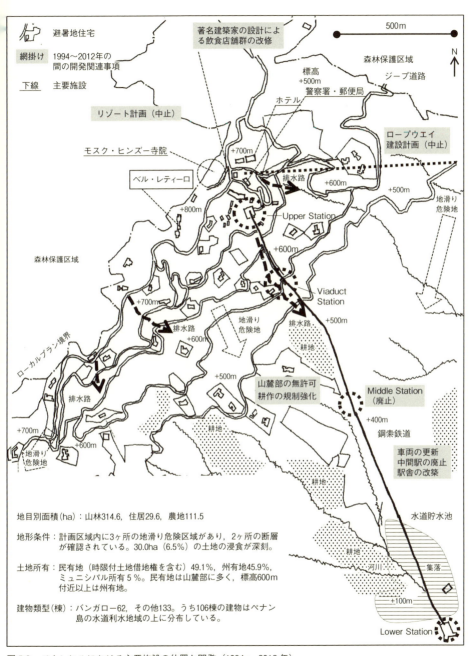

図 5-8 ペナンヒルにおける主要施設の位置と開発（1994～2012年）
注記）ペナン島ミュニシパル「ローカルプラン」より。

高原避暑地開発をめぐるポリティクス

　ペナンヒルでは，その観光開発計画をめぐり論争が起きた。

　ペナンでは1980年代からペナンヒルでの観光地開発の検討が進められていた。州は観光地の整備充実を急いでいた。ペナンではすでに自由貿易地区（FTZ）が開かれ，次々に工場が進出している。

　しかし，製造業に過度に依存する体制では景況によっては地元経済への打撃が大きい。経済開発の多角化の一環としてペナンヒルは重要な観光資源と見なされた。またペナン島の北方のケダ州にあるランカウィ（Langkawi）島は1987年に免税地区となった。ケダ州はマハティール元首相の出身地でもあり，ランカウィ島は先の免税措置もあり，観光開発が目覚ましかった。その意味で，同じ海浜リゾートを売りにするペナンの観光産業は相対的な地位の低下が懸念された。

　ペナンヒルでの観光開発計画が動き始めたのは1989年のことだ。当時の州知事リム・チョンユー（Lim Chong Eu）は同国最大手の開発会社の幹部をまねきペナンの観光開発について議論した。リム・チョンユーは自由貿易地区やペナンブリッジの建設を主導し「近代ペナンの建築者」とも呼ばれ，市民に愛された。先のクラン・ジェティーに迫る高速道路にも彼の名がつけられている。またリムはゲラカン（人民運動党）の創設代表でもある。

　開発会社幹部の回想によると，席上，リムはこの幹部と州幹部に対してペナンヒルの観光開発への意欲を示したという。[41]これを受け同社は計画策定チームを組織し，1990年9月に開発申請を州政府に提出した。この計画はペナンヒルの350haに及んだ。ロープウェイ，テーマパーク，ホテル，ショッピングセンター，ゴルフコースが含まれる巨大開発だ。

　国内には独立後，建設された高原避暑地ゲンティン・ハイランド（Genting Highlands）がある。ここには国内で唯一の公認のカジノがあり，大規模ホテルが建つ。ペナンヒル開発計画ではゲンティン・ハイランドの盛況が意識されていたという。

　提出されたペナンヒル開発計画に，連邦政府環境局は環境品質法（Environmental Quality Act）における環境アセスメント令（Environmental Impact Assessment Order）にのっとった審査を行う。この環境アセスメント令は1988年に施行さ

れたばかりだった。同国ではこれまでも環境アセスメントのあり方が注目を集めてきた。アミール・ファウジ（M. Amir Fawzi）は同国の環境アセスメントは行政主導になりがちなことと，政治情勢に左右されやすいことを指摘していた。[42]

　ところが環境アセスメントの結果，開発計画は却下となる。

　それでも1991年5月，開発会社は開発規模を縮小し，2度目の環境アセスメント書を提出。しかし連邦政府環境局は再度計画を却下し，1992年1月には正式に州政府が開発計画を却下している。[43]

　この開発計画への市民の反響は大きかった。開発計画に対して10を超す市民団体が共同で開発阻止を訴えた。ペナンには同国でも先進的な活動を続ける消費者団体や環境保護団体がある。これらは非政府組織であるが，団体設立の経緯などで少なからず政治性や優勢な民族集団がある。このこともあり従前は大規模な協調はなかった。それがペナンヒル開発を阻止するという呼びかけに対して市民5万人の署名が集められた。1991年時点でペナン島の人口は52万人である。この5万人という規模が大きいと見るかは意見がわかれる。それでも，同国の政治的環境下にあって，市民が開発計画へ意見表出を行ったことは意味深い。

　この開発計画の却下についてアジザン・マズキ（Azizan Marzuki）は，環境アセスメントを評価するとともに，市民団体の連携により開発が差し止められた先進事例と見る。[44] そしてこれは民族を超えた相互扶助の好例であるとも捉えている。

　一方で，この開発差し止めには政治的情勢も作用したと評された。この開発計画策定と環境アセスメントの審査の間に，知事リム・チョンユーは，1990年総選挙の惨敗を受け知事の座を降りる。こののち同じゲラカン（人民運動党）のコー・ツークン（Koh Tsu Koon）が後継の州知事となった。

　開発会社幹部は「この選挙結果でペナンヒル開発計画が覆った」と悔恨する。そして，同社は「州の新政権から『遠ざけられた』ことでペナン州では18年間にわたって投資機会を失った」と回想している。[45] 実際にコー・ツークンは2008年の与野党逆転まで18年間にわたりペナン州知事をつとめた。開発会社の幹部は，環境アセスメントに1990年の選挙結果が作用したと暗に示唆して

第5章　周縁──継承されたフロンティア空間　　179

いるのだ。

　これに対して非政府組織であるペナン消費者協会（Penang Consumers' Association）は，開発差し止めは住民署名のとおり多くの民意の反映であり，環境アセスメントは公正に行われたと総括している[46]。

　もっとも，識者のなかには，この開発計画自体が実現可能ではなかったと見る者もいる。開発予定地の地権者や耕作権者との個別交渉が開発の前提になる。この識者は「権利関係が複雑で用地買収は容易ではない。思惑どおりの大規模開発はそもそも容易ではなかった」と見る。そのうえで「大規模開発計画を打ち上げることで，開発に付随して発生する山麓部の不動産の売却益を期待したのではないか」と推測するのだ。

　のちに開発会社の幹部は「国内の他の観光地開発が進むなか，ペナンヒルの開発は遅れたままだった。限られた富裕な人たちの利益が優先され，開発が停滞していた。当時の知事のペナンヒル開発構想が，最終的にペナンの人々の利益になったはずだ」と悔やんでいる[47]。

　この幹部は，植民地支配下の社会を知る世代だ。ただし，この開発計画への反対運動ではペナンヒルを「限られた富裕な人たち」のみの場と捉える世論はなかった。

環境保全の象徴として

　一連の論争を受け，ペナン州政府とミュニシパルはペナンヒルの保全を含めた開発規制が欠かせないと捉えた。1992年の開発計画の却下から，総合的な開発規制策の策定が始まった。1994年から，都市地方計画法に基づき，ペナン島ミュニシパルはペナンヒルにおける土地利用計画を定めたブキ・ベンデラ・ローカルプラン（Bukit Bendera Local Plan）を策定している。これが一定の大規模開発への歯止めとなった。

　1998年には州政府により，ペナンヒルにおける「生態的および環境的に重要な地区」でのすべての開発を凍結することが定められた。土砂災害の監視などを実施する技術委員会も発足している。こうしてペナンヒルは開発を抑制し，自然環境を保全する対象として捉えられたのである。

　それでもペナンヒルの自然環境の保全は盤石ではない。

州政府は2008年以降，標高76mを超える土地には開発許可を与えていない。しかし逆に標高76m以下の山麓の土地に開発が集中するようになった。ペナンの不動産価格の上昇が続くこともあり，投機を見込んだ開発が止まることはない。また州政権の与野党逆転のため開発方針が一貫しないとの批判もある。

　従前は建設コストが嵩むことから開発対象とはならなかった急傾斜地や谷間でも造成されるようになった。むろん，これらの開発行為は当局の建築許可を得たうえで着工されている。しかし適法とはいえ，大規模な地形の改変が周囲の環境や地盤に影響を与えかねないとの市民の懸念は高まる。

　1993年にクアラルンプール郊外の丘陵地の造成に関連して，隣接地の高層住宅が突然崩壊し約50人が死亡した事故の事例もある。また地盤面の高さが76mであっても，この地盤上に高層の住宅が建てられる。風光明媚さを誇るペナンの景観への影響は大きい。

　2011年にはペナンヒルのより広い範囲を対象にした特別地区計画（Special Area Plan）の策定を始めている。ここでは2020年までの土地利用が定められる予定だ。この特別地区計画ではペナンヒルの頂上から山麓にいたる広い範囲を対象にしている[48]。とくにペナンヒルの南斜面は土壌浸食が深刻であると指摘されているため対策が急がれている。北山麓部はバツ・フリンギの海浜リゾート地に迫る。市民団体は州政府に丘陵部と合わせて山麓や海岸部へも総合的な開発規制をしくように要請している[49]。

　このなかでも，環境アセスメント令による審査は重要な役割を果たすと期待されている。ただし，これは小規模開発には適用されないこと，またアセスメントに対応する専門家が不足していること，住民の意見が反映されにくいことが指摘されている[51]。

開発のありかたをめぐって

　こうしてペナンヒルは守られた。一方で2012年時点でも，その開発のありかたをめぐり課題は少なくない。過去20年間のペナンヒルでの最大の変化は鋼索鉄道の改修だ。1923年の開通から改修が続けられてきたが，中間駅での乗り換えが必要で定員も限られていた。

　これを2010年からの大規模改修により中間駅を廃止し，車両も大型化した。

これにより訪問客の数は急増した。大規模改修に入る 2010 年以前は，年間訪問客数は約 50 万人だった。これが 2011 年の再開通後では，2012 年に 120 万人に達している。利便性の向上をねらい，麓の山麓駅では大規模駐車場の建設も始まった。

これは鋼索鉄道が開通した 1920 年代前半と同じ構図だ。交通の利便性と容量が向上し，頂上での建設ブームが起きる。今回の鋼索鉄道の大規模改修では，観光客の増加を見込み，山頂駅周辺の施設整備も行われた。著名建築家による飲食店舗や観光案内所も設置されている。

ただし観光客の増加はペナンヒルの自然環境への負荷となる。ブキ・ベンデラ・ローカルプランの対象範囲内に 3 ヶ所の地滑り危険区域があり，2 ヶ所の断層が確認されている。また 30ha（6.5％）の土地の浸食は深刻だ。

下水道の整備も途上で，施設や住宅からは排水が放流されている。下水道や処理プラントの設置が検討されているが，地形条件から技術的に容易でない。このうち 106 棟の建物が利水地域の上に分布していることから，ジョージタウンの水源汚染も懸念されている。

ペナンヒルは，各種の環境保全や開発規制を受けて，守られることになった。しかし法や開発ガイドラインに適合して進められる開発の影響は，依然として未知数だ。

5-2-3　小結 ── 避暑地を継承すること

高原避暑地は，最初期は療養空間として，のちには冷涼さから余暇空間として受け入れられるようになる。植民地開発における都市の完成期に現れ，新しい生活様式が生成されたフロンティアだった。

高原避暑地は標高によって住みわけられた。支配者と被支配者の関係を高度で表象した。ただし，避暑地建設は資産の形成の過程でもあった。独立以降も，空間的にも記憶のうえでも，植民地支配の残滓として破壊や抹消の対象とならなかった。

独立後は，在地の富裕者たちに引き継がれた。高原避暑地の生活様式は洗練

されたものとして国民の関心を集めた。それは日常的な消費の対象としてファッション，インテリアなどに表れている。冷涼な高原に花開いた避暑地文化は，民族に関係なく，広く国民生活に浸透していった。

独立以降から現在にいたるまで高原避暑地が大きな変化を経ることなく「残存」した要因は，時限付土地借地権により土地の収用が容易でなかったこと，公有地が多く，ペナン島の水源地として保全されたことが大きい。また多様な民族集団からペナンヒルが神聖視されたことも作用した。

1990年代前半の一連の大規模な観光開発計画は，民族や社会階層を超え広い関心を呼んだ。同時期の政治的情勢の作用を鑑みても同国での環境保全の先進事例として捉えられる。一方で，最近の著しい国土開発の進展に伴う自然環境の喪失により，環境保護に対する意識が高まったのも影響した。

高原避暑地の有様はこの社会の転換においても少なからず影響を及ぼしたといえる。またこの動きを，民族集団の権益を超えて協調して成し遂げたことは，今後の同国の開発のありかたにも影響を及ぼすであろう。

周縁性とフロンティア性が重層するクラン・ジェティーと高原避暑地ペナンヒルは，図らずも継承されることになった。

ここに見る変貌は空間的な変化を伴うものではなかった。それは，むしろ社会で共有されている価値の転換として表れたのではないか。これまでは，都市開発にいずれは呑み込まれる，単なる周縁と捉えられてきた。この空間に，文化や自然環境として継承する価値を市民が共有したのだ。

ただし，これには一定の留意が必要だろう。とりわけ現行の環境保護に関する法体系は連邦政府の定めによるものが優勢である。一方で，土地や開発に関する各種規制は，州政府のもとにある。ヘズリ（A. A. Hezri）らの指摘にあるように，持続可能な保全と開発を実現するには，各種の政策の連携と総合化が不可欠だ[53]。

ペナンヒルで見たように，近年の観光客誘致による自然環境への負荷は年々大きくなる一方だ。これはペナンヒルだけの課題ではない。同国の高原避暑地の多くでは，高まる余暇需要を前に，急ピッチで丘を切り開き，新しい観光施設が造営されている。

自然環境保全や開発規制による高原避暑地を継承する制度は整えられた。し

かし加熱する観光ブームのもと適法とはいえ，その姿を変えた別の開発の影が見え隠れするのだ。

注
1 （調査①）各種統計・報告書の閲覧，住民および識者への聞き取り。（調査②-1）住戸占有状況の把握（居宅，業種，空き家・工事中，放棄），居住者属性。（調査②-2）周辺地区を含む土地利用状況の変化の把握。
2 Chan Lean Heng, 2002, Rediscovering Historic Communal Sites and Commemorating their Histories, The Case of the Clan Jetties, *The Penang Story International Conference*.
3 Florence Graezer Bideau, Mondher Kilani, 2009, Chinese Clan Jetties of Penang: How Margins are Becoming Part of a World Cultural Heritage, *Chinese Southern Diaspora Studies*, 3, pp. 143-166.
4 Su Nin Khoo, 1993, *Streets of George Town Penang*, Janus Print, p. 46.
5 Goh Ban Lee, 1991, *Urban Planning in Malaysia*, Tempo, pp. 55-59.
6 濱下武志，2006「華僑・華人史研究をめぐる東南アジアと東アジアの連続と断絶」東南アジア研究43-4（2006年3月），338頁。
7 Ong Seng Huat, 2002, Koay Jetty, The Social Evolution of the Hui People in Penang, *Colloquium on Penang's Historical Minorities*.
8 Florence Graezer Bideau, Mondher Kilani, 2009, op. cit., p. 143.
9 ウェルド・キー（Weld Quay）は1880年代に海峡植民地の提督であったフレドリック・ウェルドの名からとられている。ジョージタウンの港湾道路および交通の要衝として機能してきた。
10 Chan Lean Heng, 2002, op. cit., p. 14.
11 Ibid., pp. 14-15.
12 *The New Straits Times*, "Land reclamation: The only answer for Penang," 1988. 6. 29.
13 Tun Dr. Lim Chong Eu Highway。元州知事リム・チョンユーの名を冠する。
14 独立以降は各州の土地登記条例に定められていたが，1965年以降は国土土地登記法（National Land Code）に定められる。
15 一時占有許可（TOL：Temporary Occupation License）は採鉱や植林などにも適用。近年では鉱山開発の操業差し止めを求めたTOLの許可取り下げ訴訟もある。

16　Ong Seng Huat, 2002, op. cit.
17　Chan Ngai Weng, 2011, Challenges in Developing Clan Jetties as Heritage Attractions for Conservation and Tourism in Penang, Malaysia, *Malaysian Journal of Environmental Management*, 12-1, p. 117.
18　Penang Institute, 2016, The Clan Jetties Research Project 2015, *Penang Monthly*, 2016. 7.
19　*The Star*, "Colourful display of religious fervour on deity's birthday," 2011. 4. 25.
20　State Government of Penang, 2001, Draft Document, Dossier for UNESCO World Heritage Site - George Town, Penang.
21　Chan Ngai Weng, 2011, op. cit., pp. 117-118.
22　*The Star*, 2013. 5. 25.
23　Florence Graezer Bideau, Mondher Kilani, 2009, op. cit., p. 145.
24　Chan Lean Heng, 2002, op. cit., p. 5.
25　Harold Crouch, 1996, op. cit., pp. 166-167.
26　Chan Lean Heng, 2002, op. cit., p. 19.
27　Rick Atkinson, 2004, George Town: The Koay and Peng Aun Jetties, a Proposal for an International Centre of Ecological and Cultural Heritage.
28　*The Star*, "Have Camera, Will Rescue," 2007. 9. 2.
29　Ong Boon Keong, 2007, *Bo Lang Chai*, Freedom Film Fest 2007.
30　（調査①）開発関連資料の閲覧，識者への聞き取り。（調査②-1）住戸占有状況の把握（居宅，業種，空き家・工事中，放棄），居住者属性。（調査②-2）高原避暑地の基盤の整備状況，土地利用状況の把握。
31　S. Robert Aiken, 1994, *Imperial Belvederes: The Hill Stations of Malaya*, (*Images of Asia*), Oxford University Press.
32　Darryl Low Choy, 1997, The Influence of Colonial Hill Station Culture on the Australian Metropolitan Region, *Proceedings on Asian Planning Schools Association*.
33　J. E. Spencer, W. L. Thomas, 1948, The Hill Stations and Summer Resorts of the Orient, *Geographical Review, American Geographical Society*, 38-4, pp. 640-650.
34　Anthony D. King, 1976, *Colonial Urban Development: Culture, Social Power and Environment*, Routledge, pp. 165-166.
35　John G. Butcher, 1979, *The British in Malaya, 1880-1941: The Social History of a European Community in Colonial South-east Asia*, Oxford University Press, p. 166.
36　Lim Teng Ngiom, 1998, Hill Stations, Chen Voon Fee (ed.), *Architecture: The*

Encyclopedia of Malaysia 5, Archipelago Press, pp. 76-77.
37 Sarnia Hayes Hoyt, 1991, *Old Penang*, (*Images of Asia*), Oxford University Press, pp. 36-38.
38 Ric Francis, Colin Ganley, 2006, *Penang Trams, Trolley Buses & Railways, Municipal Transport History 1880s-1963*, ARECA Books, pp. 78-80.
39 J. E. Spencer, W. L. Thomas, 1948, op. cit., p. 637.
40 Wan Ruslan Ismail, 1997, The Impact of Hill Land Clearance and Urbanization on Runoff and Sediment Yield of Small Catchments in Pulau Pinang, Malaysia, *Human Impact on Erosion and Sedimentation, IAHS*, 245, p. 91.
41 *The Sun*, "Why Penang Hill Development was not realized," 2011. 8. 24.
42 M. Amir Fawzi, 1993, *Environmental Assessment in the Development Process: The Malaysian Experience*, Doctoral Dissertation, University of East Anglia, pp. 1.11-1.12.
43 *The Star*, "DOE rejects developer's environment impact report, Penang Hill Project Shelved," 1992. 3. 29.
44 Azizan Marzuki, 2009, A Review on Public Participation in Environmental Impact Assessment in Malaysia, *Theoretical and Empirical Researches in Urban Management*, 3-12, p. 131.
45 *The Star*, op. cit., 2011. 8. 24.
46 *Penang Consumers' Association*, "Press Statement: Penang Hill Project, The True Story," 2011. 8. 25.
47 *The Star*, op. cit., 2011. 8. 24.
48 *The Star*, "Zoning for Penang Hill in the works," 2011. 3. 26.
49 *The Star*, "Uphill battle for residents," 2012. 7. 1.
50 *The Star*, "Penang CM defends hill projects," 2012. 6. 8.
51 Azizan Marzuki, 2009, op. cit., p. 126.
52 Penang Institute, 2015, Statistics: Penang Hill at a glance, *Penang Monthly*, 2015. 12.
53 A. A. Hezri, S. R. Dovers, 2012, Shifting the Policy Goal from Environment to Sustainable Development, Hal Hill, Tham Siew Yean, Ragayah Haji Mat Zin (eds.), *Malaysia's Development Challenges: Graduating from the Middle*, Routledge, pp. 276-295.

第6章
郊　外 ── 落日の郊外団地と膨張する首都圏

　この章では都市郊外の1990年代から2010年代にいたる約20年間の変化を捉えたい。これを通じて郊外の生活空間と多民族社会の変貌を見たい。

　第2章で見たとおり，同国は著しい人口増加と都市化の過程にある。それでも第4章の「都心」に見たように，中心市街地では大規模な開発は起きなかった。この間，都市人口の増加を受け止めたのが1970年代から開発が本格化する郊外の住宅団地だ。国民所得の向上と旺盛な住宅購買への需要もあって，年々，大規模化している。

　また社会の郊外化は国民の生活様式にも影響した。大規模小売店舗の普及とモータリゼーションの到来だ。郊外開発そのものが，不動産，建設，小売業など広い産業分野の成長の原動力となっている。

　住宅団地開発は民族融和と経済格差の是正の一翼を担ってきた。地方から都市に流入するマレー系人口を受け止めたのは，郊外の住宅団地だった。NEP（新経済政策）では，ブミプトラの住宅購入者に対して各種の優遇策がとられた。その一方で住宅団地でも政策的に民族の混住は誘導されなかった。それでも販売時のブミプトラへの優遇策は間接的に，住宅団地の多民族の混住化を促すきっかけとなった。

　ただし急激に進む郊外化が社会全体にもたらす影響は少なくない。第2章に見たように同国では公共交通機関の整備が進められているが，増加

図 6-1　ジョホール州 SS 団地，クアラルンプール首都圏の位置図

する自動車交通の渋滞は深刻化した。急速な郊外の造成で，森林伐採による保水力が低下している。都市圏での水害や土砂災害も深刻化している。環境がよく安寧なはずだった郊外生活でも，住民は治安の悪化に不安を募らせている。

2010 年にいたって，生活空間としての郊外はすでに 50 年の時間を経ようとしている。時間の経過に伴って，かつては新しく輝いていた郊外は変貌しつつある。

事例研究 6-1 の，ジョホール州 SS 団地（仮名）（図 6-1）は，同国でも最も人口増加の著しいジョホールバル都市圏の郊外に位置する。

SS 団地は 1970 年代中期に竣工した比較的に古い住宅団地だ。首都クアラルンプールと州都のジョホールバルを結ぶ幹線道路沿いにある。SS 団地は，マレー半島のどこにでもある，取り立てて特徴のない，ふつうの住宅団地だ。1993 年当時は学校や商業施設がひととおり揃う人気の住宅団地だった。

しかし 2010 年代にいたって SS 団地では，供給開始からすでに 40 年余りの時間が経過している。住戸の老朽化と近隣空間のいたみが目立つ。同じ地域には新しい大規模団地が次々に造成されている。それらと比べても SS 団地に不動産としての魅力が低いことは否めない。

1993 年に SS 団地で調査を行ったとき，同国の識者は「君が訪ねている SS 団地は今のところは新しい。でもすぐに古くなり問題を抱えるようになる」と予言していた。およそ 20 年が経過した 2012 年，SS 団地は一見して平穏だった。それでも，この識者の言のとおり，SS 団地の住戸は老朽化し，空き家が増えた。

外国人労働者の宿舎として用いられるものもある。荒廃した街路が団地の各所に点在する。

　SS団地もほかの団地と同じく，団地全体は多民族で構成されている。しかし1990年代でも，すでに転売により，街区ごとに緩やかに住みわけられていた。2010年にいたって民族の住みわけはさらに進行しているようだった。

　国民生活の拠点が郊外の住宅団地に移るなか，およそ20年の時を経たSS団地とその生活空間では何が起きているのだろうか。

　事例研究6-2の，首都クアラルンプールとその郊外では，1950年代からプトリンジャヤが建設された。その後，1980年代からはさらに西方の郊外にシャーアラムが建設されている。いずれの都市の建設も大事業だった。

　これらは首都圏に人口を受け入れる居住地としての機能に加えて，それぞれの建設した時代において「マレーシア」を表象する役割を担った。首都圏の都市景観は，国家を表象する建築様式で彩られることになる。そして，それには社会の発展観が明確に映し出すとともに，英国による植民地支配の歴史の残像を振り切るかのようだ。

　2000年代に入ってから建設が加速した新行政首都プトラジャヤ（図6-1）は「ガーデンシティー」を旗印に造成された。この巨大開発はマハティール政権下で打ち出された。あまりの巨大さに1990年代はその実現性を懐疑的に捉える論調もあった。今や次々に省庁が移転し，グローバル化と情報産業の振興ともリンクしつつ，都市基盤が整備され着々と完成に向かってゆく。

　ここの都市景観を彩ったのは中東イスラーム諸国を由来とする建築意匠だった。なぜ，ここでこの都市景観が選ばれたのだろう。

　そして同国は，クアラルンプールと新行政首都のプトラジャヤの二つの首都を有することとなった。なぜ，マレーシアは二つめの首都を必要とし，これを建設するにいたったのか。膨張をさらに加速する郊外は，この先どのように変貌しつつ，首都圏の多民族社会を受け止めてゆくのだろうか。

6-1 【事例研究】落日の郊外団地における多民族社会
―― ジョホール州 SS 団地　1993 ～ 2012 年

　ジョホール州ジョホールバル郊外の，ある住宅団地 SS 団地を対象に，1993年6月と2012年3月の間の生活空間の変化を見る。ジョホールバルのSS団地では，1992年の調査を初回として，1993年と，数次の訪問調査を実施している。本稿では1993年6月の調査と，2012年3月に実施した調査[1]をもとに19年間の変化を見たい。

　調査では，同国の住宅政策の展開を捉えた後，この間の州とジョホールバル都市圏の地域と郊外開発の状況を各種統計で把握した。そのうえでSS団地を捉えたい。SS団地では，近隣空間の利用状況や，住戸の占有者の信仰する宗教を通じて民族属性を把握した。

6-1-1　郊外と団地開発の動向

民族関係と団地開発

　第2章に見たとおり，独立後の民族融和と格差是正はマレーシア社会にとって最重要課題であり，また都市部でのスラムやスクォッターの解消も急がれた。

　住宅政策はこれらの課題解決の一翼を担った。1966年からの第一次マレーシア計画では，急速な都市化に対応して低所得者層への住宅供給が急務となった。都市部での不法占拠地や劣悪居住地も拡大していた。

　1971年からのNEP（新経済政策）では，国民統合と経済格差の是正を謳ったマレー優先政策（ブミプトラ政策）がすすめられた。この政策は住宅分野にも及んだ。団地開発ではブミプトラに対して，一定の戸数の割り当てや価格の減免が行われた。これに促され，地方部で優勢なマレー系が，中国系が優勢な都市へ流入した。

　団地開発では計画から供給までの過程で，州の定める開発ガイドラインに従

うことが求められている。開発ガイドラインには規模や立地に応じて公共施設の設置が定められる。これを受けて事業者が，画一的な住戸を大量に一時期に供給し分譲する。団地開発では仕様の異なる高・中・低からなる概ね3種のコスト階層別の住戸を一定の割合で供給することが定められている。SS団地でも3種のコスト階層別の住戸が見られ，それぞれに住戸面積や仕様が異なる。

　政府は，1982年に低コスト住宅の供給価格の上限を2.5万リンギ，開発戸数全体の30％を占めるよう定め，あわせて最低基準となる住宅の面積や仕様などを指導していた。1998年以降は，土地政策を所轄する州政府が地域事情に応じて具体化している。連邦政府は2002年に，開発予定地の地価と立地や供給対象の収入階層を盛り込みつつ供給価格を定める方法を提示している。これによると，都心の4.2万リンギから農村の2.5万リンギまで4階層を新たに定め，面積や住宅の仕様などを全体的に格上げしている。[2]

　2008年当時，ジョホール州では，約2ha以上の団地開発では低コスト住宅を40％供給するように定めている。州政府は，低コスト住宅の対象として月収2,500リンギ以下の世帯を想定し，販売価格は2.5万リンギを上限に定める。高地価のジョホールバル・ディストリクトでは低コスト住宅の住戸割合を30％に緩和し，別途10％を価格帯のやや高い低–中コスト住宅の供給に当てるよう定める。販売価格の上限も緩和して5万リンギに定めている。このように，従前の国が定める住宅供給方針は地域の事情に応じた形態に多様化している。

　ただし開発業者にとって，低コスト住宅の供給の義務づけは，営業利潤を圧迫することになる。通常，団地開発では中・高コスト住宅の販売で得られる利潤を，低コスト住宅供給に割り当てる内部補助（cross subsidy）が行われている。しかし民間の開発業者にとっては，低コスト住宅の建設は収益上の利潤は小さい。近年の建材物価や労働賃金の上昇など，情勢の変化もある。

　これが，低コスト住宅を中心とした低収益の物件が開発途上で放棄される「放棄住宅」発生の要因となる。しばしば開発業者の計画倒産さえ噂されるが，購入者には大きな痛手となる。これに対して，州政府が開発認可手続きの段階で開発業者の経営体力の審査を厳格化したが，抜本的な改善にいたっていない。

　ブミプトラへの優遇策の効果にも疑問が投げかけられている。ジョホールバル・ディストリクトでは1998年から2003年までの間にブミプトラには3万

1,356戸が割り当てられている。しかし，アリフィアン・バンジャン（A. Ariffian Bujang）らの分析によると，そのうち4,732戸（15.1%）しかブミプトラに購入されていない。この原因には，ブミプトラの購買者には15%の価格減免を受けても団地住戸は高値だということがある。また団地内の配置でも低コスト住宅は好条件でない。マレー系の平均的世帯人数に比べ住戸は狭い。家庭内での礼拝の際にメッカの方向を指すキブラットと住戸の方向が一致しないなど，居住者の求めとの乖離が指摘されている。[3]

またブミプトラへの優先枠の運用方法にも問題が指摘されている。しばしば名義上はブミプトラによって購入された住宅が，時をおかずして賃貸される場合もある。供給後の監理が万全でないとも指摘されている。

ジョホール州における地域開発の動向

図6-2に1980年から2010年にかけての人口変動を整理した。2010年現在，ジョホール州の人口は323.0万人で，セランゴール州に次ぐ人口規模を誇る。州都のあるジョホールバル・ディストリクト（133.4万人）は州都とその郊外を含み，かつシンガポールにも隣接することから，同国でも最も経済開発が著しい地域の一つだ。

人口の増加も持続しており，州の人口増減率は1991年から2000年が年平均で＋2.50%だ。ジョホールバル・ディストリクトは1991年までの11年間で年平均＋5.12%，2010年までの10年間で2.12%と，若干沈静化しつつあるが，増加傾向が続く。一方，ジョホールバル中心市街地のバンダ・ジョホールバルは1991年以降は人口減少が続く。2010年の人口は12.4万人。この年までの10年間の人口増減率は年平均−1.38%となっている。下げ幅も年々広がっている。

ディストリクトの民族属性を見ると，都市近郊では，マレー優先政策を受けた雇用促進の関係からブミプトラが増加しつつあり，商業立地の進む地区には中国系が，製造業の多く立地する周縁地にはインド系が増加している。これは地区の住宅団地の民族構成にも表れている。

ジョホールバルはシンガポールと陸路で結ばれ，国境を越えた通勤通学のほか，経済的にも密接な関係がある。1998年には交通量の増加に対応して2本

ジョホール州

人口増減率 (年率%)	人口 (万人)	年
2.25	323.0	2010
2.50	258.5	2000
2.10	207.0	1991
	164.6	1980

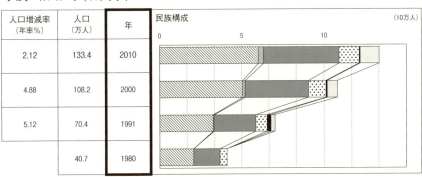

ジョホールバル・ディストリクト

人口増減率 (年率%)	人口 (万人)	年
2.12	133.4	2010
4.88	108.2	2000
5.12	70.4	1991
	40.7	1980

バンダ・ジョホールバル (ジョホールバル中心市街地に相当)

人口増減率 (年率%)	人口 (万人)	年
−1.38	12.4	2010
−0.54	14.3	2000
1.00	15.0	1991
	13.4	1980

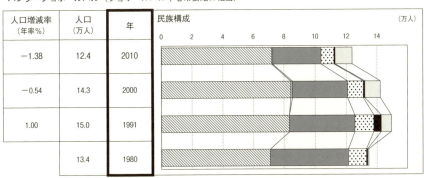

凡例：マレー／他のブミプトラ／中国／インド／その他／外国籍

図6-2　SS団地における対象地区の人口動態と民族構成（1980, 1991, 2000, 2010年）

データ出典）1980, 1991, 2000, 2010, Population and Housing Census of Malaysia, Department of Statistics, Malaysia.
人口増減率（年率）は上記データより計算した。

注記）統計区分の変更により、1980年の「その他」には1991年以降の「外国籍」と「その他」が計上されている。また「他のブミプトラ」は「マレー系」に計上されている。なお1991年の「その他」は、ジョホール州以下、ディストリクト、ムキムともに変動が大きいが出典のまま表示した。

目の国境道路「セカンドリンク」が州南西部に開通している。第3章3-1で見たRB村のある地域など州南西部の内陸も，セカンドリンク開通でシンガポールへの利便性がさらに高まった。

　シンガポール国内は住宅価格が非常に高い。このためシンガポール人がジョホールバルで住宅を購入する。これがジョホールバルの住宅価格を押し上げる。ジョホール州全体の不動産動向では，2010年時点で戸建住宅の平均価格は12.7万リンギ。2007年から2011年までの価格増減率（年率）を見ると，戸建住宅＋4.5％，高層住宅＋5.1％の価格上昇が示された。[4]これは第6章6-2で見る首都圏のセランゴール州や，土地資源に限りがある第4章4-1や第5章で見た島嶼のペナン島と並ぶ上昇率だ。

　2012年時点で，政府は外国籍者による住宅購入の最低購入額を50万リンギと定めている。政府は住宅価格の高騰を憂慮して，これを100万リンギへ引き上げることや，外国籍者の購入者への住宅取得税の増税が検討されている。ただし不動産業界の関係者は，これらの対策でも，外国籍者による不動産投機を鎮静化する効果は小さいと見ている。[5]

　この旺盛な住宅購入需要を受けて郊外開発はさらに大規模化し，内陸へ向かっている。同州の郊外開発の主軸は低開発地であったセカンドリンクの周辺に移りつつある。国と州が推進し2025年完成を目指すイスカンダル開発計画（約2,200km²）のヌサジャヤ新都には，州行政機関が移転し，公共施設や大規模住宅団地の建設が進む。この開発では外資の誘致をめざして海外投資家への各種優遇措置がとられている。

　この開発に応じて幹線道路の建設も進んだ。ジョホールバル都心と首都を結ぶ幹線道路を主軸にしつつ，さらに内陸部へも幹線道路が延びた。沿線には複合商業施設や住宅団地が建設された。

　一方で，ジョホールバルの都心部からは，行政機関や民間企業が相次いで移転することとなり，都心部の空洞化が進んでいる。近年ではシンガポールとつながる入国管理施設がやや内陸に移転し，また長距離バスターミナルも郊外に移転している。

　このため主要な交通軸から外れたジョホールバル都心部では新規に開業した大規模小売店舗にも空き床が増加している。ジョホールバルの都心部は国境に

接するため，全国的に見ても治安が悪いとかねてから評されてきた。これに対して警察や自治体により各種の対策がとられてきた。2011年の州の路上犯罪発生率は前年比14.4％減となっている。[6]

ジョホールバル都市圏における郊外開発の動向

　ジョホールバルにおける近郊の住宅地の開発は英領時代の官吏や経営者，軍関係者への住宅建設に始まる。都心では住宅トラストによる低所得者むけの住宅供給が行われ，1970年代前後から都心近郊にセンチュリー・ガーデンなど数十戸から200戸程度の小規模の団地開発が始まっている。

　これが1980年代前半には，より郊外の地区にタマン・ペランギ（都心から約3km）など数千戸規模の団地が開発される。SS団地（同15km）は同じ時期に開発されている。その後1990年代から以降は幹線道路沿線での大規模開発に移る。

　州内の住宅供給量は，1990年代後半のアジア経済危機直後の短期間を除き，持続して増加している。近年は投機的開発もあって，2006～10年の州内の完工住宅戸数は年平均1.7万戸に及び，同国ではセランゴール州に次ぐ供給量だ。[7]

　図6-3に1993年と2012年の同都市圏における地域開発と住宅団地開発の動向を示した。1970年代から80年代初頭は都心近郊の図中Aの範囲で開発が進んだ。SS団地はこの幹線沿道に立地する。その後80年代半ば以降は主要国道上の図中Bなどの既存団地の周囲に大規模団地開発が進む。

　内陸で団地造成がさらに続くが，公共交通機関の整備が追いつかない。マラヤ鉄道は便数が少なく路線バスは運転間隔が表示されているだけだ。おのずと通勤は自家用車に頼ることになる。通学も，学校バス利用か家族の自家用車による送迎が一般的だ。登下校時，学校の周辺は自家用車で混雑する。

　そのため幹線道路沿線が団地立地の適地となる。この間に開通した高速道路や幹線道路沿道に団地開発が進み，現在では図中Cなどに住宅団地や工業用地として広大な造成地が広がる。また前述のイスカンダル開発計画を受けたヌサジャヤ新都や，パシグダンの港湾工業団地に隣接する図中Dの範囲に大規模団地開発が進んでいる。なおDの地区には第三の国境連絡橋が計画されている。

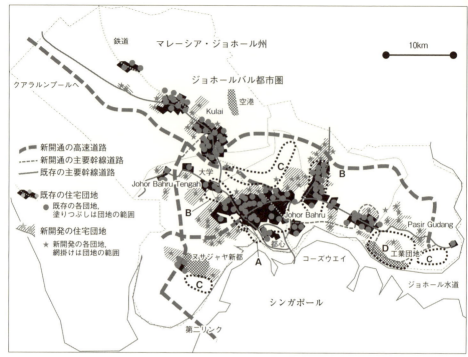

図6-3 ジョホールバル都市圏における地域開発と住宅団地開発の動向 (1993〜2012年)

ジョホールバル・ディストリクトの各地区の開発動向
・ジョホールバル (Johor Bahru)：都心からシンガポールへの国境道路がつながる。公共施設が集中し丘陵地帯には住宅地が広がる。
・ジョホールバル・テンガ (Johor Bahru Tengah)：プランテーションなど農地を造成した団地が広がり、1980年代以降に拓かれた大規模団地が広がる。
・クライ (Kulai)：保全林や水源などを含む低開発地が多いが、高速道路沿線を中心に大規模開発が進む。アジア各地との航路が就航するセナイ国際空港は格安航空会社の新規就航などで拡張が続く。周辺では工業団地の開発が進む。
・パシグダン (Pasir Gudang)：ジョホール水道に面し工業団地開発が進む。内陸には大規模住宅団地と加工型の製造業が多く立地している。シンガポールとの第三の国境道路建設が計画されている。東海岸への幹線道路が通る。

　ジョホールバル都市圏の住宅市場の特殊性は、前述のとおりシンガポール人による住宅購入需要である。住宅金利は1980年代中ごろに10％を超えたが、その後は年々下がり、2010年ではおおむね4％で推移している。価格上昇は買い急ぎ需要にもつながり、これがさらに価格を上げることとなる。住宅価格の上昇を見込んだ投資目的での購入も旺盛だ。

すでにジョホールバルでは，共稼ぎ世帯以外は住宅を購入することが難しくなっている。住宅不動産協会の調べでは，住宅購入者の平均年齢も年々上昇し，1980年以降生まれのY世代と呼ばれる若い世代は，親の資金援助で住宅を購入している。

　その一方で，売れずに放棄される住宅もある。先に述べた「放棄住宅」問題だ。ホー・チンション（Ho Ching Siong）らは住宅団地開発ブームの反面，立地の悪さや近隣環境により，団地が開発途上のまま供用にいたらない「未売却，放棄，供給過剰」の問題を指摘してきた。2012年時点で，州内12団地4,616戸で開発が放棄されている。一部の放棄住宅は州開発公社により開発が引き継がれることになっている。それでも，立地の悪さや長期放棄による建物構造の劣化で市場評価が低いため，解消は容易でないと指摘されている。また放棄住宅が発生した地区は治安が悪化する。

　新規の団地開発と住宅価格が上昇するなか，SS団地のように建設後経年した既存の住宅団地は，その評価が分かれる。高評価の団地は，英領時代から開発された宅地面積の大きな団地や，ペランギやセンチュリーなど都市近郊の好立地の団地だ。また近隣や団地内での商業施設の充実も重要だ。同国では共稼ぎ世帯が多いこともあり，交通の便や商業施設の立地が重視される。評価の低い団地はその逆の条件にある。

　近年開発された住宅団地は，立地条件の不便な土地に造成される。公共交通網は貧弱で，住宅団地での生活には自動車が欠かせない。自動車の急増による渋滞の発生は深刻化する。あわせて治安面での不安感などがこれらの団地の評価を下げている。ホー・チンションらは，住宅供給のマーケティングの不充分さも指摘している。

　これに対して1990年代中頃から都心と近郊に相次いで建設された中〜高価格帯の高層集合住宅のコンドミニアムは好評だ。コンドミニアムはプールやスポーツ施設などを併設する。ハスマ・アブザリン（Hasmah Abu Zarin）は，国内の他都市と比較して，平均所得が高く核家族化が進行し，住宅価格が高い上昇を示すジョホールバルでは，コンドミニアム開発がさらに進むと予測する。都心の高地価の条件下でも小規模用地で開発が可能なこともあり，開発業者にとっても事業実現性と収益性が高いと指摘する。

またジョホールバルでは，治安への不安感から門と塀で囲まれ外部者は自由に出入りできない住宅地のゲーティッド・コミュニティーも普及した。ズリナ・タヒール（Zurinah Tahir）らは，第10次マレーシア計画（2011～15年）においてより治安・安全性の高い「セーフタウンシップ」の推進が示されており，ゲーティッド・コミュニティーは今後さらに広い住宅階層に普及すると指摘する。[12]

これらのジョホールバルの住宅市場の動向を見ても，SS団地を含む，経年した住宅団地の評価は高いとはいえない。好況に沸く住宅市場の状況下にあっても，新奇さを前面に売り出される新開発物件との競争力に乏しいうえに，所得が向上する新しい住宅購入者のニーズとは一致していないからだ。

6-1-2　SS団地に見る生活空間と多民族社会の過去19年間における変化

SS団地における生活空間の変化

図6-4にSS団地の配置図と，1993年から2012年の間の変化を示した。

SS団地は団地面積は約1km²で，その面積に変化はない。団地内には2本の幹線道路がある。団地入口に近い部分に低コスト住宅と中コスト住宅が配置され，奥部には高コスト住宅が配置されている。隣接団地とは数本の道路で接続されている。

SS団地の中央には，ほかの団地と同様に公が設置したモスクがある。仏教・儒教，ヒンズー教などの信仰施設は信者による寄付金で団地内外に設置されている。団地中心部には公園や店舗併設住宅，初等・中等の学校が設置される。近年は運動施設などの余暇施設の設置も進む。

住戸の配置では，熱帯で赤道直下のため，採光のために方位を考慮する必要はなく，隣棟間隔が狭くとも生活上支障はない。住戸は低・中コスト住宅は連棟式であり，表通りとサービス街路を兼ねた後背路が配される。後背路には排水路が配されている。

SS団地にも低・中・高からなる3階層の異なる面積と仕様の住宅がある。

低コスト住宅は，連棟式の平屋建て住宅。スレート葺き。寝室数2で，住戸面積は80m²以下。分譲時の価格は2.5万リンギ以下。後背路がなく排水路のみ

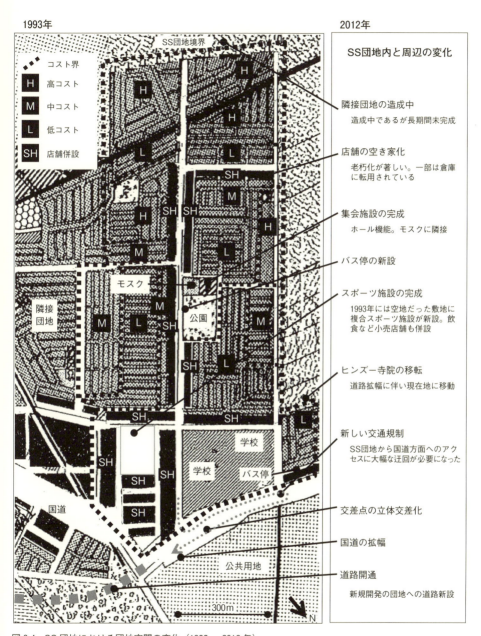

図6-4　SS団地における団地空間の変化（1993〜2012年）

第6章　郊外 —— 落日の郊外団地と膨張する首都圏

の住戸もある。

　中コスト住宅は連棟式の平屋建て住宅。瓦葺き。寝室数3で，住戸面積は約80〜100㎡。分譲時の価格は5〜12万リンギ。後背路が設置される。

　高コスト住宅は，二戸一棟式の平屋建て住宅。瓦葺き。寝室数3で，住戸面積は約100㎡以上。分譲時の価格は10万リンギ以上。前庭の面積が広く，増築される場合も多い。

　過去19年間にSS団地の周辺でも各種の開発が進んだ。国道では拡幅工事が行われた。近隣地区への高速道路建設を受けて，団地に隣接して立体交差路が建設された。道路建設の過程ではSS団地に騒音や治安の悪化をもたらした。SS団地から拡幅された国道への接続がかわり，都心方面へは迂回路を経由せねばならなくなった。

　この道路工事に伴い，ヒンズー寺院がSS団地の隣接地に移転している。なお中国系の廟は1993年時点で団地の中央に1ヶ所あったが，2012年では団地内にない。

　SS団地の隣接地には，従前，油ヤシ農園があったが，地区に大学キャンパスが移転してきて以来，住宅団地開発が進んだ。SS団地よりもさらに内陸にはSS団地の5倍を超す面積の大規模団地が造成され，地区最大の大規模小売店舗も開業した。これはSS団地にある商店の経営を圧迫し，商業活力を低下させた。

　SS団地内には業務用地として造成された空き地に自治体が運動施設を，モスクの隣接地に団地集会施設を設置した。

　1993年当時，店舗併設住宅には都心の工場立地に対する規制の強化で，多くの機械や金属加工，塗装業などが転入し，この地域の中心的商業地として活気があった。近年この地区でも小規模工場の立地に対する規制強化があり，空き店舗が増えた。工事中や廃屋のものを含め，全体の59%を占める。とくに団地奥の店舗は，軒並み空き店舗となるか倉庫に転用されている。周辺には塵芥が投棄され荒廃している。

　治安の悪化も団地に影響を及ぼしている。ホー・チンション（Ho Ching Siong）は，住宅団地の造成中に設置される外国人建設労働者の宿泊所が，周囲の住宅団地の治安の悪化要因となると指摘していた。[13]

SS団地では1995年ごろから，空き家となった住戸が外国人労働者の宿泊所として利用され始めた。彼らは周辺地域の建設現場や工場で働いている。周囲の住民にとっては，一戸に住み込む人数も国籍も明らかでないし，またマレーシア語も英語も使えない人も少なくなく，コミュニケーションを充分にとることができない。外国人労働者は夜間勤務もあるが，深夜の出入りによる近隣騒音以外に目立ったトラブルは起きていなかった。

　しかし，SS団地の元居住者によると，2000年初頭に，団地内の外国人労働者間で流血騒ぎがあった。この住民によると「飲酒によるトラブルで，喧嘩の当事者となった外国人を団地住民が仲裁しようとして一時は険悪な雰囲気になった」。普段は平穏な近隣社会も些細なことで喧嘩になり流血沙汰になる。このような騒ぎは稀な事例だが，この騒ぎののちに近隣住民は転居し，街区の空き家化はさらに進行している。同種の空き家が治安悪化の原因になる例は後を絶たない。[14]

SS団地における民族構成の変化

　1993年調査と同様に，住戸外観から各世帯の信仰宗教の属性を把握した（図6-5）。SS団地のコスト別の戸数を見ると，2012年で，低868，中944，高275で，店舗併設住宅427もあわせて合計約2,514戸となる。住戸は古いもので築後40年に達しており，この間に除却された建物は30戸ある。

　あわせて入居者の信仰宗教別に住宅の占有率を見ると，1993年と2012年で変化している。低コスト住宅では，マレー系が優勢なイスラーム教徒の割合が30％から23％へと減少している反面，多くが中国系の仏教・儒教世帯は38％から44％，またインド系のヒンズー教世帯は7％から9％と増加している。中コスト住宅では「他」（空き家，廃屋，工事中）が減少したこともあって，すべての信仰属性で増加を示し，高コスト住宅では仏教・儒教世帯が38％から45％と増加している。

　従前は，高い所得階層の中国系の占有率が高かった中コスト住宅で，イスラーム教徒（多くがマレー系）やヒンズー教徒（インド系）が増加している。これには，新規に開発された団地とSS団地とを比較した際の住宅価格の割安感が作用している。

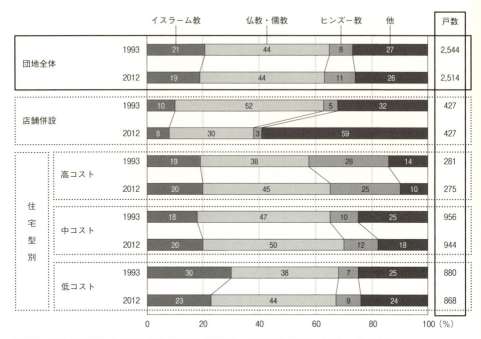

図6-5　SS団地における住戸占有者の信仰宗教の属性，利用状況の変化（1993〜2012年）
注記）「他」には未使用住戸（空き家，廃屋，工事中）を計上した。

　空き家，廃屋，工事中の「他」の変化をコスト別に見ると，中コストで25％が18％へ，高コストでも同様に14％が10％となっている。「他」を控除して信仰属性別に見ると，インド系が主なヒンズー教世帯の増加傾向が顕著だ。団地内にヒンズー寺院が移転してきたことがその主因である。その反面，低コストからはイスラーム教世帯（多くがマレー系）が減少している。

　マレー系をはじめとするブミプトラにとっては各種優遇策もあって，新規供給の団地住宅の購入条件は，中古物件であるSS団地よりも有利となる。そのため賃貸住宅に住んでいたマレー系の若年層を中心に，SS団地から新開発団地への転出が起きている。

　SS団地のなかで最も変化の大きい住戸型は店舗併設住宅だ。427戸のうち空き家や用途不明は，1993年では32％だったものが2012年では59％に増加している。

団地中心部ではそれほどではないが，団地の奥に立地する店舗併設住宅は，軒並み空き家化している。多くの店舗のシャッターが閉じられ，周辺には塵芥が放置されるなど荒廃している。空き家となっていない店舗併設住宅でも倉庫に転用されているものが23軒あった。

SS団地における民族混住の変化

団地の街並みを見ると，いずれの街路でも一見して多民族が混住している。約20年の時間が経過しても，それに変化はない。先にも述べたとおり，同国の住宅団地では，供給時を含め供給後も戸別に民族属性を定めて入居させることはない。

図6-6には，1993年から2012年の間の，SS団地の中心部における各住戸の信仰宗教別の属性の変化を表示している。これによると，1993年の時点でも連棟式の住宅の隣接住戸が同一民族で占められている街路があった。これは同一民族への親近感や，近隣騒音の回避，転売時での知己を頼った転入などで起こる。このことで緩やかに同一の民族が集住する近隣を形成していた。

この傾向は2012年ではより顕在化している。図6-6を見ると，1993年時点では複数の信仰属性の世帯が混在して入居していた街路でも，2012年には特定の信仰属性の世帯によって占められる傾向が読み取れる。連棟住宅で隣接する住戸では同一信仰属性の世帯が連続して住む傾向が見られるが，街路を隔てた対面側の住宅には及んでいない。これは連棟住宅の隔壁の遮音性が充分ではないことが影響している。また住宅の配置上，後背路に面して厨房がある。この後背路を介する調理による油煙や臭いも，同じ民族間では許容されても，異民族には好まれない。

SS団地の住民によると「最近の治安の悪化もあって近隣に親族や同一民族の人が居住していることは安心だ」という。

同国では，異民族間の近隣関係についての研究は，政治的にも微妙な意味合いを伴うためか多くない。そんななか，アズリナ・フシン（Azrina Husin）らは，複数都市の団地の400世帯を対象にしたアンケート調査をつうじて，住民の多民族混住への指向を把握している。これによると，近隣には同一の民族属性を好むと回答した世帯が48.8％，好まないが14.5％，気にしないが36.8％となっ

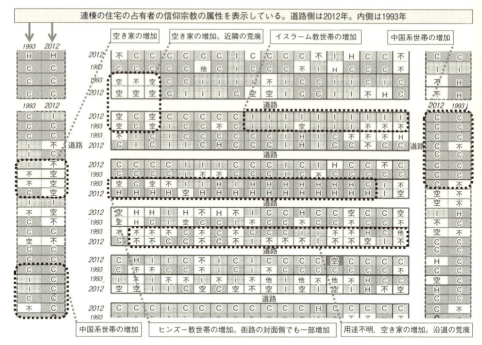

(信仰属性) I：イスラーム，C：仏教・儒教，H：ヒンズー，不：不明
(建物利用) 空：空き家
(住戸コスト) 中コスト住宅　低コスト住宅

図 6-6　SS 団地中央部における住戸占有者の信仰宗教の属性，利用状況の変化（1993 ～ 2012 年）

ている。アズリナらは，その理由に民族文化や信仰の相違を挙げている。

　一方で，団地隣接地に移転したヒンズー寺院の周辺にはインド系の住戸が増加している。団地中央のモスク近隣にマレー系が多い点は変わりない。また，同一民族の世帯が増加している近隣の周辺には空き家や用途不明の住戸が多い。

SS 団地における近隣空間の変化

　図 6-7 には，SS 団地内のある近隣空間の 1993 年から 2012 年の間の変化を示した。SS 団地の空き家は減少する傾向にあるが，荒廃している。空き家には売買や賃貸を募る不動産業者の看板が掲げられる。門塀に借金取り立ての殴り書きがされた住宅や，前庭に大量のゴミが放棄された住宅もある。

　街路への廃車の放置もある。開放されているべき後背路も柵で閉鎖されてい

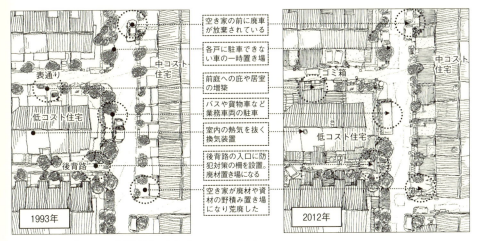

図6-7　SS団地における近隣空間の変化（1993～2012年）
注記）「1993年」配置図：1990年代調査・既刊③掲載図を加筆修正。

る。これらの荒廃した近隣空間の周辺は空き家が連続し、その隣接地にはさまざまな信仰宗教の属性の世帯が混在している。

　ただし近隣空間の荒廃も、SS団地全域で見られるわけではない。美観や清掃が行き届いた街区もある。比較的に狭小で短い長さの道路や行き止まりの区画には、塵芥の投棄は見られない。また多民族が混在する近隣の街路よりも、清掃や樹木の剪定などの管理が行き届いている。近隣の住民の目が届きやすいからだろう。

　居宅以外への住戸の用途転用では、1993年調査では保育施設や食品の加工場として転用される事例が多く見られた。しかし2012年にいたり、住宅団地内への各種施設の設置基準の厳格化で減少した。保育施設は3軒となっている。代わりに学生や短期労働者の簡易宿泊施設が7軒に増加している。

　SS団地の場合、住民自治組織などにより住民が共同して街路清掃を行うことはない。塵芥回収も、公園や緑地などの管理と同様に自治体が担うことになる。しかし、自治体による街路清掃や維持管理は頻度に限界があるため、荒廃をきたす部分も出てくる。一方で、公園や緑地帯の管理は行き届いており、この近隣には同一の世帯が長期間にわたり入居している。

　同じSS団地内でも、近隣空間の美観や維持管理の程度が、入居者の継続居

住に影響を及ぼしているのだ。

SS 団地における住戸空間の増改築と民族文化

　同国の住宅団地は，同一型の住宅を大量に一時期に供給する。一般的に団地住戸では，供給時には内装の仕上げは最小限にとどめられ，居住者が入居後に嗜好に応じてしつらえる。入居後の住宅の改装は一般的に物件の価値を高める。一方で，大規模な増改築の場合は自治体に届け出る必要がある。

　なお，団地住宅の多くは隣戸との隔壁を共有する連棟式のため，住戸を除却するのは容易ではない。大規模な増改築でも一般的には隣戸との隔壁や構造躯体は温存しつつ，内部の改修を行いながら住み継いでいる。これは SS 団地においても同じであった。

　図 6-8 は低コスト住宅の屋外の増改築の典型的事例を示した。住戸内部の空間利用では過去 20 年間で家電製品などの点数が増えた以外に起居形式を含めて変化はない。

　住戸の壁面の色彩には信仰宗教や民族性が影響し，インド系は青や黄系色，中国系は赤系色による装飾など，一定の民族別傾向がある。2012 年に把握したものでは，この色彩がより多様になり，アースカラーなど 1993 年の時点では見られなかった色彩が少なくない。庭や門塀のしつらえも，近年のリゾートホテルなどの流行に影響を受けている。民族性を基調としたしつらえから傾向が変わってきている。

　イスマイル・サイド（Ismail Said）は，各住戸のそれぞれの民族性の表出の場として前庭に注目する。入居者の植える植栽にも民族性が見られると指摘している[16]。しかし，これも住宅の増改築により前庭が失われる傾向にある。

　同団地の住宅では，図 6-5 に示した「他」を除くもののうち 75％の住戸で増改築が行われている。1993 年時点では戸口から庭への庇の延長と，厨房の増築程度であったが，2012 年では増築は前庭全体に及ぶ。

　この増築では自動車の車庫や居室がつくられる。これにあわせて門塀は高くなり敷地は閉鎖的になる。この増築で住戸内の採光や換気性能を損なうことになり，空調機が必要となる。屋根に換気装置をとりつけ室内の通風を促している世帯もある。

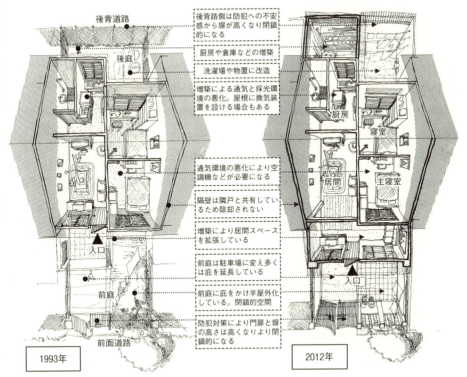

図6-8 SS団地の「低コスト住宅」に見る増改築の状況（1993〜2012年）
注記）「1993年」間取り図：1990年代調査・既刊③掲載図を加筆修正。

また治安への不安感からか，門塀を高くし，有刺鉄線をつけた柵で厳重に囲む住戸もある。一見して要塞のような住戸さえある。これらの閉鎖性もあって，街路から見える祭壇や装飾など祭祀具は目立たなくなっている。

なお1993年と同様に，各戸の敷地内の美観は高く保たれており，荒廃してゆく街路とは全く異なっている。

6-1-3 小結── 郊外の「庭園」のこれから

住宅団地開発は同国の都市化を支え，また多様な民族の生活者からなる国民

の統合を表象する空間となった。1980年代半ばからは団地開発の大規模化と商業・工業用地開発も進み、国民の生活様式に影響が及んでいる。

同国の住宅団地の名前の頭につけられるタマン（Taman）とはマレーシア語で「庭園」を意味する。SS団地もタマンSSだ。美しき「庭園」を冠した無数の住宅団地群はこの先も国民の生活の場として、その中核を担うだろう。一方、SS団地のように開発後、時間が経過した団地には、さまざまな疲労が蓄積しているようだ。

住宅団地に流れる時は、団地の生活空間と多民族社会に、成熟をもたらすのだろうか。もしくは、単なる陳腐化をもたらしたのか。

この20年間で顕在化したのは、団地内の近隣空間の荒廃だ。放棄され荒廃した住戸は近隣に影響を及ぼし、これがさらなる荒廃を招き入居者の定着志向にも影響を及ぼしている。SS団地には身近な近隣空間を維持し管理する住民組織はない。

近年の新規の団地開発ではゲーティッド・コミュニティーが注目されている。不動産高騰の状況下にあっても、SS団地のような既存団地では治安への不安感や近隣空間の荒廃また住戸の老朽化など、不動産としての競争力はそれが廉価であること以外、低い。

1993年調査でも団地内に同じ民族の住民が集住する街区、「民族界隈」が形成されていた。これが、2012年にいたりより顕在化している。この集中の要因として、同一民族文化への安心感や知己を頼った転入、治安への不安感が挙げられた。これらの団地内に形成された「民族界隈」周辺では街路などの荒廃も比較的に目立たない。

SS団地でも入居者の民族構成は流動化しており、低・中・高コストの住宅階層を占める割合が変化している。また周辺の新しい団地との比較で陳腐感が否めない。また低廉な住宅の価格は外国人労働者らの宿泊施設として用いられることもあり、これが治安への不安につながっている。

1993年調査では、画一的な団地住宅をそれぞれの民族文化や嗜好に応じてしつらえを変え、増改築を行うことで、その多様性を受け止めていると見た。近年の増改築は、治安の悪化などの影響もあるが、住戸の閉鎖性を高めることとなり、換気性能を妨げるなど住戸内の快適性を失わせている面もある。

SS団地の店舗併設住宅では空き家が大量に発生している。近隣商業空間は団地住民の日常の交流の場として機能したが，これが喪失しつつある。

　1993年のSS団地は，幹線道路に面し，隣接地域に移転が完了した大学や，地区に開業した工場などもあって，団地中央の店舗なども活況を呈する人気団地の一つだった。しかし2012年にいたっては，一時期の治安の悪化や，新規開発と比較した際の見劣り感から，およそ20年という時間の経過以上に，空間的にも社会的にも疲弊していた。

　SS団地には，団地空間と社会の経年による成熟を見ることができなかった。これは，1993年調査の際に同国の識者が述べた「維持管理戦略を欠いた現在の住宅団地開発の手法では，近い将来に劣化する団地が出るだろう」との予見を不幸にも裏づけたといえるだろう。

　そんななか，SS団地に住まう生活者が住みわけを選択し「民族界隈」を形成しているさまは，団地社会をとりまく不安感から，文化的な親和性のある同一民族とともに身を寄せ合い近隣をつくりだしていると見えなくもない。

　一方で，自治体により比較的に良好に管理されている公園周辺などでは近隣空間は街路を含め悪化していない。

　最近では同国での住宅投機熱も徐々に沈静化の傾向があると指摘されるが，現在もジョホールバル都市圏のみならず本章6-2で見るように，同国の首都圏や大都市近郊では膨大な面積の住宅団地開発が続く。これらの郊外団地はSS団地と同じ轍をふむのであろうか。

　今後のマレーシアの住宅団地開発では量的な供給戦略のみならず，住戸や街路，近隣空間を良好に維持管理する戦略が不可欠だ。これには多様な民族集団の居住者が，団地空間の維持に関心を持ち支え合う団地住民の近隣組織の確立が鍵になりそうだ。

6-2 【事例研究】膨張する首都圏と新首都造営
── 新行政首都プトラジャヤ　1995〜2013年

　この節では首都圏の拡張の過程に見る郊外の変貌を見たい。首都圏はおもに4つの都市で構成される。首都クアラルンプール，プタリンジャヤ，シャーアラム，そして1990年代後半から建設が続く行政首都プトラジャヤだ（図6-9）。
　マレーシアは，二つの「首都」を有することとなった。すなわち，クアラルンプールは公式首都として国王宮殿と連邦議会議事堂が所在する。新しく建設されたプトラジャヤは行政首都として各省庁と連邦裁判所が所在する。
　ここでは首都圏における諸都市の開発と建築のデザイン，その展開について注目したい。なかでも，本節では1990年代の着工以降，政府機関移転が進む行政首都プトラジャヤを詳しく見たい。
　調査では1995年6月，クアラルンプールをはじめとする首都圏の開発状況を概観した後，各都市の都市景観や建築形態を把握している。プトラジャヤでの調査は2013年6月に行った。[17]
　同国は植民地支配を経験した多民族国家として，独立期以降，とくに公共建築物において固有の建築意匠を育んできた。そこでは，イスラームとマレー文化を基軸に置いた建築意匠が選択されてきた。
　これは建築物だけではなく，都市空間にも表れた。首都圏を構成する4つの都市はそれぞれの時代を反映して異なる容貌を持つにいたった。都市は，増加する人口を受け止め経済成長を支えるとともに，社会の発展像と国民国家を表象する役割をも担ったのだ。
　最大の転換は独立後の「国民建築」の模索だった。それに加えて筆者は，この1990年代から2010年代は都市計画の手法において大きな転換期であったと考えている。とくに行政首都プトラジャヤの開発は，同国の経験したいずれの郊外開発とも異なっている。
　なぜ，同国はクアラルンプールに加えて二つめの「首都」を必要としたのか。プトラジャヤはなぜあの位置に築かれ，中東イスラーム諸国色あふれる都市景

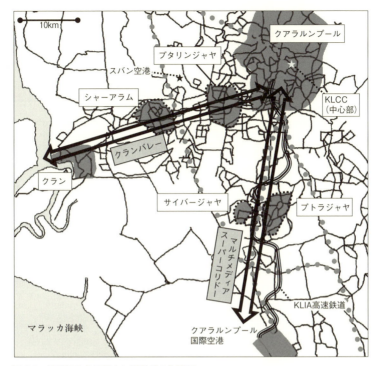

図 6-9 首都圏の主要都市と開発軸の位置図
注記）網掛けは各都市の中心部，点線は主要高速道路，矢印は主要開発軸を示す。

観を表すにいたったのか。この都市景観は多民族社会マレーシアの社会をどう映し出しているのだろうか。そして膨張する首都圏はこの先，どのように変貌を遂げてゆくのだろうか。

6-2-1 クアラルンプールの形成と都市景観

「合流点」としての都市クアラルンプール

　図 6-11 にクアラルンプールの空間構造と施設配置を示した。

　クアラルンプール（Kuala Lumpur）とは泥（Lumpur）の合流点（Kuala）の意味がある。その名のとおりクラン川とゴンバック川の合流する辺りから開拓は始まった。

第6章　郊外 —— 落日の郊外団地と膨張する首都圏　　211

セランゴール州

人口増減率 (年率%)	人口 (万人)	年
3.06	534.5	2010
6.25	395.3	2000
3.78	229.7	1991
	152.4	1980

プタリンジャヤMB　*この間，自治体範囲が拡大している。

人口増減率 (年率%)	人口 (万人)	年
3.56	61.4	2010
6.08	43.3	2000
1.85	25.4	1991
	20.8	1980

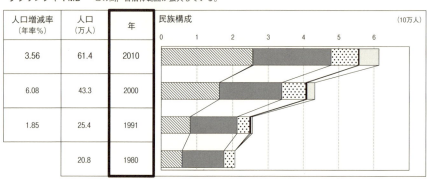

シャーアラムMB　*この間，自治体範囲が拡大している。

人口増減率 (年率%)	人口 (万人)	年
3.18	54.1	2010
16.25	39.5	2000
16.49	10.2	1991
	1.9	1980

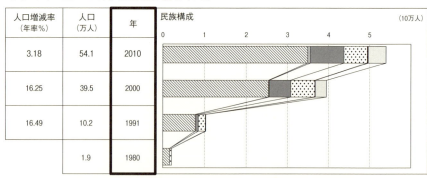

凡例：マレー　他のブミプトラ　中国　インド　その他　外国籍

図 6-10-1　首都圏における対象地区の人口動態と民族構成（1980，1991，2000，2010 年）

データ出典）1980, 1991, 2000, 2010, Population and Housing Census of Malaysia, Department of Statistics, Malaysia.
　　　　　人口増減率（年率）は上記データより計算した。
注記）統計区分上，1980 年の「その他」には 1991 年以降の「外国籍」と「その他」が計上されている。また「他のブミプトラ」
　　　は「マレー系」に計上されている。

クアラルンプール連邦直轄領

人口増減率 (年率%)	人口 (万人)	年
1.98	158.9	2010
1.47	130.6	2000
2.02	114.5	1991
	92.0	1980

プトラジャヤ連邦直轄領

人口増減率 (年率%)	人口 (万人)	年
25.20	6.8	2010
—	0.7	2000
—	—	1991
—	—	1980

サイバージャヤ

人口増減率 (年率%)	人口 (万人)	年
32.67	4.8	2010
—	0.3	2000
—	—	1991
—	—	1980

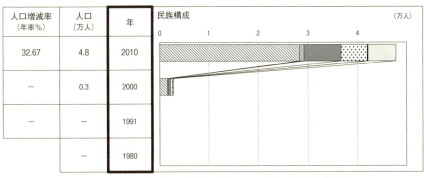

凡例：マレー／他のブミプトラ／中国／インド／その他／外国籍

図 6-10-2　首都圏における対象地区の人口動態と民族構成 (1980, 1991, 2000, 2010 年)

データ出典）1980, 1991, 2000, 2010, Population and Housing Census of Malaysia, Department of Statistics, Malaysia.
人口増減率（年率）は上記データより計算した。

注記）統計区分上，1980 年の「その他」には 1991 年以降の「外国籍」と「その他」が計上されている。また「他のブミプトラ」は「マレー系」に計上されている。

第 6 章　郊外 —— 落日の郊外団地と膨張する首都圏

クラン川に沿ってマレー人の集落，中国人の集落があった。中国人集落の側には市場と中国人首領（Kapitan Cina）の住居があった。丘の上にマレー人首領のラジャ（Raja）の住居が建てられた。

クアラルンプールとその周辺地域からは古くから錫がとれた。1820年ごろはマレー人が錫をとっていたが，のちに中国人も加わり始める。その後，1857年にマレー人の首領が中国人を雇い鉱山を拓く。

採鉱では大量の労働者を必要とし商機を求めて中国人が流入し始めた。採掘をめぐっては，広東や福建など中国人の間でいさかいが絶えなかった。そこでマレー人の首領により，中国人の間を取り仕切る中国人首領が指名される。

1874年にスルタンの権益の保護を条件に，英国による政治的な介入が始まる。こののち英国人が錫鉱山開発に参入する。当初は中国人の人力による採掘が優勢だったが，のちに英国系企業が資本力と機械採掘で圧倒した。英国資本による内陸のゴムや油ヤシプランテーション開発にはインドからの移民が従事した。クアラルンプールは錫鉱山開発とともにマレー半島広域の物資の集散地としても成長する。

1896年，クアラルンプールはマレー連合州（Federated Malay States）の首都となる。これにより英国植民地の首都として統治の拠点となり，都市基盤の整備が進んだ。この開発ではクラン河畔の既存の集落を上書きするかのように，政庁，教会，社交場，警察署などが設けられた。これらの施設群は英国による植民地統治の正統性と力を象徴した。

1895年の地図によると，マレー連合州事務局庁舎が広場のパレードグラウンドに正対して建てられた。その広場をラジャ通り（Jalan Raja）が囲み，教会やセランゴールクラブの建物が建つ。[18]

これらの建造物は多くが西洋人の手によって設計され，その意匠は西洋からもたらされた。マレー連合州事務局庁舎（図6-12-❶）は，英国人建築家らにより設計された。建築様式は，西洋人がイスラーム文化を参照したインド・サラセン様式だ。教会建築にはゴシック様式が，また富裕階層の住宅や高原避暑地の住宅にはチューダー様式などが現れた。これに土着のマレーの民家様式も入り混じる。クアラルンプールの都市景観に見る建築様式は百花繚乱だった。

これを取り囲むように，移民が集住する地区が形成されてゆく。鉄道駅の近

クアラルンプール

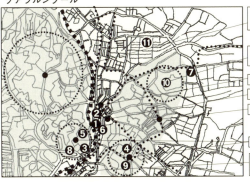

丘陵地に高級住宅地や公共施設が点在	クアラルンプール
KLCC（クアラルンプールシティーセンター）	❶スルタン・アブドゥルサマド建物
インド系集住地区	❷マスジッド・ジャメ
中国系集住地区	❸マラヤ鉄道建物
ブキビンタン：商業地	❹独立スタジアム
「独立建築」が多く立地	❺国立モスク
クアラルンプール新駅周辺開発が続く	❻ダヤブミ・コンプレックス
	❼タブンハッジタワー
	❽国立博物館
	❾言語図書研究所
	❿ペトロナスタワー
	⓫カンポン・バル

プタリンジャヤ

開発時期ごとに異なる街路パターンの団地が連担する	プタリンジャヤ
行政センター。商業建築やホテルなどが立地する。矢印はフェデラル・ハイウェイ2号。クランバレーの主要交通軸	㋐セクション1
クアラルンプール連邦直轄領とセランゴール州の州境の山麓	㋑マラヤ大学
最初期に建設された街区。ここから南北に開発が進んだ	㋒市役所
	㋓工場団地
	㋔メシニアガタワー
	㋕フェデラルハイウェイ

シャーアラム

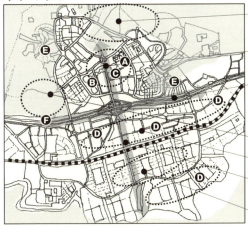

丘陵に住宅団地が広がる。均等な街区配置と整然とした街並み	シャーアラム
中央区：行政、商業機能が集積する。中央にモスクと公園がある	Ⓐ州立モスク
フェデラル・ハイウェイ2号。クランバレーの主要交通軸	Ⓑ湖公園
マラ工科大学キャンパス	Ⓒ行政・業務地区
フェデラル・ハイウェイ2号沿いに工場が立地する	Ⓓ工場団地
プルシアラン・スルタン大通り	Ⓔスルタン宮殿
住宅団地が広がる。均等な街区配置	Ⓕフェデラルハイウェイ

1000m
同一縮尺で表示

━━━━━
KTM
（マラヤ鉄道）
・・・・・
LRT路線
モノレール路線

丘陵地

図6-11　首都圏3都市の空間構造と施設配置

注記）図中の番号は図6-12に対応している。

くには鉄道労働に従事したインド人の地区が，市街地中心部には商業に従事した中国人やインド人の集住する地区がそれぞれ形成される。宗教施設も建造された。マスジッド・ジャメ（Masjid Jamek）（図6-12-❷）は，クラン川とゴンバック川の合流点に建つ。

　これらの土地には従来マレー人の集落があった。これに配慮して1900年にマレー人入植地カンポン・バル（Kampung Baru）（図6-11-⓫）が設けられた。7つの集落からなり，120haある。

　クアラルンプールはマレー半島における交通の要衝で鉄道都市でもあった。クラン港（Port Klang: Port Swettenham）と都心を結ぶマラヤ鉄道（Keretapi Tanah Melayu）は1886年に主要区間が開通している。クラン港は重要港湾で，この鉄道線はプタリンジャヤ，シャーアラムと続くのちの郊外の建設にも大きく貢献した。続いてマレー半島を南北に縦断する路線も開通する。クアラルンプールにはマラヤ鉄道建物（Bangunan Keretapi Tanah Melayu）（図6-12-❸）や，駅舎，鉄道ヤードも設けられた。

　市街地をとりまく丘陵地帯には富裕層の住宅や学校施設，競馬場，監獄などが次々に設けられてゆく。クアラルンプールは小高い丘が点在する地形のため，郊外へむかって丘と丘との狭間を縫うように曲がりくねった道路が敷かれてゆく。

　この様を捉えてロス・キング（Ross King）はクアラルンプールを「迷宮都市」と形容する。この街には「秩序も軸もグリッドらしきものはない。このような都市は，ほかにはない。西に行きたくても，まずは東に進まねばならない」とその混沌さを描写する。[19]

　クアラルンプールは，さまざまな民族の人々，土着の集落社会から植民地支配にいたる政治体制，各種の産業や交通を呑み込んで膨張し続けた。その名のとおり同国の社会開発における，事物の合流点（Kuala）として成立したのだった。

「メルデカ」と首都の景観再編

　1957年マラヤ連邦はメルデカ（Merdeka），すなわち独立を果たす。

　独立後，植民地時代の建築物の名称は，英語からマレーシア語に次々に改称

クアラルンプール

❶スルタン・アブドゥルサマド建物（Bangunan Sultan Abdul Samad），元・マレー連合州事務局庁舎
　設計：A. C. Norman（A. B. Hubback, R. A. J. Bidwell），竣工：1897 年

❷マスジッド・ジャメ（Masjid Jamek）
　設計：A. B. Hubback，竣工：1909 年

❸マラヤ鉄道建物（Bangunan Keretapi Tanah Melayu）
　設計：A. B. Hubback，竣工：1917 年

❹独立スタジアム（Stadium Merdeka）
　設計：Stanley Edward Jewkes，竣工：1957 年

図 6-12　首都圏 3 都市の主な建築物
注記）図中の番号は図 6-11 に対応している。

された。ところが空間そのものは，そのまま独立国家に継承されていった。パレードグラウンドでは独立記念行事が行われ，独立広場（Dataran Merdeka）と改名された。マレー連合州事務局庁舎は，スルタン・アブドゥルサマド建物（Bangunan Sultan Abdul Samad）（図6-12-❶）と改められ，のちに連邦裁判所などとして用いられた。

　独立後もクアラルンプールの都市景観において，植民地時代に建てられた建築物の存在感は大きかった。そこで新生国家としてのマラヤの独立を祝福し，国家の威信を示す空間が必要になる。なかでも最初期に建設を急いだのが独立記念式典の会場だった。

　独立スタジアム（Stadium Merdeka）（図6-12-❹）の設計に起用されたのは，公共事業省の設計部門長のスタンレイ・エドワード・ジュークス（Stanley Edward Jewkes）だった。ジュークスはアメリカに生まれ，英国で建築家としてのキャリアを積んだ腕利きだ。ジュークスらは工期も予算も逼迫するなかで，建材を輸入しつつもマラヤ人の手によって施工可能な工法を選択する。

　そこで取り入れられた建築の様式は，近代主義建築だった。重々しい装飾を取り去り，鉄・ガラス・コンクリートを用いた建築空間は，自由を感じさせ，先進的な印象を与えた。完成した独立スタジアムはシェル構造の大屋根のかかる軽やかな印象だ。照明塔は当時，同種の構造では世界一の高さを誇った。新生国家にとって近代主義建築は，植民地支配との決別を意味し，同時に独立後の社会と経済の発展の光明であったのだ。

「国民建築」の探求

　これに続いて建てられるのが独立を祝福する建築群だ。ライ・チーキアン（Lai Chee Kien）はマラヤ独立に際し建てられた一連の建築物を「独立建築」と呼んだ。ライは，国立博物館，国立モスク，国家記念碑，独立スタジアム，マラヤ大学などの国家的建造物の誕生の背景と建築家の足跡をたどっている。これらの建物の名称には「マラヤ」や「独立」もしくは「ナショナル」が冠された。それらを自力で造営する行為そのものが，ライの著作の表題ともなった独立を打ち建てること *Building Merdeka* だったのだ。[20]

　ただし，マラヤは植民地支配を脱し独立したとはいえ，多様な民族が共感し

❺マレーシア国立モスク（Masjid Negara Malaysia）
設計：Howard Ashley, Hisham Albakri, Baharuddin Abu Kassim, 竣工：1965年

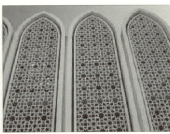

❻ダヤブミ・コンプレクス（Kompleks Dayabumi）
設計：Arkitek MAA, BEP Architects, 竣工：1984年, 用途：事務所・商業複合建物

❼タブンハッジタワー（Menara Tabung Haji）
設計：Hijjas Kasturi, 竣工：1986年, 用途：事務所建物

❽国立博物館（Muzium Negara）
設計：Ho Kok Hoe, 竣工：1963年

参考：ケダ州アロースター, バライバサール（Balai Besar）, 1890年代再建築

（図6-12 つづき）

うる国家の姿は明瞭ではない。また独立に際して，マレー系の政治上の「特別な立場」や，多様な民族集団が国民意識を共有することが急務だった。

　ここで探求されたのが，国民国家マレーシアを意識した建築のかたちだ。近代主義建築の技術的基盤を活かしつつ，イスラームやマレー文化を取り入れて建築空間を構築する方法が探求される[21]。

　筆者はこれらの建築物を総称して「国民建築」と呼ぶ。そしてその潮流を受け形作られた二つの様式を「近代イスラーム建築様式」「近代マレーバナキュラー建築様式」と呼びたい。ライの取り上げた「独立建築」群のみならず，この後のマレーシアの建築意匠には，続々とこれらの建築物が現れていった。

　「近代イスラーム建築様式」では，イスラーム建築に見られる，アーチやドームなどの意匠が抽象化されている。アラベスクの幾何学的意匠が，細部から配置計画にいたるまで活かされる。この代表例，マレーシア国立モスク（Masjid Negara Malaysia）（図6-12-❺）には，従来のラジャスタイルのモスクにあるような彩色された玉葱型のドームや傾斜屋根はない。すべてが幾何学的な直線で構成される白亜の空間だ。これに類似した意匠を採用し，高層事務所ビルとして設計されたのが，ダヤブミ・コンプレクス（Kompleks Dayabumi）（図6-12-❻）である。ほかにイスラームの信仰上の規範を空間化した意匠も見られる。建築家ヒジャス・カスリ設計の高層建物のタブンハッジタワー（Menara Tabung Haji）（図6-12-❼）がその代表例だ。同建物ではイスラームの「五信」を象徴化した5本の太い柱が高層建物を支える。

　「近代マレーバナキュラー建築様式」は，マレー民家などに見られる伝統的意匠を取り入れている。とくにマレー民家の傾斜屋根の形や細部装飾の意匠が用いられる。この代表例，国立博物館（Muzium Negara）（図6-12-❽）は，マレー半島北部の都市アロースターにある儀礼施設のバライバサール（Balai Besar）（1890年代再建築，図6-12-❽）の意匠を活かした。建物の正面に壁画が描かれた建物も少なくない。言語図書研究所（Dewan Bahasa dan Pustaka）（図6-12-❾）は，マレー民家の形態を模しつつ，建物正面には国語としてのマレーシア語で，社会が統一され発展するさまが大壁画として描き出されている。

　ここでの建築表現は，マレーやイスラームを断片的に建築として表すことではない。それが「マレーシア」の土地と接続されているかどうかが重視される。

❾言語図書研究所(Dewan Bahasa dan Pustaka)
設計:Lee Yoon Thim,竣工:1962年,用途:官庁建物

❿ペトロナスタワー(Menara Petronas)
設計:Cesar Pelli,竣工:1996年,事務所・商業複合建物

プタリンジャヤ

オメシニアガタワー(Menara Mesiniaga)
設計:T. R. Hamzah & Yeang,竣工:1994年,用途:事務所建物

シャーアラム

Aスルタン・サラフディン・アブドゥル・アジズ・モスク(Masjid Sultan Salahuddin Abdul Aziz)
設計:Baharuddin Abu Kassim,竣工:1987年

(図6-12つづき)

そして，それぞれの建築物はより先進的な技術としての鉄筋コンクリート造で施工された。

「独立建築」と建築家

同国を代表する建築家ヒジャス・カスリ(Hijjas Kasturi)[22]はマレーシアを代表する建築を多く設計してきた。ヒジャスは，建築家としての長年のキャリアにおいて絶えず「国民建築」を探求し，「人々を統合する何か」としての建築を模索してきたと回顧する。後述のプトラジャヤの国際会議場もヒジャスの設計だ。みずからの建築作品集において，インタビューにこう答えている。

> 「マレーシアの文化とは何か。それは三つの主な民族集団の文化の組み合わせを新しいマレーシアの国家アイデンティティーに溶け合わせたものか。（略）新しい文化をつくること。新しい国家をつくること。そのことが大切だろう。そうでなければ我々は単に同質なものになってしまう」[23]

ヒジャスの建築は，単なる伝統様式を取り入れて，それを近代主義建築に貼りあわせたものではない。ポール・マックギリック(Paul McGillick)はヒジャスの作品をこう評する。

> 「興味深い点は彼（ヒジャス）がなぜ彼自身が強く寄与する近代主義を妥協することなく，伝統的な建築形態を参照することができるのかだ。すなわち視覚的な象徴性が，建築の骨格と空間構成，そして形態や材料の機能にいたるまで，すべてに内在しているからだ。それによって彼のつくりだす建築は，強い統一感を持つようになる」（括弧内：引用者）[24]

もっとも「国民建築」を担ったのはマレー系やイスラーム教徒だけではない。先の，国立博物館（図6-12-❽）の設計者ホー・コックホー(Ho Kok Hoe)は中国系だ。またシンガポール出身者をはじめ外国人建築家の設計も多い。マレーシア人が英国をはじめとする西洋諸国で建築教育を受けることは当時も今も珍しいことではない。

建築設計という専門職能を共有する者の間では，帰属する民族集団よりも，建築家としての技量や思想の成熟度が重要だ。また国を離れる留学経験は，民族に関係なく母国マレーシアの伝統や社会開発のありかたを顧みるきっかけとなっただろう。

　もっとも建築物の有様は建築家が一人で決定できるものではない。施主の意向は最大の決定要素だ。同国のある建築家は「設計の仕事がなければ，建築家ではない。仕事を得るにはどうすればよいか……。それが建築をつくるのではないかな」と問う。施主の求めに寄り添うことも大切だと示唆するのだ。

　加えてこの潮流には，独立以降の同国の政治情勢も作用した。第2章にみた通り1969年の民族間暴動「MAY13（五月十三日事件）」，そしてこれを契機とするNEP（新経済政策）とマレー優先政策（ブミプトラ政策）の施行だ。また文化面でも1971年8月の政府補助による青年文化会議において「国民文化」に対する定義が与えられている。この会議では「国民文化」としてマレー系の民族文化が位置づけられる。マレー文化やイスラーム様式を重視する世論が定着するのだ。また1980年代以降のマハティール政権下の社会全体のナショナリズムへの傾斜も作用した。

　これに呼応して同国の建築研究でもマレー民家やイスラーム建築に対して関心が払われた。その一方で，中国系やインド系などの建築文化についてはマレーシア国内からの論考には厚みが出ないままだった。このことは第3章3-1で述べた。

変貌するクアラルンプールの都市景観
　公共建築や有力企業の社屋が「国民建築」となることで都市景観は徐々に変わってゆく。「国民建築」はクアラルンプールの中心部に次々と建てられてゆく。1990年代後半竣工のペトロナスタワー（Menara Petronas）（図6-12-❿）は「近代イスラーム建築様式」としては最大規模の建築物となった。モスクの尖塔を思わせる2本の塔で構成される。燦然と輝く銀色の塔は，平面から細部にいたるまでアラベスクで構成される。建物は有力企業のオフィスと国内屈指の規模を誇る商業施設として使われる。

　もちろん，独立以降に同国で建てられた建築物がすべて「国民建築」だった

わけではない。クアラルンプールは独立以降も建築様式の「合流点」でもあった。

　マレーシアは政治的にイスラーム宗教国家であることを内外に表してきた。一方で多様な民族集団の文化と伝統を認めつつ世俗国家としての中庸性を育んできた。「国民建築」とともに多彩な建築様式が混在する首都の都市景観はその中庸性の表れともいえよう。

　しかし興味深いことに，ペトロナスタワーの出現以降，クアラルンプール市内では「国民建築」の新築は鳴りを潜めたかのようだ。建築ブームは持続し，市街地には高層ビルの建設が続く。しかしそこに建設されている建物には，マレー民家の大屋根もアラベスクも用いられることが少なくなっている。

　新しい様式も現れ始めている。ケンヤン（Ken Yeang）らによるバイオクライメティック（Bioclimatic）をキーワードにした建築意匠もその一つだ。プタリンジャヤ郊外に建てられたメシニアガタワー（Menara Mesiniaga）（図6-12-オ）のような金属やガラスを多用した先鋭な意匠で，強い日射を防ぎ，通風を意識した建築物である。こうしたエコロジーやハイテクのイメージを前面にした建築物が，クアラルンプールの新しい都市景観の潮流になりつつある。

6-2-2　クランバレーの衛星都市群 ── プタリンジャヤ，シャーアラム

　クアラルンプールはこうして植民地の支配拠点から独立国の首都として変貌を遂げた。この開発の過程では急激な人口流入が起きた。市街地にはスラムが増殖し公有地等への不法占拠も深刻化した。

　そこで始まるのが郊外開発だ。生田真人は，クアラルンプール首都圏は「分散的都市圏」として成立し，土地条件と都市計画のうえに民族問題が存在していると指摘する。一方で，このことは結果として「大規模な居住分離を社会的に造り出した」と指摘する。[25]

　図6-10にクアラルンプールほかの都市の人口動態を示した。セランゴール州の人口増加は目覚ましい。1980年の152.4万人が，2010年には534.5万人まで増加している。2000年までの9年間の人口増減率の年率は＋6.25％を示している。

マレーシア初の郊外 —— プタリンジャヤ

　1950年代に，クアラルンプールの西部でプタリンジャヤ（Petaling Jaya）の開発が始まる。リー・ブーントン（Lee Boon Thong）はプタリンジャヤを「マレーシアにおける最初のニュータウン」と呼ぶ。[26]

　プタリンジャヤの開発計画を立てたのは英国高等弁務官でディストリクト事務所長のジェラルド・テンプラー（Gerald Templer）だった。1951年に政府はプランテーションとして用いられていた486haの土地を購入する。

　そのきっかけはクアラルンプール市内の不法占拠地やスラムの解消だった。藤巻正己は，不法占拠地も民族ごとに「居住分離」する傾向があったと指摘する。[27]市内都心部の土地から不法占拠者を郊外に移動させ，都心部での再開発を目論んだのだ。

　プタリンジャヤの土地の販売対象は市内の不法占拠地の人々だった。造成工事は1952年に始まった。最初期の分譲では420㎡の土地，1,300区画が，200マレーシアドルで販売された。

　しかし実際にこの土地を購入したのは都市のミドルクラスだった。都心部の環境悪化を憂慮し郊外に移り住みたいと考えていた彼らにとって，プタリンジャヤは羨望の地だった。

　一方，都心の低所得者には好ましい立地ではなかった。彼らはバイクや自動車などの移動手段を持たず，街場の日々の仕事から離れた場所に住むわけにはいかない。それに販売価格も高かった。のちに市内に低家賃の公営住宅が建設されると，そちらを選んだ。ロス・キングはプタリンジャヤは結果として「オーストラリアの郊外」のように，ミドルクラスの通勤生活者が暮らす郊外住宅団地となっていったと描写する。[28]

　プタリンジャヤは開発当初，行政区上でクアラルンプールの一部となるが，1954年に独立したプタリンジャヤ地方自治体（Town Authority）となる。マラヤ連邦独立後の1958年にはプタリンジャヤ開発公社（Petaling Jaya Development Corporation）が設立される。これは英国の地方開発手法に則ったものだ。これにより開発資金の運用や土地買収での自律度が上がった。

　その後1974年にクアラルンプールが連邦直轄領（Federal Territory）となりプタリンジャヤはセランゴール州となる。セランゴール州は将来にわたって税

収が期待できるプタリンジャヤを手放すことはできなかった。1977年にはプタリンジャヤはミュニシパルとなる。

図6-11にプタリンジャヤの空間構造と施設配置を示した。クラン川から北側に広がるなだらかな斜面地を造成して広がっている。

プタリンジャヤは英国のニュータウンの配置手法に倣った。街区には広場と初等学校を中心に市場や公共施設が配置される。街区ごとに順に数字が付されていった。街路の名前も、たとえばセクション1の23番通りは「Section 1/23」と表示するなど、コードを用いた。同国の既存都市の街路に英雄や他都市の名が付けられていたこれまでの状況とは異なる。

最初期に開発されたセクション1の街区は比較的に平坦な地勢にあり、直線の道路で区画された。そこには木造の独立棟の住宅が建てられた。のちに建設される街区では、街路も等高線にあわせるように緩やかに曲線を描く。また住戸も連棟の住宅が優勢になる。

プタリンジャヤは都市基盤の整備も早かった。1970年代半ばにはクアラルンプールとつながるフェデラル・ハイウエイ2号線(Federal Highway)も開通している。クアラルンプールからも近く、クラン港にいたるクランバレー(Klang Valley)の中間点にあり好立地だ。これにより製造業が進出し、1980年代には日系各社をはじめ外資系有力企業も立地した。

プタリンジャヤの拡大は続き、セクション1の地区から北側に10kmもの範囲に広がっていった。開発は時期的に同時ではなく、都市の骨格全体が精密に計画されたわけではなかった。一見して別の住宅団地が造成され、無秩序に拡大したかに見える。この景観は本章6-1に見たSS団地のみならず、同国の各地に見る郊外の風景だ。

人口の増加は持続している。プタリンジャヤ・ミュニシパルは、2006年に市の格を得ている。この間、地方自治体としての範囲も後背地に拡大を続けてきた。2010年までの10年間の人口増減率(年率)は+3.56%、2010年の人口は61.4万人となっている。

民族構成も多様だ。2010年の統計によると、ブミプトラ42%、中国系36%、インド系12%、外国籍9%となっている。

民族構成の多様さは、プタリンジャヤ内の宗教施設にも表れている。カトリッ

ク教会，モスク，タイ寺院，ヒンズー寺院などの各種の施設が団地内に点在している。

プタリンジャヤはマレーシア初の郊外住宅団地として，その開発手法からその後の変転にいたるまで，同国の郊外開発のひな型となっていった。

巨大化したマレーカンポン ── シャーアラム

1974年に，クアラルンプールがスランゴール州から離れ連邦直轄領となったことで，スランゴール州は新たな州都が必要となった。

ここで建設されたのが州都シャーアラム（Shah Alam）だ。用地に選ばれたのはプタリンジャヤと，クラン港の中間点のスンガイ・レンガム（Sungai Renggam）の地域だった。この位置は1956年に当時の都市計画アドバイザーのオーストラリア人のルダック（G. Rudduck）が推薦していたのだ。しかし建設は1964年まで持ち越される。

クアラルンプールとクラン港の間にシャーアラムが建設されることで，衛星都市によるクランバレーと呼ばれる開発軸が完成した。石筒覚はシャーアラムが建設された要因に，クランバレーの工業用地に対する需要増加と，クアラルンプールとプタリンジャヤの集中緩和があったと述べる。[29]

このクランバレーはマラヤ鉄道とフェデラル・ハイウエイ2号線で結ばれている。しかし，のちにはクランバレーを行き来する自動車交通の増加で，同国でも最も混雑の激しい交通路となった。

シャーアラムもプタリンジャヤと同様に，クラン川北側の緩斜面の上に造成された。もとはゴムと油ヤシのプランテーションが広がっていた。

1978年に州都の移転が決定する。都市の名はセランゴールのスルタンの名を受け，シャーアラムと命名された。開発計画はセランゴール州開発事業体（Selangor State Development Corporation）が行った。計画の骨子となるマスタープランは，英国のコンサルタントのシャンクランド・コックス（Shankland Cox Partnership）が1979年に立案した。当初の計画人口は20万人（1990年目途）だった。

シャーアラムの都市計画の策定でも「マレーシア」が強く意識される。これはのちの各種の計画でも引き継がれた。のちに策定されるシャーアラムの中央

の湖と公園の景観計画には，基本姿勢としてこんな意気込みが記されていた。

「我々が<u>とくに避けなければいけない</u>こと，それは景観計画の技術として，安直に西洋や日本のそれを受け入れることだ。それよりも，真にマレーシアの気候や文化を源泉とする新しい景観を確立することなのだ。（中略）我々はこの公園を，緩やかな丘，文化，シャーアラムの栄光と歴史の表れであるセランゴール州の景観と調和させるように計画せねばならない」[30]（下線：引用者）

　景観計画において根幹をなす「マレーシア」を具現化する方法として，近代的な都市空間に「伝統的なカンポンの生活」の実現が目指された。シャーアラムの施設の配置には伝統的なマレー集落の形態が意識され，「近代マレーバナキュラー様式」を都市規模に表した。これまでにクアラルンプールやプタリンジャヤで見られた同様式の導入は建築物単体だった。しかし，ここでは都市全体を建設する手段となったのだ。

　図6-11にシャーアラムの空間構造と施設配置を示した。

　都市の中央に，州立モスクのスルタン・サラフディン・アブドゥル・アジズ・モスク（Masjid Sultan Salahuddin Abdul Aziz）（図6-12-**A**）が配置された。これを緩やかに曲がる道路と，豊かな緑地を有する街区が取り囲む。広い幅員の道路，視覚的に焦点となる巨大な建築物が配置される。そして緑豊かな公園と人口湖が都市の中心部を占める。シャーアラムの自然豊かな都市空間は「真のマレーシアのカンポン」となると述べている[31]。ここでは「マレー」のカンポン（村落）の生活様態が，都市景観として「マレーシア」に昇華している。

　シャーアラムは，北，中央，南のゾーン（Zone）に分かれる。この中央ゾーンにモスクや行政機関が立地する中心街区があり，これを環状道路が取り囲む。南ゾーンには工場用地があり，東西にフェデラル・ハイウエイ2号線が横切る。この高速道路と三つのゾーンは，シャーアラムを南北に貫く大通りプルシアラン・スルタン（Persiaran Sultan）に接続されている。

　シャーアラムでも，プタリンジャヤと同様にセクション制を敷いた。しかし，プタリンジャヤとの最大の相違は，巨大な都市域の全体にわたる骨格が造成前

にマスタープランとして計画されたうえで細部の設計にいたった点だ。ロス・キングは，シャーアラムは「クアラルンプールとは異なり」それは「計画」された都市だと指摘している。

　全部で40あまりのセクション（Seksyen）それぞれにテーマが設定されている。このなかでも，中央ゾーンの各セクションのテーマには，色濃くシャーアラムの都市の性格が表れている。それらのテーマは「スルタンの国」「マレーの系譜を受け継ぐ」などだ。

　シャーアラム最大の建築物は，州立モスクのスルタン・サラフディン・アブドゥル・アジズ・モスクだった。モスクは1987年に竣工する。2.4万人が礼拝することのできる同国で最大規模のモスクであり，世界でもっとも高いミナレット（尖塔）を有する。青い巨大なドームもあり，ブルーモスクとして愛されている。

　ただし州立モスクのデザインは，国立モスクの「近代イスラーム建築様式」でも，国立博物館のような「近代マレーバナキュラー建築様式」でもない。マレー半島の伝統的なモスクの形態とは異なり，4本のミナレットを有する。その建築意匠はオスマン帝国の建築様式を模している。ドームはサラセンやラジャ様式とも異なる。ロス・キングは，このモスクの建築をきっかけとして，マレーシア各地に中東イスラーム諸国の建築様式の影響を受けたモスクが建てられていったと指摘している。

　シャーアラム・ミュニシパルが市に格上げされたのは2000年だ。この間プタリンジャヤと同じく自治体域を拡大してきた。

　図6-10のシャーアラムの人口動態を見たい。2010年の統計によると，民族構成は，ブミプトラ72％，中国系12％，インド系8％，外国籍7％となっている。人口の増加も持続している。シャーアラムの南部の工場地帯で働く人々の転入が持続しているからだ。2010年までの10年間の人口増減率（年率）は＋3.18％となり，2010年時点で54.1万人となっている。開発の始まった30年前の1980年の人口が2万人にも満たなかったことを考慮すると，著しい成長だ。

　シャーアラムでは，これまでの同国のいずれの都市に比べても良好な生活環境を実現することができた。都市空間には緑があふれ，過密とも無縁だ。このことは1980年代以降の同国の郊外の建設の好例となったといえる。シャーア

ラムで経験した快適性を重視した都市計画は，後のプトラジャヤの建設に影響を与えたと見てもよいだろう。

シャーアラムの都市空間は，新しくつくられた大学のキャンパスの配置計画や校舎の設計手法にも影響を及ぼした。独立以降から1970年代にかけて建設されたプタリンジャヤに隣接するマラヤ大学（Universiti Malaya）や，ペナンのマレーシア科学大学（Universiti Sains Malaysia）の校舎は，近代主義建築が優勢だった。

一方，シャーアラム建設と同時期以降の大学キャンパス計画は「国民建築」の影響を受ける。マレーシア工科大学（Universiti Teknologi Malaysia）は1978年，ジョホール州に新キャンパスの建設を始める。このキャンパスの校舎は「近代マレーバナキュラー建築様式」で構成されている。平面配置計画は，シャーアラムと同様に大学モスクを中心とする。その周りに大学本部建物，図書館が建設され，周囲をマレー民家を模した校舎群が取り囲む。伝統的マレー村落の形態が模されている。

こうして都市規模で「マレーシア」を表現する試みが全国の郊外に波及していった。

6-2-3　新行政首都プトラジャヤ

クアラルンプールからプトラジャヤへ

マハティール政権下の1990年代，ビジョン2020（Wawasan 2020）キャンペーンが始まる。これは同国が2020年を目途に，経済，社会開発の両面において先進国の仲間入りを果たすことを目指したものだ。ティム・ブネル（Tim Bunnell）は，2000年前後に相次いで姿を現し始める巨大開発は，新しいマレーシア人とマレー系に対し進むべき方向を象徴的に示したと指摘している[34]。それは情報技術を受け入れ，巨大開発に突き進む姿だ。ここでは次なる成長戦略の確立とグローバル化への対応が重要領域となった。

1990年代に入り，近隣アジア諸国でも著しい経済成長が続き，域内競争も過熱し始めた。なかでも航空ネットワークの再整備は重点課題となっていた。

既存の国際空港であったスバン空港は航空機の発着容量に限界があり、新空港建設が求められていた。しかし、スバン空港を拡張するにも、同空港の位置するクランバレー地域には開発の余地がない。そこで、開発の対象として注目されたのが、クアラルンプール南方のセパン（Sepang）地域だった。

1991年にクアラルンプール国際空港（KLIA: Kuala Lumpur International Airport）（開港1998年）の建設が本格化する。約1万haの土地が買収された。

空港を設計したのは日本人建築家の黒川紀章。工費は90億リンギに達した。ここでの建築意匠は自然との共生がテーマとなった。黒川は「森との共生」を主題とし設計を行う。巨大なターミナルの建物はガラス張りで、外側には人造の熱帯雨林が見える建物だった。

空港開港に際してマハティール首相は「この空港は、マレーシア国民の誇る文化財として、必ず次の世代まで伝えていく」と祝辞を述べ、黒川らを感動させている。[35]

開港後、空港とクアラルンプールをつなぐ高速道路とKLIA高速鉄道（KLIA Ekspress）（開通2002年）も建設された。

新国際空港の開港は首都圏の地域構造にも影響を及ぼした。東西のクランバレーに加えて、新たな開発軸が南北方向に形成され始める。この軸の南方にはヌグリスンビラン州とマラッカ州が広がる。いずれも広大な未開発地を有する。一空港の建設を超えて、国土全体への開発の波及効果が期待された。

クアラルンプールの過密と都市再生の困難さは各種の都市計画策定書でも指摘されていた。[36] 首都圏に流入する人口の増加はとまらない。首都機能が分散することで、クアラルンプールの都市再生が可能になると考えられた。そこで、新行政首都建設にむけて適地選定が始まる。

紆余曲折を経て、新国際空港とクアラルンプールの中間点にあるプトラジャヤの土地が、新行政首都の適地として選定された。ロス・キングはこの場所が選ばれた理由として、①新空港が開港したこと、②都市基盤整備がすでに進行していたこと、③土地所有者の数が少なく買収が容易であったことを指摘している。[37]

この位置に新しい行政首都が建設されることは、クアラルンプール首都圏の諸都市の秩序の再編も意味した。ヤ・ミンルー（Yat Ming Loo）は、国の新し

い玄関口である新国際空港から見て，最初につながる都市がプトラジャヤであることに注目する。プトラジャヤを経てからクランバレーの首都圏へつながる。プトラジャヤは，配置上，クアラルンプールを含む首都圏の都市群においてヒエラルキーの上位になるのだ。[38]

新行政首都の名称は，初代首相アブドゥール・ラーマン（Abdul Rahman）の名を冠してプトラジャヤと決まる。プトラ（Putra）とは王子を表す。アブドゥール・ラーマンはケダのスルタンの家系からの出身だった。新聞紙上でも「プトラジャヤはマハティールにより設計された。マハティールによる最大規模の都市であり，国家に対する最高の貢献だ」と絶賛された。[39]当初はマハティール・プトラジャヤという名称も検討されたほどだった。

ガーデンシティーと軸線

プトラジャヤの開発計画は1992年に始まる。プトラジャヤの建設にあたり行政区上の変更が行われた。連邦政府がセランゴール州に土地を連邦直轄領とすることへの対価を支払った。その後，2001年にプトラジャヤはクアラルンプールと同様に連邦直轄領となった。

建設に先だって複数のコンサルタント企業に開発骨子を謳うコンセプト計画の作成が諮問された。1994年にその諮問案がマハティール首相に提出される。検討の結果，BEPアキテック（BEP Akitek）社案がコンセプト案として採用された。1995年にプトラジャヤ・マスタープランが連邦政府に承認された。

BEPアキテック社は，建築家キントン・ルー（Kington Loo）に率いられた名門の建築設計会社である。キントン・ルーは「マレーシアの近代建築の先駆者」「マレーシアの建築を体現した」と評される建築家だった。また野生動物保護の先駆者としても知られていた。[40]

BEPアキテック社は「ガーデンシティー」をプトラジャヤ建設のコンセプト案とした。そして計画には，創造主，人，自然の調和的関係が都市空間に表れると謳った。可能なかぎり自然環境を破壊することなく，水に囲まれた都市が構想される。そして熱帯の植生環境を当初から意識していた。[41]

この基本路線は現在のプトラジャヤの都市景観に表れている。ただし同社のキントン・ルー側近は，その後「我々はプトラジャヤ建設の実施設計には関与

していない」と回想している。実施設計で変わった部分があったからだろうか。

　BEP アキテック社がコンセプト案を作成したのちに，より詳細な計画を立案する共同事業体が組織される。共同事業体の実施計画でも自然環境との融合が目指される。

　プトラジャヤの計画敷地は小高い丘が点在する起伏のある地勢だ。プトラジャヤ開発に際して立案された総計画面積は周辺地域を含め延べ 1.5 万 ha に及んだ。ここでは既存の大規模開発のように大幅に山を削り谷を埋めることはなく，地形が活かされた。計画敷地内にあった 2 本の河川が堰堤長 740m のダムで堰き止められ，人造湖のプトラジャヤ湖（Tasik Putrajaya）（図 6-14-❼）が設けられた。この人造湖は 650ha の面積があり，3 〜 12m 程度の水深がある。人造湖の水面は丘陵を取り囲み大きく環状に広がった。この結果，人造湖に浮かぶように，南北 4km，東西 2km の約 5km^2 の島ができた。この島に行政機関が建てられることとなる。人造湖の建設に当たり治水も検討が行われた。クランバレーなど首都圏では水害が頻発しているが，プトラジャヤで起きることはない。近年では，プトラジャヤをグリーンシティーとしてリサイクルや省エネルギーにむけた取り組みも始まっている。ただし，ここでの自然は新しい建設技術でもって調整し，制御し，演出された環境だ。またプトラジャヤ公共企業体の関係者は「市街地各所に監視カメラが設置され，治安が維持されている。警察官が巡回する必要はない」と言う。

　この島の南北に，幅員が 100m ある大通りのプルシアラン・ペルダナ（Persiaran Perdana）（同-❻）が設けられた。島から人造湖を超えた地点の丘陵に突き当たるまでで全長 4.2km ある。この北端の丘には首相官邸（同-❶）があり，南端にはプトラジャヤ国際会議場（同-❾）が建設された。

　BEP アキテック社のコンセプト案では，当初は全長 3km 程度で計画されていた。これが共同事業体の実施設計案では現在の 4.2km まで延伸され，広幅員で湖を渡ることとなった。このことで，この都市軸は景観的により強調されることとなったが，湖の水辺の環境が変わった。

　この軸，プルシアラン・ペルダナに沿って，連邦政府の各省庁の建物が建ち並ぶ。この軸からの距離は権威の序列を反映している。プルシアラン・ペルダナは国家の祝祭空間としても想定された。独立記念日のパレードにも用いられ，

2013年までに2回開催されている。

　一方で，国王宮殿（Istana Melawati）（図6-13-❿）はこの軸とは別に建てられた。マレーシアの国王は各州のスルタンが5年間の任期で担当する。プトラジャヤの建設当時セランゴール州のスルタンが国王であった。州の土地を連邦政府に譲り渡したスルタンは，クアラルンプールの宮殿に次ぐ第二の宮殿をプトラジャヤのなかに建設することを求めた。結果，プトラジャヤの北部に設けられることになる。

土地利用と開発手法

　プトラジャヤ・マスタープランによると，都市の計画人口（2025年）は34.7万人（うち70%が公務員とその家族）。面積は4,931ha，6.5万戸の住宅が想定された。

　統計（図6-10-2）によると，プトラジャヤの人口は2000年に7,000人。2010年には6.8万人。2010年までの10年間で人口は約10倍に増え，人口増減率は年率＋25.20%を示している。その後，2013年には8.6万人に達している。プトラジャヤの計画人口は34.7万人だから，2013年時点の人口でいまだ約4倍の余地がある。

　都市は20の区（Precinct）に分かれる。土地の用途が定められ，行政，商業，文化，混合，運動余暇の5種がある。ここではプタリンジャヤやシャーアラムのようにセクションとは呼ばれない。

　プトラジャヤの中核となる島の外側，湖の対岸には住宅が建ち並ぶ。プルシアラン・ペルダナからの距離に応じて敷地割は小さくなる。大通りから近い湖畔には大区画の敷地が並び，そこに大臣公邸や幹部の邸宅が並んでいる。

　それぞれの区はクラスター状に住宅が建ち並ぶ。おおむね徒歩5分で近隣センターへ到着できるように公共施設が配置される。中心部には大規模な住宅が立地し，周縁には小規模の住宅が建設されている。街並みは同国の郊外住宅団地のそれと同様だが，門や塀がなく開放的で街路や緑地の管理も行き届いている。

　2013年時点で住宅建設は戸数ベースで42%まで進んだ。供給戸数は2.2万戸の公務員向け住宅，0.5万戸が民間住宅だ。住戸比率は公務員向け46%と民

間向け54％となる計画だ。現在，プトラジャヤの不動産価格は上昇を続けている。

居住者はプトラジャヤに勤務するマレー系の公務員によって占められる。2010年の統計によると，ブミプトラ96％，中国系1％，インド系1％，外国籍2％となっている。街を歩く中国系やインド系の姿は目立たない。

プトラジャヤの建設でも民間活力の導入が進められた。1995年には，プトラジャヤ公共企業体法（Perbadanan Putrajaya Act 1995）を定めている。この法の下で設置されたプトラジャヤ公共企業体（Putrajaya Corporation）が地方自治体としての役割を担う。開発主体としてのプトラジャヤ・ホールディングス（Putrajaya Holdings Sdn. Bhd）は不動産開発や資産運用を担う。後者は政府系金融機関などにより株式保有されており，プトラジャヤの開発計画ごとに国内企業との共同事業体を立ち上げ，事業を行っている。

1997年に始まるアジア経済危機はプトラジャヤ建設にも影を落とした。若干の遅れをもたらしたが開発は続行された。これにはマハティール政権のリーダーシップと開発投資の継続が後押しした。

このあとの1999年，首相府の一部が第一陣としてクアラルンプールからプトラジャヤに移転する。当初は21世紀の半ばに省庁の移転完了とも見られていたが，短い期間で省庁の移転が進む。2000年には経済企画局をはじめとする主要官庁が移転を始め，法務省や首相府の移転が完了した。将来的には外国公館の移転も想定されている。

2013年時点で，官庁は床面積ベースで87％の240万㎡が完工した。すでに22の省庁の移転が完了している。一方，このほかの用途の建物の完工率は低く，商業建物15％にすぎない。

2013年時点のプトラジャヤは，各省庁の移転は進んだが，人口ベースで計画の4分の1，住宅が4割，商業は2割弱の整備成果にすぎない。また市内に敷設される計画だった全長20kmのモノレール線の工事は中断されている。

プトラジャヤ中心部の都市景観は，すでに2013年の時点で，その規模と壮大さで訪れる者を圧倒する。それでも未だ建設途上なのだ。

プトラジャヤの建築意匠と中東イスラーム諸国

　プトラジャヤの中軸となるプルシアラン・ペルダナには官庁をはじめとする大規模な公共建築が建てられた。ここで意匠されている建築群を見ると，やや「近代マレーバナキュラー建築様式」の意匠が目立つ。

　それでもクアラルンプール市内に独立以降から1980年代後半までに相次いで建てられた公共建築と比較すると「国民建築」の表出は限られている。「国民建築」よりも中東をはじめとするイスラーム諸国由来の建築意匠が都市景観の特徴になっている（番号は，図6-13，6-14に対応）。

　都市の中心は，円形のプトラ広場（Dataran Putra）だ。これに面して中東イスラーム諸国にあるモスクの建築意匠を取り入れたプトラモスク（図6-14-❷）が建つ。このモスクはプトラジャヤ湖の湖岸にあり景観上の存在感が大きい。

　この円形広場と大通りのプルシアラン・ペルダナを見下ろして首相官邸（同-❶）が建つ。プルシアラン・ペルダナの沿道には，イスラーム諸国由来のものをはじめさまざまな建築意匠で彩られた主要官庁の建築物が建ち並ぶ。

　ムーア様式の最高裁判所（同-❸），熱帯植物の形態を参照した財務省の建物（同-❺）などだ。南側の沿道にはアラブ首長国連邦のドバイを模したとされる高層ビル群も建てられている。これらの高層ビル群はクアラルンプールに近年建てられる建築物と同様の現代建築だ。

　2013年時点でプトラジャヤの市内において明確に「近代マレーバナキュラー様式」の建築物は，ヒジャス・カスリ設計のプトラジャヤ国際会議場（同-❾）だった。

　次々と主要官庁の移転が進む中，大通りのプルシアラン・ペルダナ沿道には空地が少なくない。その多くがマスタープラン上では商業用地として定められている。民間企業のプトラジャヤへの進出が途上なのだろう。

　プトラジャヤを支える都市基盤の形態はさまざまだ。人造湖をまたぐサンフランシスコのゴールデンゲートブリッジに似せたとされる橋梁。建築家ケン・ヤンの設計による高さ68mのミレニアムモニュメントは，マレーシアの国花であるハイビスカスをモチーフにしている。

　プトラジャヤの都市景観はクアラルンプールと同様に建築様式の饗宴だ。ただし，植民地時代の建築は払拭され「国民建築」の密度が薄くなり，中東イス

図6-13 プトラジャヤの空間構造と施設配置
注記）図中の番号は図6-14に一部対応している。

第6章 郊外 —— 落日の郊外団地と膨張する首都圏 237

ラーム諸国の影響が強い。ヤ・ミンルーは，プトラジャヤの建築群には，マレー民家や東南アジアの建築意匠が表れていないと指摘する。それらは都市全体に見て中東イスラーム建築のデザインの「補完」にすぎないと指摘する[46]。

ではなぜ，建築意匠を参照する対象が中東イスラーム諸国なのか。ジュリー・ニコラス（Julie Nichols）は，中東イスラーム諸国の目覚ましい経済成長を意識しつつ，かつての植民地支配を連想させる西洋の事物を一掃する意図を指摘している。一方で，「プトラジャヤは，英国に系譜を持つ『ガーデンシティー』からアメリカ由来の『都市美運動』をもとにしてコンセプト案をうちたてた。そして政治的な権威主義社会のように祝祭空間としてのブールバールを設け，中東のイスラーム的装飾と諸外国のデザインを受け入れた」と述べる[47]。

「国民建築」には西洋諸国を連想させる何かがあったのか。もしくは，すでに国家像が揺ぎのないものとして共有されたから「国民建築」はその役割を終えたということか。

プトラジャヤ公共企業体の関係者は「外資に頼らずにすべてをマレーシア人の手で建造した。建築家もマレーシア人。ブミプトラが優勢な著名設計会社によるものだった」と胸を張る。

プトラジャヤの宗教施設

プトラジャヤに関する論考では，この都市をマレー系が占める都市として論じるものが少なくない。たとえば，ロス・キングの論考では，この都市には，壮大なモスクはあるが，教会も中国廟もヒンズー寺院もないことを指摘している[48]。サラ・モサー（Sarah Moser）も同様の指摘をしており，今後の人口変動で，もしも中国系やヒンズー教徒が増加した場合，厳密な土地利用計画が裏目に出ないかと危惧する[49]。

都市内での宗教施設の立地はプトラジャヤに限らず住民の機微に関わる。たとえば2015年には，プタリンジャヤに開設される新しい教会の建物正面に十字架をかけることに，近隣住民のマレー系が反対している[50]。

しかし，プトラジャヤのマスタープランや各種計画には，モスク以外の宗教施設の立地を制限する文言は見つけられない。プトラジャヤの行政関係者も開発初期から「マレーシアの多元文化社会を考慮して他の宗教施設は『運動・余

❶首相官邸（Bangunan Perdana Putra）
設計：aQidea Architect（Ahmad Rozi Abd Wahab），竣工：1999年

❷プトラモスク（Putra Mosque）
設計：Kumpulan Senireka（Nik Mohamed Mahmood），竣工：1999年

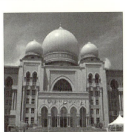

❸最高裁判所（Palace of Justice）
設計：aQidea Architect（Ahmad Rozi Abd Wahab），竣工：2003年

❹プトラジャヤコンプレクス合同庁舎（Perbadanan Putrajaya Complex）
設計：ZDR（Dubus Richez, AKB Architects），竣工：2005年

❺財務省（Ministry of Finance Complex）
設計：GDP Akitek，竣工：2002年

❻プルシアラン・ペルダナ（Persiaran Perdana）

❼プトラジャヤ湖（Tasik Putrajaya）

❾プトラジャヤ国際会議場（Putrajaya International Convention Centre）
設計：Hijjas Kasturi Assoc.，竣工：2003年

図 6-14　プトラジャヤの主な建築物と都市基盤

注記）図中の番号は図 6-13 に対応している。

暇区域』に立地する」と述べていた。[51]

　実際に2013年1月，プトラジャヤ内へのヒンズー寺院の建設が承認されている。その後，信徒による寄付が募られプトラジャヤ南端の第20区で工事に入っている。プトラジャヤ国際会議場を仰ぎ見る緑地公園の一角で，敷地面積は0.4ha，600人の礼拝者を収容する。1,200万リンギの工費を想定して寄付が募られている。このヒンズー寺院の意匠は，インドの各地の様式を織り交ぜた，特色あるものが想定されている。

　しかしこの建設計画に対して，マレー系の保守系団体の青年部から，マレー系が優勢なプトラジャヤにヒンズー寺院の建設はそぐわない，せめて都市内に建設するならばヒンズー教徒が多く住む地区にむけて入口を設けるべきだとの主張がなされた。

　これに対して連邦直轄領相は，このヒンズー寺院は新たな観光資源にもなると述べた。加えて寺院には図書館やホールも設置されることに触れ，「この施設はヒンズー教徒のみでなく皆が使用できる」との見解を述べている。この寺院の建設については，MIC（マレーシア・インド人会議）の前代表が，与党連合BN（国民戦線）との確約を得ていたのだ。[52]

　プトラジャヤ公共企業体の関係者の話によると，現在，チャイナタウンやリトルインディアと呼ばれるような地区の形成をも想定している。現実的に，マレー系を中心とするブミプトラの人口構成が96％を占める現在のプトラジャヤには，他の信仰施設の需要は低い。しかし都市の成長と人口増加に伴って求められる都市施設が変化するだろう。

　もっとも公共事業体の関係者は，モータリゼーションが進むなか「プトラジャヤのなかに自らの宗教施設がなくとも，プトラジャヤの外側にはハイウエイ経由で10分程度で廟や寺院に到着できる」と述べる。行政界が，それぞれの生活圏域を仕切るわけではないからだ。

マルチメディア・スーパーコリドーとサイバージャヤ

　首都圏を捉える際に，もう一つ欠かせない軸がある。マルチメディア・スーパーコリドー（MSC）構想と，プトラジャヤに隣接するサイバージャヤ（Cyber Jaya）だ。サイバージャヤは1997年にプトラジャヤの隣接地区に建設が始まっ

た。同国のシリコンバレーを標榜している。この都市はMSCの中核となる。MSCは同国の情報技術産業戦略とともに生まれた概念で，クアラルンプール市中心部と新国際空港をつなぐ南北軸で構成される。

　MSC構想とサイバージャヤは，クアラルンプール首都圏の経済成長と都市の拡大においても大きな意味を持つ。首都圏の東西軸クランバレーには電機や自動車などの既存型の製造業が立地した。MSCによる南北軸は，次世代の産業の中核となる情報技術の発展を受け止める。この構想では日本の筑波研究学園都市などをモデルとしつつ日系企業が企画立案に参画している。

　面積は30km^2。サイバージャヤの計画人口は24万人であるが，2010年時点では4.8万人にすぎない。また夜間人口は1万人にすぎない。それでも人口の増減率は著しく高い。2010年までの10年間の増減率は＋32.67％だ。サイバージャヤの2010年の民族構成は，ブミプトラ61％，中国系16％，インド系11％である。民族構成上はプトラジャヤとは異なり，クランバレーの状況に似て中国系と外国籍（12％）の人口が大きい（図6-10-2）。

　サイバージャヤの開発では外国資本の企業へ税制などで優遇策がとられた。これは，第4章で見たペナンの自由貿易地区（FTZ）の開発手法と同じ流れだ。これにより比較的に短期間で先端技術が同国に持ち込まれると期待されたのだ。

　しかし産業の外国資本への依存がより深まることになる。1993年の同国の電子関連産業の実に90％以上が外国資本だった。また外国資本の進出も地域社会にとっては新たな雇用機会の創出となったが，先端技術の地場産業への波及は限定的だとの指摘もある[53]。

　外資企業でもマレー系の採用が進められた。しかし数のうえでは，地方出身で学校歴も短い，女性の単純労働への雇用が優勢だ。一方で，より専門的で上級の技術職に就くのは，都市出身で学校歴も英語運用能力も高い，中国系の男性となったのだ[54]。

　サイバージャヤへの進出は外国資本にとっては魅力的だった。各種の進出優遇策に加えて，同国には英語を話す教育水準の高い豊富な労働力がある。諸外国と比べても労働賃金は低い。しかし外国資本にとって，必ずしもマレーシアという場所にのみ投資しているわけではない。投資条件が見合わなくなれば進出先はマレーシアでなくともよいのだ。

事実，国内では2010年代中盤になって外資の電子機器メーカーの再編が話題となった。国内の事業所を閉鎖して，労働単価のより安いタイや中国への移転が検討されているのだ。

一方で，ティム・ブネル（Tim Bunnell）はMSCの進捗は頭脳流出の一定の歯止めになるのではないかと指摘する。同国では2000年代の前半からKエコノミー（Knowledge Based Economy）が経済成長戦略の重要課題となってきた。MSCは海外での就労に関心を示す，高度な知識を有する非マレー系を定着させる効果に期待できるとみられるのだ。[55]

6-2-4　小結 ── 二つの「首都」と拡張のゆくえ

新行政首都プトラジャヤの建設は，マレーシアにおける新しい郊外そして都市のあり方の芽生えであるだけではなく，首都クアラルンプールにとっても転換点となった。

公務に従事するマレー系によって占められる，新しい政治センターとしてのプトラジャヤ。そこは膨大な財政支出を伴いつつ建設され，自然環境から治安維持まで，すべてがコントロールされた新しい都市だ。

一方，中心部は中国系の優勢なクアラルンプール。開発圧と資本投資のおもむくままに拡大を続けた。慢性化する渋滞，灰色の空と排気ガス，悪化する治安，雨が降るたびの道路冠水。

マレーシアは二つの「首都」を有することとなった。すなわち，公式の首都としてのクアラルンプール，行政首都としてのプトラジャヤだ。もっとも国家の体制に関係しては，国王の在位都市と議会はクアラルンプールに，連邦裁判所はプトラジャヤに所在する。

なぜ，マレーシアは二つの首都を求めたのだろうか。ヤ・ミンルーはマハティールの2003年の発言を参照している。マハティールは「プトラジャヤを建設したことは正しかった。我々はアイデンティティーが必要だったのだ。クアラルンプールは我々にアイデンティティーを与えないから」と述べた。ヤ・ミンルーは，マハティールの発言をこう解釈する。すなわちクアラルンプール

はマレー（シア）人を表す空間ではなく，英国による植民地支配と中国系の手による産物と見たからだと指摘する。プトラジャヤは「マレー人の理想的都市をつくること」だったのだと。そこには「パブも，夜遊びも，不法滞在の労働者もいない」と。

　そのうえでプトラジャヤとクアラルンプールの関係性について問いかける。「プトラジャヤは，汚染された古いクアラルンプールを隔て排除した場所として成立した」のではないかと問う。そしてクアラルンプールの役割は「商都」として固定され，中国系は「商都」で働く「商人（Businessman）」として再定義化されたのではないかと。[56]

　膨大な国家的支出によってプトラジャヤは完成にむかう。ここでの疑問は，この都市の有様についてだ。なぜ，プトラジャヤでは，同国の社会が独立以降，営々と探求してきた建築意匠における「国民建築」から，その主軸を中東イスラーム諸国に転換したかだ。

　この一連の都市開発をつうじて，社会のさらなるグローバル化が期待された。しばしばグローバル化は西洋化のそれと混同されることが少なくない。そこに，マハティールのグローバル観が作用する。ヤ・ミンルーによると，マハティールのグローバル観は単に社会の西洋化を指向したものではなかったと指摘する。中東イスラーム諸国とも極東とも，全方向的につながり，それを活かすこと。マハティールはイスラーム世界へのチャンネルを重視した。この観点がプトラジャヤの景観を決定したと述べるのだ。[57]

　では，その理念をどう形にしたのか。むしろプトラジャヤでは，近隣諸国を含め多くの国家でなしえなかった，規模や高さで圧倒する空間を建設することが主題になっているようだ。公共事業体の関係者によるプトラジャヤについての説明では，一様に，この都市空間のそれぞれの唯一無二さが語られる。

　すなわち，存在の偉大さ（もっとも高く，広く，大きい），意匠の壮麗さ（完璧な美しさと，歴史的な真正さ），イスラーム世界との接続性，そしてそれがマレー（シア）の人々によって建設されたことだ。

　ただ，その唯一無二な都市空間で，この先営まれる暮らしの豊かさとその未来についての語りは限られる。それに本書の各章でも見たようなマレーシアの人々が永年にわたって築き上げてきた，多様な人々の生活空間との連続性が，

プトラジャヤの都市景観には，いまのところ見えない。

　むろんプトラジャヤは，2015年になっても，最初の官庁の移転から15年余りしか経過していない。開発面積が巨大であることはたしかだが，完成までしばらくの時間が必要だろう。人口も，いまのところはマレー系の公務員が圧倒的多数を占める，わずか7万人余りの小都市にすぎない。人口規模では，クアラルンプールは，プトラジャヤとは比較にならない。

　都市として成熟するには相当の時間の経過が必要だろう。新しいグローバル観から，中東イスラーム諸国各地の建築意匠や景観計画を取り入れた成果が，マレーシアの新しい行政首都の景観として，この先，広くマレーシアの人々に受容されるかどうかは注目に値する。

　一方で，行政機能を送り出したクアラルンプールの社会と都市空間は転換点にあるようだ。クアラルンプールは，連邦の政治センターとしての位置づけから消費都市，またヤ・ミンルーの指摘のとおり「商都」へとその性格を変えつつあるのか。

　クアラルンプールは，植民地支配から，メルデカ（独立），1969年の民族間紛争などの幾多の歴史の舞台となりつづけた。それが2000年代初頭をもって，国家の行政機能をプトラジャヤに譲ることとひきかえに，都市景観に国家を表象し続ける役割，重圧から解放されたかに見える。

　クアラルンプール市内で近年建設される建築物にも「国民建築」は目立たない。新しい建築様式としてのハイテクやエコロジーを建築意匠に選んだ建物が優勢になっている。そして商業建築に見る近年の様式の競演は，世界都市としてのグローバル化が胎動しているかのようだ。「メルデカ」以降の，より若い軽やかな世代が，社会の中核を担うようになったことも影響しているからか。

　クアラルンプールは，泥（Lumpur）の合流点（Kuala）としての記憶を有する，事物がまじりあう「迷宮都市」（ロス・キング）[58]だ。現在のこの都市は，マレーシア社会にグローバル化をも飲み込む，世界の合流点に転換する過程なのかもしれない。

　一方で，マレーシアは一つの首都圏に，二つの性格を持つ都市を持つことで，世界との接続性をより高めたともいえよう。すなわちマレーシアの宗教国家（イスラーム国家）と世俗国家としての両面性。宗教国家の表れとして，イスラー

ム的正統性を高めたプトラジャヤ，世俗国家を表象しグローバル化にむけ疾走するクアラルンプール。

　現在，マレーシアへは中東イスラーム諸国からの観光客が増加している。これに対応して政府は誘致戦略をすすめ，関連産業を育成しハラル認証などにも注力する。この意味では，プトラジャヤの建設は，イスラーム諸国からの資本や人的交流においても親和性を高めるだろう。

　そして自由を謳歌するクアラルンプールだ。世界の先端のモードと消費の競演。都市景観は日々その姿を変える。国内のみならず世界からマレーシアを訪れる人々にとっても，親和性と選択肢が増えたことになる。

　一方で，クアラルンプール市民には，プトラジャヤはどう見えているのだろうか。第2章で見たとおり，近年のマレーシアではSNSなどをつうじた意見交換により政治意識の表現が容易になっている。より自由な世界観を描き出すインターネットメディアは一定の市民権を確立したといってよい。

　この表れとしてブルシ（Bersih：清潔）と呼ばれる市民デモが2007年から複数回行われている。これは汚職追放や民主化，選挙制度の見直しを求める市民の動きであり，デモの際には警官隊と衝突している。

　興味深いのは，これまでのブルシの市民デモは，いずれもがクアラルンプール市内の独立広場周辺がその場所として選ばれてきたことだ。ブルシのデモだけではなく，物品サービス税（GST）に反対する集会も独立広場周辺で開催された。

　プトラジャヤでのデモは限られる。プトラジャヤでは当局の集会実施の許可が出にくいこともあるが，新しい首都としてプトラジャヤの建設が進んでも，そこは市民デモの舞台とはならない。国民意識としての首都は，依然としてクアラルンプールにあるのかもしれない。

　さて，この二つの首都と二つの郊外都市プタリンジャヤとシャーアラムは，どこへむかうのか。多くの論者がプトラジャヤを空間的に社会的に独立した都市として捉えている。クアラルンプールは「隔て排除された場所」（ヤ・ミンルー）[59]と評されている。

　筆者も同様に本節では，クアラルンプール，プタリンジャヤ，シャーアラム，そしてプトラジャヤと，それぞれを独立した固別の都市として論じてきた。た

しかに，行政区も別で，社会的にも空間的にも，それぞれに性格の異なる都市が成長している。

しかし，人口増加の著しい首都圏においては，それぞれの都市の周縁，郊外では急激な開発が続く。ジョホール州のSS団地にどこまでも似たマレーシアの日常の風景がここにも広がる。この人口増加と経済開発による膨張の果てに，近い将来にはそれぞれの都市はその輪郭を失い，ひとつづきのメガロポリスとなるのだろうか。

首都圏の4都市が，それぞれに有した，都市機能や民族構成，建築意匠や景観の固有性は，いずれ一つにつながった巨大都市としてのマレーシアの「首都」に飲み込まれるのかもしれない。

そのとき，マレーシアの人々はこの「首都」の風景をどのように仰ぎ見，そして愛するのだろうか。

注

1 目的①文献調査：（調査①-1）各種統計・報告書・資料の把握，（調査①-2）主要新聞各紙の把握，（調査①-3）住宅計画の専門家への聞き取り。目的②SS団地での現地調査：1993年に実施した調査と同一内容の次の調査を実施。（調査②-1）SS団地の利用状況の把握（居宅，業種，空き家・工事中，放棄・空地），世帯別信仰・民族属性の把握。住宅外部から祭礼具や生活用具を目視し各世帯の宗教属性を特定している。第4章4-1にみた市街地と比較して住宅団地では各住戸の開放性が低く，商いや生活行為から民族属性が特定しにくいため。（調査②-2）団地内の近隣空間の利用状況を把握。（調査②-3）SS団地周辺地域の開発事情について把握。

2 Noraliah Idrus, Ho Chin Siong, 2008, Affordable and Quality Housing Through the Low Cost Housing Provision in Malaysia, *TUT-UTM Seminar of Sustainable Development and Governance*, pp. 11-12.

3 A. Ariffian Bujang, H. Abu Zarin, 2008, Evaluation on the Bumiputera Lot Quota Rules on the Bumiputera Housing Ownership in the District of Johor Bahru, Johor, Malaysia, Shahabudin Abdullah, Hasmah Abu Zarin (eds.), *Sustaining Housing Market*, UTM Press, pp. 18-22.

4 Valuation and Property Services Department (JPPH), Malaysian House Price Index (2007-Q1 2011).

5 *The Star*, "Government examine minimum selling price," 2012. 4. 10.
6 *The Star*, "More Surveillance cameras installed," 2012. 3. 8.
7 Valuation and Property Services Department (JPPH), op. cit.
8 Alias Rameli, Foziah Johar, Ho Chin Siong, 2006, The Management of Housing Supply in Malaysia: Incorporating Market Mechanisms in Housing Planning Process, *International Conference on Construction Industry*, pp. 8-9.
9 *The New Straits Times*, "Streets Johor: White knights to rescue abandoned housing projects," 2012. 3. 21.
10 Alias Rameli, Foziah Johar, Ho Chin Siong, 2006, op. cit., p. 10.
11 Hasmah Abu Zarin, 1999, Factors Influencing Demand for Condominium in Johor Bahru, Malaysia, *International Real Estate Society Conference*, pp. 4-5.
12 Zurinah Tahir, Khadijah Hussin, 2011, Security Features in the Gated Community Housing Development, *International Conference on Management*, pp. 399-401.
13 ホー・チンション，紺野昭，三宅醇，山崎寿一，1992「マレーシア・ジョホールバル都市圏における住宅団地開発の実態とその評価に関する研究——住宅団地開発許可記録・居住者アンケート調査の結果概要を中心に」都市計画論文集 27，1992. 11，619-624 頁。
14 *The Star*, "Johor couple's neighbours from hell," 2015. 7. 19.
15 Azrina Husin, Nor Malina Malek, Salfarina Abdul Gapor, 2012, Cultural and Religious Tolerance and Acceptance in Urban Housing: A Study of Multi-Ethnic Malaysia, *Asian Social Science*, 8-2, p. 118.
16 Ismail Said, 2001, Pluralism in Terrace Housing Community through Ethnic Garden, *Jurnal Teknologi*, 35-B, pp. 41-53.
17 （調査①）各種統計・報告書・資料の把握，主要新聞各紙の把握，（調査②）都市問題の専門家への聞き取り，（調査③）首都圏の主要建築物の意匠，用途，建築家についての把握。
18 J. M. Gullick, 1994, *Old Kuala Lumpur*, (*Images of Asia*), Oxford University Press.
19 Ross King, 2008, *Kuala Lumpur and Putrajaya, Negotiating Urban Space in Malaysia*, University of Hawaii Press, p. 21.
20 Lai Chee Kien, 2007, *Building Merdeka: Independence Architecture in Kuala Lumpur, 1957-1966*, Petronas.
21 Mohamad Tajuddin Mohamad Rasdi, 1998, Developing a Modern Malaysian Architecture, Chen Voon Fee (ed.), *Architecture, The Encyclopedia of Malaysia 5*, Archipelago Press, pp. 106-107.

22 ヒジャス・カスリ。1936 年生まれ。オーストラリアに留学。マレーシアで初の高等教育機関の建築プログラムとなったマラ高等工科学校（現・マラ工科大学）の建築系学部の設立に貢献。1977 年に建築設計事務所を設立。

23 Paul McGillick, 2006, *Concrete Metal Glass, Hijjas Kasturi Associates, Selected Works 1977-2007*, Editions Didier Millet, p. 15.

24 Ibid., p. 7.

25 生田真人、2000「総説　多核都市圏の形成」生田真人、松澤俊雄（編）、大阪市立大学経済研究所（監修）、既出、19-20 頁。

26 Lee Boon Thong, 2006, Petaling Jaya, The Early Development and Growth of Malaysia's First New Town, *Journal of the Malaysian Branch of the Royal Asiatic Society*, 79-2, p. 1.

27 藤巻正己、2000「1990 年代クアラルンプルのスクオッター問題と再定住政策」生田真人、松澤俊雄（編）、大阪市立大学経済研究所（監修）、既出、101-102 頁。

28 Ross King, 2008, op. cit., pp. 71-72.

29 石筒覚、2000「クランバレーにおける工業開発戦略と外資系企業の進出」生田真人、松澤俊雄（編）、大阪市立大学経済研究所（監修）、既出、50-51 頁。

30 Perbandaran Kemajuan Negeri Selangor, Shah Alam Lake & Park Landscaping, p. 3.

31 Ibid., p. 15.

32 Ross King, 2008, op. cit., p. 111.

33 Ibid., p. 111.

34 Tim Bunnell, 2004, *Malaysia, Modernity and the Multimedia Super Corridor: A Critical Geography of Intelligent Landscape*, Routledge, pp. 73-74.

35 日経アーキテクチュア（編）、1998『クアラルンプール新国際空港』日経 BP 社、6 頁。

36 Kuala Lumpur City, 1984, Kuala Lumpur Master Plan.

37 Ross King, 2008, op. cit., p. 131.

38 Yat Ming Loo, 2013, *Architecture and Urban Form in Kuala Lumpur: Race and Chinese Spaces in a Postcolonial City*, Ashgate, p. 88.

39 *Utusan Malaysia*, "Putrajaya: Titik Tolak Pembinaan Tamadun Melayu Baru," 2002. 8. 31.

40 *The New Straits Times*, "Kington Loo, visionary," 2003. 3. 31.

41 Jebasingam Issace John, 2002, Planning Putra Jaya: The Federal Government Administrative Center, Planning and Coordination Division, Perbadanan Putrajaya, p. 1.

42 *The New Straits Times*, "The 'King' and I," 2003. 4. 5.

43 Putrajaya Corporation, 2001, Putrajaya Lake Use and Navigation Master Plan and Lake and Wetland Emergency Response Plan.
44 Ho Chin Siong, et. al., 2011, Putrajaya Green City 2025: Baseline and Preliminary Study, Universiti Teknologi Malaysia, Malaysia Green Technology Corporation.
45 Perbadanan Putrajaya, 2014, Current Status of Development.
46 Yat Ming Loo, 2013, op. cit., pp. 94-95.
47 Julie Nichols, 2013, Mapping Identity: The Rules & Models of Putrajaya, *Proceedings of the Society of Architectural Historians, Australia and New Zealand*, 1, pp. 215-216.
48 Ross King, 2008, op. cit., p. xxvi.
49 Sarah Moser, 2010, Putrajaya: Malaysia's New Federal Administrative Capital, *Cities*, 27, p. 295.
50 *The Star*, "Churches have right to display cross under Constitution, say lawyers," 2015. 4. 20.
51 Jebasingam Issace John, 2002, op. cit., p. 10.
52 *The Star*, "Ku Nan slams Perkasa over Hindu temple remark," 2015. 1. 18.
53 Gerald Sussman, 1998, Electronics, Communications, and Labor: The Malaysian Connection, Gerald Sussman, John A. Lent (eds.), *Global Productions: Labor in the Making of the "Information Society,"* Hampton Press, p. 111.
54 Vivian Lin, 1987, Women Electronics Workers in Southeast Asia: The Emergence of a Working Class, Jeffrey Henderson, Manuel Castells (eds.), *Global Restructuring and Territorial Development*, Sage Publications, pp. 112-135.
55 Tim Bunnell, 2002, (Re)positioning Malaysia: High-tech Networks and the Multicultural Rescripting of National Identity, *Political Geography*, 21, p. 119.
56 Yat Ming Loo, 2013, op. cit., pp. 90-93.
57 Ibid., pp. 94-95.
58 Ross King, 2008, op. cit., p. 21.
59 Yat Ming Loo, 2013, op. cit., p.92.

第Ⅲ部
多民族〈共住〉のこれから

　ここでは，第2章で見たマレーシアの国土開発と国民生活の動向とともに，第Ⅱ部の第3章「村落」，第4章「都心」，第5章「周縁」，第6章「郊外」に見た，8ヶ所の生活空間の，1990年代から2010年代の変貌を横断的に捉えたい。
　考察では「国土」「景観」「近隣」「民族界隈」「住居」の異なる空間を切り口に，マレーシアの生活空間に見る多民族共住の観点から見た，今後の課題について論じたい。

第7章
民族共存と生活空間の継承にむけて

7-1　多民族共住のこれまでとこれから

【論点1】「国土」に見る多民族共住の課題
　　　　　── 揺らぐ発展観と新しい価値の芽生え

　マレーシアの社会は若年人口を多く抱え，人口増加は独立以降一貫して持続している。本書で検討の対象にした1990年から2010年の間にも，総人口はおよそ1.5倍に増えた。この間は，民族構成の動態ではマレー系の人口増加が大きかった。中国系は少子化の傾向があり人口増加率が低下している。このため民族構成上の割合を減らしている。この傾向はペナン州などの以前より中国系が優勢な州でも同じだった。
　国土開発の進展にしたがって国土全体で人口の流動化が進み，社会全体の混住化が進んだ。またマレー優先政策（ブミプトラ政策）によるマレー系の社会進出により，地方のマレー系が首都圏をはじめとする都市部へ流入した。
　1990年代から2010年代にいたる約20年間では，マレー系の人口増加と都

市流入によって，首都圏をはじめとする都市部の多民族社会化がさらに進んだ。

　もう一つ見逃せないのが外国人労働者の動向だ。2010年の時点で，マレーシアの労働人口はおおよそ1,200万人である。統計上では，労働人口の7分の1を外国人労働者が占める。

　一方で，マレーシアから海外へむかう移住者も少なくない。同国では独立以降200万人が海外に移住したとされ，2010年時点で約100万人が海外で生活している。そのうち3分の1が高度技術者や専門家とされ，頭脳流出が深刻だ。中間層の留学や移住指向も高い。元来，移民社会として成立した同国だが，人口動態は現在も流動的であることに変わりはない。

　経済成長も目覚ましい。1970年以降にとられたNEP（新経済政策）は民族間の経済格差を是正させた。マレー優先政策に対しては，国内外からもさまざまな批評がなされているが，これにより民族間の経済格差の是正がもたらされたのも事実だ。

　政府のリーダーシップも大きかった。とくに1981年から2003年までの22年間に及んだマハティール政権の牽引力により各地で巨大開発が進んだ。本書第6章6-2で見たクアラルンプール首都圏の一連の開発はその代表例だろう。持続した経済成長による国富の増大は，民族間関係の安定に寄与した。

　同国は積極的な外資誘致策を取り，自由貿易区を設け外国資本の企業が進出した。国産自動車を製造し先端的産業を育成する。この間，産業は農業から製造業へ主軸がうつった。その後2000年代にはサービス産業が成長する。GNI（国民総所得）も1990年から2015年でおよそ4.5倍に伸びた。貧困率も国民全体で大幅に改善した。同国の経済成長は，近隣諸国の経済開発の進展も相乗しつつ，持続した人口増加，積極的な開発政策も作用したのだ。

　こうした開発が行われたのは都市部だけではなかった。地方農村部はUMNO（統一マレー国民組織）や与党連合BN（国民戦線）の政権への支持の維持の面でも重視され，国土開発から取り残されることはなかった。低開発地であった地方農村部でも政府主導で大規模開発が進んだ。FELDA（連邦土地開発庁）による大規模農業開発もそうだろう。この政治と開発が密接に連関する構図は有権者の意識に浸透してゆく。中央と地方ともにUMNOや与党連合BNの政権基盤を長期的に安定させたのだ。地域社会と，政党政治が相互に依存し

合う傾向もある。第3章3-1のRB村の住民にとっては与党支持と開発機会の享受は同義だった。

　選挙区が比較的に小さな地域で構成されるため，地域社会にとって選出議員は身近な存在だ。細やかな国民生活のニーズが政治の場に届きやすい利点はある。ただし，このことは地域社会において民族を超えた住民間のつながりを媒介する社会組織が充実しない要因にも見える。

　野党支持を続ける地区では，開発機会から遠ざけられている様が，破損したままの道路などとして，可視的に表れる場合もある。この支持政党が開発機会に影響する状況は，地域単位で民族集団の結束力を高める一方で，民族の枠を超えた協同に影響を与えているようだ。

　2015年に実施された新聞の世論調査によると，55％の国民が民族間の関係は良好ではないとし，4分の3が相互の寛容性が失われつつあると回答している。同調査では閣僚の意見として政治家が民族や宗教について触れすぎることが民族間関係に影響しているのではないかと指摘している。[1]

　2003年のマハティール退陣後の同国の社会情勢は転換期にある。マハティール以降の後継政権は強いリーダーシップによって政権運営を担う体制から転換しつつある。

　国民の与党連合BNに対する支持にも影響している。地方政治では2000年中盤からは本書で見たペナン州をはじめとする州議会の与野党が逆転している。強い与党を支持することが，それぞれの民族集団や地域社会に利するという前提が，揺らぎ始めているようだ。

　これらの情勢が本書で見たそれぞれの地域社会へ与えた影響はさまざまだった。地区の社会組織の代表はそれぞれに連邦や州の政治的変動を捉えつつも，巧みに与野党双方の関係者と渡り合っていた。第3章3-2で見た与野党逆転の下にあるペナン州のSK村は，特定の政党に過度に依存しないように中庸的な姿勢を維持しようとしていた。第5章5-1のクラン・ジェティーは一時占有許可（TOL）の仮設的な状況下にありながらも，粘り強く生活環境を拡充してきた。少なくとも本研究で見た生活空間では，与野党の逆転や政治的変転の影響は，それぞれの社会で柔軟に受け止められていた。

　同国の昨今の与党連合BNの勢力不振は，高官の汚職や，政権運営への国民

の不信感が作用したと説明されている。

　筆者は，これらの要因に加えて，国民の開発への期待が変化しつつあるのではないかと見ている。貧困率は，1970年時点で都市と地方で3倍の開きがあった。実に地方住民の6割弱が貧困層だった。これは年々是正され，2012年に地方部で3%にまで低下している。これは地方部で積極的に展開した開発施策の成果だ。

　しかし国土開発が一巡し，所得が上昇し始めると，国民の開発への期待が変わり始める。豊かさの証としての国土開発が，必ずしも幸福をもたらすのではないと捉えられ始めたのだ。むしろ環境の悪化や物価上昇を引き起こすとも。

　マレーシア政府の調べによるQOL指数（クオリティ・オブ・ライフ）は全般的に向上する傾向にある。2005年には，1990年と比較して住宅に関連した指数は30ポイント上昇。教育や収入の面でも向上している。一方で，環境や治安・安全については評価の悪化が顕著だ。

　国土開発の進展で得られたものは少なくないが，逆に失われたものも少なくない。熱帯雨林の自然環境，市街地に軒を連ねた歴史的な街並み，豊かな水田地帯に並んだマレー民家もそうだろう。1990年代以降は，各地でこれらが次々と姿を消していった。

　1990年代中ごろ以降に本格化した建造物保全に向けた市民の動きは，これらの喪失感への反動ではなかったか。本書でも，第4章と第5章で2008年のマラッカとペナンの世界遺産登録，ペナンヒルやクラン・ジェティーの継承に向けた動きを捉えた。

　2000年初頭，ペナンの歴史的建造物の保全を進めていた専門家の間では，世界遺産への登録は少なからず現実的ではないとさえ捉えられていた。

　その意味で，2008年の世界遺産への登録は同国の開発のありかたの転換点だと言えるだろう。むろん観光産業振興への期待もあるが，中国系の優勢な市街地空間の歴史的価値が国民全体に認識されたことも大きな転換だ。現在，歴史的な市街地や文化遺産の保全に向けた取り組みは世界遺産に登録された二都市だけでなく，地方小都市にも波及しつつある。

　一方，巨大開発においても，その開発技法が転換し始めた。新行政首都プトラジャヤの開発でも，自然環境との調和が全面に押し出されている。この萌芽

は1980年代に開発が本格化したシャーアラムの都市空間にも見ることができる。2000年代に開発が本格化するプトラジャヤのそれは規模も保全の技法もより深化している。自然環境の保全の重要さは「第11次マレーシア計画」でも触れられている。自然や文化遺産に対する国民の意識の高まりは，今後の国土開発の方向性を変えるだろう。

　これまでは連邦政府と政権与党の強い導きで，国土開発が進められてきた。国土や地域における開発のありかたが多様化するなか，国民の開発に対する意見表出の手段を含めて，地方自治体や地域の中間組織の役割がより重要になりつつある。

　現在のところ，基礎自治体となる市やミュニシパルの議会は民選ではない。またその権限は，州の有するそれの大きさと比較すると，市民生活に密接な分野のみに限定されている。それぞれの地域における民族構成も開発動向も流動的で多様だ。地域住民の細やかなニーズを生活空間に反映し実現するには，住民による地域単位での自律性の高い地方自治や中間組織の一層の充実が求められるだろう。

【論点2】「景観」に見る多民族共住の課題
——「国民建築」からの離脱と膨張する都市

　独立以降のマレーシアの都市景観は，新生の独立国家を表象する装置として機能してきた。

　独立後まもなく国立モスクや国立博物館などが次々に建てられる。ライ・チーキアンのいう「独立建築」群だ。そこでは西洋を由来とする近代主義を否定することなく，マレーシアの文化を建築物の意匠や空間構成に取り込むことで「マレーシア」が探求された。

　筆者は独立以降に建てられた一連の建築物を「国民建築」と呼んだ。このとき，根幹をなしたのがマレーとイスラームの文化だった。施主や建築家らはさまざまな方法でマレーやイスラームの伝統要素の参照を試みてきた。「国民建築」の探求では，建築家の民族は決定的ではなく，外国人建築家の果たした功

績も大きかった。それぞれの立ち位置で国家のアイデンティティーを示す建築意匠が探求されてゆく。

　この「国民建築」の建築様式は，建築単体を超え都市規模にも拡大した。衛星都市の都市計画や景観デザインにも表れる。1950年代から建設の始まるプタリンジャヤは，近代主義に基づき機能的配置で造成されてきた。

　「国民建築」が都市で相次いで建てられた1970年代以降に造成されたシャーアラムの都市計画は，マレー村落の空間構成にならって計画された。これらは同時期に建設された高等教育機関のキャンパスにも表れている。また，それぞれの民族集団の宗教建築には民族文化があふれている。

　しかし国民生活を受け止めてきた郊外の住宅団地は画一的で，固有の建築様式が表れることは限られる。都市景観が国家を表象することを期待される一方で，それぞれの国民の暮らしの空間に「国民建築」が表れることは限られた。「国民建築」が表れるのは公共建築物や民間の主要な建物が中心だ。

　これまでの筆者の研究では，マレーシアの都市景観は社会の「中庸性」を表していると見た。同国の都市景観は「点」として「国民建築」が存在しつつも，「面」となる大多数は，多様な文化や建築様式が混在し成立してきた。都市景観にも，その有様を精密に規制誘導するような制度はとられなかった。

　1990年代後半からは，さらに建築様式が多様化している。アジア通貨経済危機など幾度かの経済停滞期を経験しつつも，マレーシアの国土開発は持続してきた。このことは世界とマレーシアの建築界との接続性をより高め，かつ先進的な建築技術を試行する豊富な機会を経済的にも可能にしたといえるだろう。

　独立以降に見られた国家を表象する「国民建築」の表出が1990年代後半以降は薄くなり，エコロジーやテクノロジーといった第三の方法を意匠選択の鍵としている。これらの動きをけん引する建築家たちの言説にも国家の存在を意識する語りがやわらいでいる。たとえばバイオクライマティックをキーワードとした建築家らの取り組みなどはその先例だろう。

　同じ傾向は，同国で建築を学ぶ学生の指向にも見られる。以前は学生の建築設計作品には，建築物ならマレー民家，都市デザインならカンポンの伝統的意匠が積極的に選ばれていた。今や，世界の建築思潮や流行がほぼ同時にマレーシアにも伝わるようになった。若手建築家を中心として彼らの追及する建築表

現はマレーシアの国土に由来するものに限定されない。

　筆者は, 同国では, 独立以降探求されてきた「国民建築」からの離脱が始まっていると見ている。1996年建築のペトロナスタワー（Menara Petronas）は「国民建築」としての近代イスラーム建築様式の最大規模の建築物の一つとなった。筆者は, この建物の竣工が, 同国の都市景観が「国民建築」から離脱してゆく転換点になったと見ている。

　2000年代に入ってからの, クアラルンプールの都市景観に表れる建築様式は多彩で, 他の世界都市に見る都市景観と変わりはない。これには, 国土や都市空間の造営を導いた為政者や技術者の意図は及ばない。多様な国民の求めに応じて自由に彩られてゆく。

　転換の兆しは, 新行政首都プトラジャヤの都市景観にも読み取れる。ここの建築意匠には中東イスラーム諸国を源流とするものが色濃く表れている。2000年初旬から続々と竣工を迎えたプトラジャヤの公共建築にこれまでに見られた「国民建築」の表出は限定的だ。

　首相官邸やモスクなどの建築物では, 世界のイスラーム世界との接続性を表徴するかのように, 中東各地の建築意匠が選択されている。このことに対するヤ・ミンルーの見立ては, これはマハティールのグローバル観の表れだというものだった。たしかに西洋諸国との接続性を高めることに陥りがちな, いわゆる「グローバル化」への一つの回答としても読み取れる。

　プトラジャヤは独立以降, 構築した国富と開発の成功を表象するべく, 世界各地の新都市と, 規模と空間の質を競う。プトラジャヤの構成要素となるそれぞれの建築群の有様も, 多くが中東諸国にある参照元の建築物を超えて巨大化している。

　モータリゼーションの進行で, 都市景観は自動車の車窓からはじめてその全体像と偉大さが認識できるようになった。こうなると, 都市景観においては建築の細部よりもむしろその規模が重要になる。細部は省略化され, 建物の形態は単純化し巨大化し, 増殖する。

　プトラジャヤはこの先, どう変貌を遂げてゆくのか。2010年時点でプトラジャヤの人口は約7万人にすぎず, いまだ開発の途上だ。

　これまでも, プトラジャヤはマレー系の公務員が優勢な特異な住民構成で,

ここにはモスク以外に宗教施設はないと論じられてきた[3]。ただし，プトラジャヤには宗教施設の建設に都市計画上の規制はない。第6章6-2に見た通り，実際に2013年前後から，プトラジャヤでヒンズー寺院の建設が始まっている。この先の人口増加に伴う開発進展で都市景観は変貌するだろう。

プトラジャヤの都市景観に現れる新しい「マレーシア」は今後，各地で開発の進む都市の景観デザインにも影響するだろう。ジョホール州のイスカンダル開発計画を含め，マレーシアでは大規模都市の造営が続いている。これらの都市景観ではどのように「マレーシア」の新しい時代が表現されてゆくのだろうか。

【論点3】「近隣」に見る多民族共住の課題
―― 住宅階層の拡大と囲われる近隣空間

マレーシアの多民族社会は，国土や地域レベルにおける人口増加と民族構成の変動により多民族混住化が進行していた。

より小さな空間スケール，近隣空間の多民族混住の有様は日常生活における民族間関係の安定の鍵となる。

地方や都心など，伝統的な生活空間における近隣空間は，その多くが単一民族がゆるやかに集住していた。第4章で見た都心空間のジョージタウンやマラッカでは，民族ごとに集住する近隣空間が組み合わさって一つの都市空間を成立させていた。筆者はこの集住空間を「民族界隈」と呼んだ。

第5章5-1で見たクラン・ジェティーは同一民族の同一血縁集団で構成されている。これはクラン・ジェティー全体が氏族集団で構成される「民族界隈」だと読める。植民地支配下で，同郷・同族の生活者らは相互扶助的な体制をつくり，近隣空間を形成した。多民族社会における近隣空間は，これらの同質性を持つ生活者の相互扶助の器としても機能してきた。

一方で，生活者の交流圏の拡大やコミュニケーション手段の多様化で，近隣空間や社会への期待も変わりつつある。筆者は1990年代の調査でも近隣空間や民族混住の状況は変化の過程にあることを予見していた。

歴史的に，同国の生活空間の形成過程では，それぞれの民族集団は分かれて居住地を形成していた。植民地支配下にも同様の民族集団ごとの居住地が現れた。第5章5-2で見た高原避暑地は一定以上の標高に形成され，植民地初期の療養空間からその後の余暇空間にいたるまで，西欧人と選ばれた富裕な華人以外は居住できなかった。

　それでも同国で民族の住みわけが制度的に誘導された事例は限定的だった。独立以前の非常事態期に形成された華人新村とマレー系への優遇策として1913年から導入されたマレー・リザベーションランド，東マレーシアのサバ・サラワク州における少数民族習慣地が該当する。

　独立以降のマレーシアでは民族の住みわけは行われなかった。その後は，先に述べたとおり多民族混住化が進んだ。また多民族混住化は政策的に誘導されなかった。文化政策においても同様で，独立以降はイスラームやマレー文化を基軸としたが，他の民族を同化させるような政策もとられなかった。

　1971年のNEP（新経済政策）を受けた住宅政策では，マレー系に各種の優遇措置が行われた。第6章6-1に見たとおり住宅団地開発では，住宅購入の条件に各種の優遇策がとられた。この優遇策は公的な住宅供給だけではなく，民間開発においてもとられた。

　これは住宅政策における間接的介入だ。民族属性を優遇対象者の根拠としつつ，住宅購入者の選択と市場原理の作用にゆだねたのだ。これが作用し団地レベルでの民族混住をうながすことになる。

　さらに，団地空間の近隣空間を，入居者の民族属性をもとに配列するような誘導策もとられなかった。住宅団地は画一的な住戸が大量に一時期に供給される。そこでも生活者の起居形式を誘導されることはなかった。生活者が住宅を使いこなし，自らにふさわしい形に自分の手でしつらえてゆくのだ。

　生活空間の共有の方法を，生活者の自由意思にゆだねる。多民族混住を直接に政策的に誘導しないことは，日々変化する生活者のニーズを柔軟に受け止めるうえでも有意だろう。

　多民族が一つの近隣空間を共有する様は民族融和の様が可視化されているとも読み取れる。住宅団地は第6章6-2に見たように，「国民建築」が連なることで「国家」が映し出される都市景観よりも，より実質的に民族共存を表して

いるようだ。これは日常生活をつうじて国民意識の形成に作用しただろう。

　第6章6-1のSS団地に見たように，住宅団地の近隣では，民族混住が行われながらも，のちの住宅の転売で徐々に同一民族が一定の街区に集中して居住する傾向にあり，緩やかな住みわけが見られた。1990年代前半でもその傾向を見たが，2010年代の調査では，さらにその傾向が進んでいた。どのような近隣を望むかをそれぞれの生活者の意思にゆだねているのだ。

　一方，近年の都市部では住宅価格の高騰が進む。優遇措置を得てもマレー系の世帯収入から見て，住宅の販売価格はいまだ高水準だ。投機目的での住宅購入も過熱する。マレーシアの住宅市場は，国内需要のみによって決定されているのではない。シンガポールをはじめとする海外からの投資の対象となっている。既存の民族間の経済格差は住宅階層にも表れる。こうなると，住宅価格の高騰と階層の拡大が，民族集団を分け隔てる要因になりかねない。

　これは住宅団地だけの現象ではない。第4章に見た世界遺産への登録以降のマラッカやジョージタウンの市街地にも言えるだろう。家賃統制令の撤廃と，世界遺産への登録以降の建物の修理事業のあと，ショップハウスの賃貸価格は高騰している。外国籍者の購入価格は，専門家らの想定をはるかに上回る水準だった。市街地に残存していた建造物は，世界遺産となり守られることになった。しかし中心市街地ではジェントリフィケーションが進む。

　伝統的にも，近隣空間は人々を結びつける器の役割も果たしてきた。第5章5-1で見たクラン・ジェティーでは中国系の氏族集団が，過酷な労働と厳しい暮らしのなかで支えあってきた。第3章で見た村落では，この相互扶助が社会集団としての村落住民の統合の象徴として作用してきた。マレー村落に見る相互扶助ゴトン・ロヨンは都市部のみならず新興住宅団地においても，一つの共同体の規範として注目されてきた。

　しかし村落などではぐくまれてきたゴトンロヨンをはじめとする在来の相互扶助が，住宅団地の近隣社会では低調であることは留意されてよい。この近隣社会の結合原理の不在は，近隣への無関心へもつながるようだ。住宅団地をはじめとする近隣空間の荒廃にもつながっている。

　その意味で第6章6-1でも指摘したように，近年の都市の中間層を中心とした人々への住宅地のゲーティッド・コミュニティーの広がりは，マレーシアの

近隣空間のあり方の転換といえる。

　都市部を中心とした治安・安全に対する国民の不安感の高まりは，警備員に守られ塀に囲まれた近隣空間を求めているのだ。これの普及は中間層の増加とも相乗した。同質の所得階層の住民で構成される，閉じられた近隣空間。多くのゲーティッド・コミュニティーでは敷地内の維持管理も有償化されている。むろんここにはゴトンロヨンは必要ない。ゲートの外社会とは近隣関係が成立しないばかりか，ゲートの内側の社会の相互関係も希薄だ。今後，この囲われた近隣社会は，より広い住宅階層に普及すると見られている。マレーシアにおける近隣社会のあり方に影響するだろう。

【論点4】「民族界隈」に見る多民族共住の課題
── せめぎあいと再生

　それぞれの民族集団が集住する近隣空間「民族界隈」の動態を示した（図7-1）。マレーシアの生活空間はさまざまな「民族界隈」が組み合わさって一つの近隣，都市や村落，地域社会が成立していた。

　それぞれの「民族界隈」は一つの地域空間を共有しながらも空間の性格が異なる。それは住居の形式や起居の相違にも表れている。第3章3-1で見た多民族村のRB村はその好例だろう。

　「民族界隈」は中心領域を有し，それを緩やかに取り巻くように同一の民族集団の生活者が居住している。中心領域には，宗教施設や民族語学校，民族系の政党事務所，民族文化に密接な商業施設などが集積する。

　これらの集積により「民族界隈」の中心領域に同質の民族集団にむけた求心力が生じる。広田康生の呼ぶ「エスニック社会」を形成し，人を引きつける「磁場」と同義かもしれない。[4]一方，「民族界隈」の同質化がより高まると，異質性を有するものには必ずしも快適ではなくなる。

　「民族界隈」の中心領域の街路空間は多様な空間的機能を担っている。第4章4-1のジョージタウンのリトルインディアでは，ヒンズー教の祭礼や，インド系に密接な商行為が日々行われ，空間がしつらえられることで，より同質性

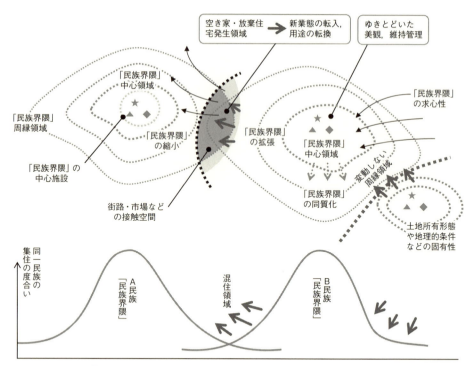

図7-1　変化する「民族界隈」とせめぎあう周縁領域

が増している。第3章3-2のSK村に見た，マレー農村らしい村落景観の形成の経緯も同様だ。いずれの「民族界隈」の中心領域にも生活空間の荒廃は見られなかった。

　それぞれの「民族界隈」は同一の民族の転入者を引きつけつつ，さらに成長する。今回の再訪問調査では，過去20年間に消滅した「民族界隈」はなかった。「民族界隈」は一定の領域を保ったままではなく，時間の経過に応じて有機的に変化している。

　「民族界隈」はその周縁領域を変化させることで，人口の増減を受け止めている。第4章4-1で見たリトルインディア地区の場合，「民族界隈」は地区周辺へ拡張していた。それでも「民族界隈」の拡張には一定の傾向が見られる。たとえば中国系の廟が建ち並ぶ街区には拡張していない。

　「民族界隈」の拡張には土地所有の形態や地形などの条件が作用する。周辺

の異民族の界隈とのある種のせめぎあいで界隈の拡張の方角が決まる。この変化が表れるのが「民族界隈」の周縁だった。この周縁領域では民族混住化が顕著で，建物の用途が混在している。

　生活者のまなざしは「民族界隈」の中心領域に吸引されるが，周縁には向かわない。第3章3-2に見たマレー系の単一民族村のSK村の中心部がきわめて高い水準で美観が保たれている反面，村落周辺が荒廃しているのはこの表れだろう。第6章6-1のSS団地の近隣空間の荒廃も同じだ。住宅団地に見る近隣空間の荒廃は，多民族混住が広範に表れる生活空間の宿命なのかもしれない。

　「民族界隈」周縁には空き家や放棄地が存在した。また多くの場合，その近隣も荒廃し放置されている。塵芥放置地や，臭気や騒音の生じる迷惑施設も立地する。これらが影響し，これらの近隣は不動産の評価も芳しくない。逆にこのことは外国人労働者や低所得者を吸引する。

　ただし「民族界隈」の周縁も地域社会において大切な役割を有していると見た。「民族界隈」の周縁領域の低家賃化は，たとえば，若く未成熟な業態でも出店が可能で，移民をはじめとする流動的な人々も受けとめる。これの役割も生活空間の新陳代謝を促し，社会の活力を維持するうえでは欠かせない。また周縁領域は他の「民族界隈」との無用な摩擦を緩和する緩衝の役割とともに「民族界隈」間の触媒としても機能しているのだ。

　生態学に「攪乱」をめぐる議論がある。災害や開発などの発生で生ずる「攪乱」により生物の生息環境に変動が起きる。これによる生態系の変動は，環境にある種の空隙を生む。そこに別種の生物が生息を始めることで，生態系全体に再生を促し，多様性が生み出されるきっかけとなる。

　筆者が見た「民族界隈」の周縁領域で生じていることは，生活空間と民族集団をめぐる「攪乱」的な現象なのかもしれない。この「攪乱」による占有者や用途の転換が生活空間の再生を促し社会の多様性を生み出してゆく。

　第4章4-1のジョージタウンに見たように，家賃法制の転換や世界遺産への登録も，市街地におけるある種の「攪乱」だったのかもしれない。その変動が「民族界隈」に表れていたのだ。このことは多民族社会の多様性と，都市の活力の源として社会の変化を受けとめている。

　ただし，第3章3-2で見たSK村の近隣の街，BL町の中心部を変貌させた

の道路建設はどう捉えればよいだろう。BL町は地域に暮らす多様な人々が交差する場だった。道路建設に伴う街並みの喪失は，BL町や地域の多民族社会にどのような影響を与えるだろうか。もしかするとこの道路建設による変化の程度は，社会や生活空間が，人々の手によって再生できる度合いを超えているのかもしれない。

「民族界隈」の同質性は，民族文化の表れる場として機能するばかりではない。たとえば第5章で見た世界遺産都市マラッカの場合は，観光産業が成長するなか，生活空間のみならず民族文化の変質が著しい。いわゆるステージドカルチャー化も浸潤する。観光客に売り込みやすい雑多な意匠要素を切り貼りした空間が増殖してゆく。同国は，観光産業をこの先の重要な経済分野として位置づけているが，民族文化の商品化は「民族界隈」の変質と並んで見逃せない。

また，先の項でも述べたとおり，治安悪化や防犯に対する危機意識の高まりも，同質化への流れと並んで「民族界隈」空間の有様に影響しそうだ。これが他者や隣接する「民族界隈」への排他にもつながらないだろうか。外部との交渉を絶ったかにも見えるゲーティッド・コミュニティーや，柵と有刺鉄線をめぐらせて要塞化する住宅団地の住まいも増える。

「民族界隈」の周辺領域や境界の硬直性が高まるとき，多民族からなる地域社会のつながりを保ちつつ，生活空間の新陳代謝をとることはできるのだろうか。

【論点5】「住居」に見る多民族共住の課題
—— 住宅の工業化，商品化のゆくえ

それぞれの民族集団は異なる起居形式を持ち，これが住居に反映している。第3章3-1のRB村で見たように，同一村落内で，同じ条件の自然環境下にありながらも，マレー系は高床で，中国系は平土間の住居様式を持っていた。

一方で第4章の市街地空間に見たショップハウスは，矩形平面の単純な空間形式だ。多様な民族集団がそれぞれにしつらえを変えることで，多彩な商いに用いることができる。

第6章6-1のSS団地で見たように，画一的な団地住宅でも起居形式は民族ごとに異なっていた。イスラーム教徒の世帯は住宅購入の際，ハラルではない食材を扱った厨房を，一定の清めによって使用している。相互の禁忌などに触れる場合には，巧みに規範を読み替えるなど，限られた生活環境において多様性を包含する様が読み取れた。

　画一的住宅を供給し，内部のしつらえを住まい手に任せる方法。そして入居者による住戸の改装が一般的に評価を高める同国の不動産市場は，多様な住まい手を受け入れるうえで優位だ。住戸空間が単純な空間構成で，のちに増改築しやすい可変性の高さが，多様な生活様式を受け止めているのだ。

　ただし近年のマレーシアにおける住居空間の変化は著しい。第2章で見たように，国民所得の向上は，住宅の購入動向だけではなく，生活者の嗜好も変えた。第3章で見た村落の住宅のように，改築された住宅の形態は都市部の住宅団地の住居に相似する。居住者の住様式の都市化であり脱農村化だ。

　第3章3-2のSK村で見た村落住宅では，圧倒的に多数の住宅が平土間化していた。また使用される建材もコンクリートやスレートなど工業化していた。伝統的住宅の暑さや木部の白蟻被害がその理由になっていた。

　くわえて住宅の工業化が進む理由は伝統的な住宅を生産する担い手がマレーシア国内から失われていることだ。この課題は歴史的建造物の修理の現場にも表れている。多くの現場では，職人を近隣諸国から雇用して修理や建築に当たらせている。その方が，職人の技量が高く賃金も廉価なのだ。

　それでも，改築された住居内に見られる祭祀や各種儀礼の空間は，農村でも都市部でも大きく変わってはいなかった。そこでは個々の民族文化に忠実に生活様式が維持されていた。

　住居は，自らの民族性を確認し，それを他者に表す役割を果たす。住居に表れる民族性の濃淡は，自らの民族性や伝統に対する姿勢を他者に示すことにもつながる。この民族性や伝統は時間の経過によって一義的に減衰するわけではない。その時点の生活者の意思が表れる。

　家族やそれぞれのアイデンティティーへの問いかけをも表しているのだ。フレデリック・ホルスト（Frederik Holst）は，「民族化（ethnicization）」という概念を提示し，それぞれの生活者が自己のアイデンティティーを形成するさま

を追っている。マレーシアの若年層へのアンケート調査をつうじて,民族間の交友関係や自他の民族文化に対する意識が多様で流動的であることを指摘している。そのうえで,社会的アイデンティティーと文化的アイデンティティー,そしてその中間領域の存在を提示している。住居空間はそれぞれの地域社会の変化に影響を受けつつ,生活者自らのアイデンティティーを表しつつ変転を遂げている。

　SK村の住民が地域に工場の建設が続くなか「美しい」マレー農村の風景を自らの村落に求めたのと同様に,コンクリート造に建て替えられた住宅に伝統が再現される可能性もある。時間経過は必ずしも不可逆の変化を与えるばかりだとは言えない。住まい手はしばしば日常生活で過去の事物を選択する。住居内で行われる祭礼では,過去のしきたりを再び参照することは珍しいことではない。

　しかし伝統の再参照は,ときにそれの商品化に陥る。近年のマレーシアの住居空間において見逃せないのが,それを商品化し,観光資源として捉える動きだ。第4章で見たマラッカやジョージタウンなどでは,観光産業への期待もあって,伝統的住居の保全に関心が注がれ,保存への世論の支持が高まっている。

　これまでは国民文化としてのマレー系の住居に対する意識が高かったが,中国系やインド系の伝統的な住居への関心の高まりも読み取ることができた。また第5章に見た,クラン・ジェティーのような「周縁」的であった生活空間も,マレーシアの多元性を表す文化的遺産として認識されている。建物の修理においても過去の伝統的な装飾や工法が再発見され,伝統的な生活様式を再認識しようとする取り組みは見逃せない。

　第3章3-1で見たリム・ジーユアンの『マレーの民家』[6]にも強調されているように,マレーシアの住宅の特質はその開放性にあった。熱帯の気候条件下にあり,生業を営み起居するうえでも,住宅は開口部を含めて開放されていることがその快適性を決定したのだ。そしてこの開放性は近隣社会との交流を容易にしていた。

　その意味では,第6章6-1で見たSS団地の住戸の変化のありさまは示唆的だ。住宅団地の住戸で増改築が行われることは珍しくないが,その増改築は住宅の開放性を失わせている。住宅を囲む塀は高められ,窓の防犯格子もより強固に

なっている。高い塀をめぐらせ有刺鉄線で固められた要塞のような住宅も見た。

近年，統計上，マレーシアの犯罪発生率は低下の傾向にある。政府資料によると，2011年から2014年までに路上犯罪は17.6％減少した[7]。それでも第2章に見たQOL指標や各種の報道には国民の治安・安全に対する憂慮が表れている。近隣社会への不審感，団地社会の近隣関係の希薄さが，この囲われた住居空間として表れ始めているのではないか。

7-2　2040年のマレーシアと多民族共住のこれから

　この先，マレーシアの国土は，どのように変貌を遂げるのだろうか。今後2040年までの人口動態の予測を統計局のデータをもとに見た（図7-2）。

　マレーシアの総人口は今後も増加を続け，2040年には約3,800万人に達すると予測されている。2010年比で1.3倍の増加だ。

　ただし人口増減率（年率）はすでに1985年前後をピークに低下の傾向にある。1981〜90年は年率2.7％の増加率を示していたが，2011〜20年には1.3％，この先2031〜40年は0.7％にまで低下する。

　年齢別の構成比では，現在のマレーシア社会は15歳以下の人口を多く抱える若い社会だ。しかし0〜14歳の若年人口はすでに2005年を境に減少し始めている。一方で，65歳以上の年齢層は増加し，2020年以降その増加率はさらに加速する。

　民族構成の変動の兆しは人口増減率に表れている。人口増加率がもっとも低い中国系は2031〜40年の10年間では年率0.1％まで低下すると予測される。一方，増加率が高いのはその他のブミプトラとマレー系で，いずれも年率平均1％前後を維持している。それでも1985年前後のピーク時を見ると相当の低下だ。

　このことは，この先の民族構成の変動にも表れる（図7-3）。1991年と2040年を比較してみたい。2040年に中国系の割合は18％（27％）（括弧内1991年）で，1割弱の減となる。一方で，マレー系54％（48％），その他のブミプトラ13％

（10%）は増加している。その他のブミプトラは東マレーシアの少数民族の増加がその要因となるが，これが全体の13%を占めるとなると，インド系の2倍で，中国系に拮抗するようになる。ブミプトラ全体では2040年には7割弱に達する。

　外国籍は，時の外国人労働者の受入政策にも左右されるが，持続して増加の傾向にある。2040年には7%（3%）だ。第2章に見たとおり，2010年時点の統計では，総人口の7%を占めるにいたっている。労働人口の7分の1が外国籍者に担われている。これも統計に表れる人口を前提にしてのことだ。

　政府は同国の産業構造や就労構造に影響を与えるとして，外国人労働者の受け入れを制限する意向を示しているが，大きな社会集団となりつつある。この先のグローバル化の伸長によって，国境を越える人の動きはさらに活発になるだろう。これに伴い，国家や民族，都市や地域の持つ意味は変化するだろう。

　2040年のマレーシアの姿。ブミプトラが7割弱を占める。中国系は2割を切る。インド系と外国籍者の人口は拮抗し7%程度となる。人口の増加は続くが，年齢階層における割合では，若い世代は微減を始め，高い世代が増加を始めている。第2章でも見たとおり，首都圏の人口は急増している一方で，マラッカやジョージタウン，ジョホールバルなどの中心市街地では，人口減少がすでに始まっている。今後，この国の多民族社会はどのように変貌してゆくのだろうか。

　2040年よりさらに先のマレーシア社会の姿を問うた書がある。

　2057年。独立後100年目となる遠いようで近い未来だ。『成長を読む——2057年のマレーシア』[8]は，マハティール元首相をはじめ政治家からジャーナリストにいたる各界のリーダーにより執筆され，2012年に刊行された。

　これによると，マレーシアは堅調な経済成長を持続している。1990年代の前半に打ち上げられた「ビジョン2020」に示されたとおり，近い将来に「先進国入り」を果たすことも夢物語ではない。グローバル化への対応を進めつつ，先進国の抱える問題にどう対処するかが論じられている。

　いずれの論者もマレーシアの現在は転換点にあるとの認識を示している。マレーシアの民族融和とその変化をどう捉えるかが，今後の社会開発の中心的課題になると予言する。はたして，民族共存は次の世代にどのように継承されて

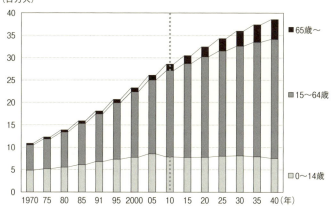

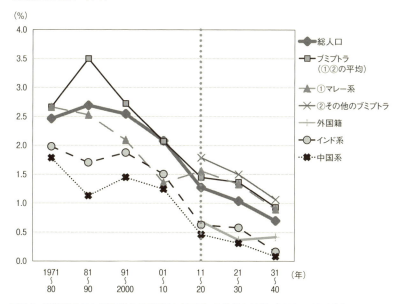

図7-2 世代別人口と民族別人口増減率（年率）の動態と予測（1970〜2040年）

データ出典）Department of Statistics, Malaysia. を基に計算した。
注記）本図では民族属性の「その他」の全期間，「その他のブミプトラ」と「外国籍」の2001〜10年以前の期間は，データ変動が大きいため表示を省略した。

ゆくのだろうか。

　同書で，社会人類学者のシャムスル・アムリバハルディン（Shamsul Amri Baharuddin）は，マレーシアの民族関係はつねに「安定した緊張」にあると表現している。シャムスルは，マレーシアの人々は，それぞれの多様さとともに生きることが宿命づけられていると述べる。そして，人々はさまざまな矛盾のただなかで，粘り強くお互いの合意形成にむけて日々の挑戦を続けている。その挑戦自体に価値があるのだと指摘している。この挑戦の足跡が，マレーシアが世界に誇るべき財産なのだと。

　本研究では，多民族社会と生活空間の変貌に着目してきた。マレーシアの生活空間は，それぞれに変化を示していた。この変化の度合いはそれぞれに異なるが，いずれもが生活空間の様態を変化させることで，民族間の無用な摩擦や対立を回避していた。これらは，政策的に誘導したり，力のある者が主導したりするものではなく，それぞれの生活者が日々，自律的に調整していた。

　本研究では，時間を超えて多民族からなる生活者が，生活空間を自律的に調整し共有する英知，それを持続させるダイナミズムを多民族共住と呼んだ。本研究の対象とした1990年代から2010年代，著しい経済成長と政治的転換を経験しつつも，多民族共住は保たれてきた。

　世界的に民族間の対立や宗教紛争が多発するなか，たしかにシャムスル・アムリバハルディンの指摘のとおり，多民族共住はマレーシアが世界に誇るべき英知だとも思える。とりわけ，アメリカ同時多発テロ以降の世界情勢の混迷にあって，多様な人々が生活空間を共有するマレーシアの生活空間に見る多民族共住の有様は貴重だ。

　ただし，この先の多民族共住で懸念すべき要素もいくつか見た。先にも触れたが，近年の不動産価格の高騰による住宅格差の拡大。治安・安全への不安感の高まりは深刻だ。この先，普及がすすむとされるゲーティッド・コミュニティーなど，経済的・物理的に隔てられた生活空間は，多様な人々で構成される周辺の地域社会とのつながりを維持し，またこの先に起こりうる共同体の変化を受け止められるのだろうか。

　また，情報技術の発達により，身近な生活空間を媒介としない人間関係が形成され，人々は空間を超えて結び合い，意見を交換することが可能になった。

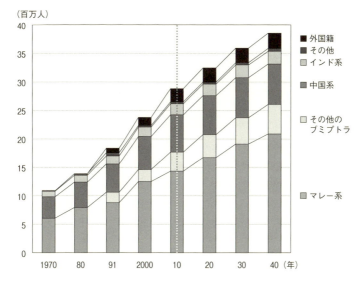

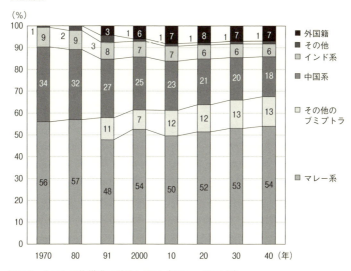

図 7-3 人口と民族構成の動態と予測（1970 〜 2040 年）

データ出典）Department of Statistics, Malaysia.
注記）統計区分上，1970 年と 1980 年の「その他」には 1991 年以降の「外国籍」と「その他」が計上されている。また同期間の「その他のブミプトラ」は「マレー系」で計上されている。

ただし他者の体温を感じることなく交換される情報が，多様な他者に対するまなざしに影響を及ぼさないだろうか。

マレーシアでは今日も国内各所で大規模開発が進められている。開発は身近な暮らしの場を激変させる。本書で見たとおり，開発は長年にわたる日常的な交わりの場を呑み込んでしまう。このような変化は同国の経済開発の過程で各所で経験されてきた。しかし，人造的に「白紙」となる地域空間で，永年にわたり培われた民族共存の英知は，次の世代にどう継承されるのだろうか。

マレーシアの多民族社会は，この先どのように変化を遂げるのだろうか。時代を超えて民族共存を次の世代に継承することは可能だろうか。さらにこの先も多民族共住の移り変わる姿を捉えてゆきたい。

注

1　*The Star*, 2015. 5. 3.
2　Lai Chee Kien, 2007, *Building Merdeka: Independence Architecture in Kuala Lumpur, 1957-1966*, Petronas.
3　たとえば，Ross King, 2008, *Kuala Lumpur and Putrajaya, Negotiating Urban Space in Malaysia*, University of Hawaii Press, p. xxvi.
4　広田康生，2003『エスニシティーと都市』有信堂，302-303 頁。
5　Frederik Holst, 2012, *Ethnicization and Identity Construction in Malaysia*, Routledge.
6　Lim Jee Yuan, 1987, *The Malay House: Rediscovering Malaysia's Indigenous Shelter System*, Institut Masyarakat.
7　11th Malaysia Plan, Section 4, pp. 4-8.
8　Nungsari Ahmad Radhi, Suryani Senja Alias (eds.), 2012, *Readings on Development: Malaysia 2057: Uncommon Voices, Common Aspirations*, Khazanah Nasional.
9　Shamsul Amri Baharuddin, 2012, Managing a 'Stable Tension': Ethnic Relation in Malaysia Re-examined, ibid., pp. 40-54.

参考文献

Abdul Halim Nasir, Wan Hashim Wan Teh, 1994, *Rumah Melayu Tradisi*, Penerbit Fajar Bakti.

Anthony D. King, 1976, *Colonial Urban Development: Culture, Social Power and Environment*, Routledge.

Blanca Garces Mascarenas, 2012, *Labor Migration in Malaysia and Spain: Markets, Citizenship and Rights*, Amsterdam University Press.

Chen Voon Fee (ed.), 1998, *Architecture, The Encyclopedia of Malaysia 5*, Archipelago Press.

Chua Rhan See, 2011, *Adaptive Reuse in World Heritage Site of Historic City Center*, Doctoral Dissertation, Kyushu University.

David G. Kohl, 1984, *Chinese Architecture in the Straits Settlements and Western Malaya: Temples, Kongsis and Houses*, Heinemann Asia.

Frederik Holst, 2012, *Ethnicization and Identity Construction in Malaysia*, Routledge.

Gerald Sussman, John A. Lent (eds.), 1998, *Global Productions: Labor in the Making of the Information Society*, Hampton Press.

Goh Ban Lee, 1991, *Urban Planning in Malaysia*, Tempo.

Hal Hill, Tham Siew Yean, Ragayah Haji Mat Zin (eds.), 2012, *Malaysia's Development Challenges: Graduating from the Middle*, Routledge.

Harold Crouch, 1996, *Government and Society in Malaysia*, Allen and Unwin Australia.

Iain Buchanan, 2008, *Fatimah's Kampung*, Consumers' Association of Penang.

J. M. Gullick, 1994, *Old Kuala Lumpur*, (Images of Asia) Oxford University Press.

James V. Jesudason, 1989, *Ethnicity and the Economy: The State, Chinese Business and Multinationals in Malaysia*, Oxford University Press.

Janet Pillai, 2013, *Cultural Mapping: A Guide to Understanding Place, Community and Continuity*, SIRD.

Jeffrey Henderson, Manuel Castells (eds.), 1987, *Global Restructuring and Territorial Development*, Sage Publications.

John G. Butcher, 1979, *The British in Malaya, 1880-1941: The Social History of a European Community in Colonial South-east Asia*, Oxford University Press.

Jon S. H. Lim, 2015, *The Penang House and the Straits Architect 1887-1941*, Areca Books.

Kapila Silva, Neel Kamal Chapagain (eds.), 2008, *Asian Heritage Management: Contexts,*

Concerns, and Prospects, Routledge.

Koon Yew Yin, 2012, *Malaysia: Road Map for Achieving Vision 2020*, SIRD.

Lai Chee Kien, 2007, *Building Merdeka: Independence Architecture in Kuala Lumpur, 1957-1966*, Petronas.

Lat, 1977, *The Kampung Boy*, Berita Publishing.

Lim Jee Yuan, 1987, *The Malay House: Rediscovering Malaysia's Indigenous Shelter System*, Institut Masyarakat.

Mahathir Mohamad, 1970, *The Malay Dilemma*, Times Books International.

Marvin L. Rogers, 1993, *Local Politics in Rural Malaysia: Patterns of Change in Sungai Raya*, S. Abdul Majeed & Co.

M. Amir Fawzi, 1993, *Environmental Assessment in the Development Process: The Malaysian Experience*, Doctoral Dissertation, University of East Anglia.

Moktar Ismail, 1992, *Rumah Tradisional Melayu Melaka*, Persatuan Muzium Malaysia.

Ngiom, Lillian Tay (eds.), 2000, *80 Years of Architecture in Malaysia*, Malaysian Institute of Architects.

Nungsari Ahmad Radhi, Suryani Senja Alias (eds.), 2012, *Readings on Development: Malaysia 2057, Uncommon Voices, Common Aspirations*, Khazana Nasional.

Paul McGillick, 2006, *Concrete Metal Glass, Hijjas Kasturi Associates, Selected Works 1977-2007*, Editions Didier Millet.

Ric Francis, Colin Ganley, 2006, *Penang Trams, Trolley Buses & Railways, Municipal Transport History 1880s-1963*, ARECA Books.

Rohaslinda Ramele Ramli, 2015, *The Implementation and Evaluation of the Malaysian Homestay Program as a Rural and Regional Development Policy*, Doctoral Dissertation, Kobe University.

Robert Winzeler, 1985, *Ethnic Relations in Kelantan: A Study of the Chinese and Thai as Ethnic Minorities in a Malay State*, Oxford University Press.

Ross King, 2008, *Kuala Lumpur and Putrajaya, Negotiating Urban Space in Malaysia*, University of Hawaii Press.

S. Robert Aiken, 1994, *Imperial Belvederes: The Hill Stations of Malaya (Images of Asia)*, Oxford University Press.

Sarnia Hayes Hoyt, 1991, *Old Penang, (Images of Asia)*, Oxford University Press.

Saw Swee Hock, 1988, *The Population of Peninsular Malaysia*, reprinted edition in 2007, Institute of Southeast Asian Studies Singapore.

Shahabudin Abdullah, Hasmah Abu Zarin (eds.), 2008, *Sustaining Housing Market,*

UTM Press.
Shinji Yamashita, Kadir H. Din, J. S. Eades (eds.), 1997, *Tourism and Cultural Development in Asia and Oceania*, National University of Malaysia Press.
Su Nin Khoo, 1993, *Streets of George town Penang*, Janus Print.
Tim Bunnell, 2004, *Malaysia, Modernity and the Multimedia Super Corridor: A Critical Geography of Intelligent Landscape*, Routledge.
Wulf Killmann, Tom Sickinger, Hong Lay Thong, 1994, *Restoring & Reconstructing The Malay Timber House*, Forest Research Institute Malaysia.
Yat Ming Loo, 2013, *Architecture and Urban Form in Kuala Lumpur: Race and Chinese Spaces in a Postcolonial City*, Ashgate.
アジジ・ハジ・アブドゥラ（著），藤村祐子，タイバ・スライマン（訳），1982『山の麓の老人』大同生命国際文化基金。
穴沢眞，2010『発展途上国の工業化と多国籍企業——マレーシアにおけるリンケージの形成』文眞堂。
生田真人，2001『マレーシアの都市開発——歴史的アプローチ』古今書院。
生田真人，松澤俊雄（編），大阪市立大学経済研究所（監修），2000『アジアの大都市3 クアラルンプル・シンガポール』日本評論社。
口羽益生，坪内良博，前田成文（編），1976『マレー農村の研究』創文社。
建築学会（編），1989『図説集落』都市文化社。
ザイナル・アビディン・アブドゥル・ワーヒド（編），野村亨（訳），1983『マレーシアの歴史』山川出版社。
多和田裕司，2005『マレー・イスラームの人類学』ナカニシヤ出版。
坪内良博，1996『マレー農村の20年』地域研究叢書，京都大学学術出版会。
鳥居高（編），2006『マハティール政権下のマレーシア——「イスラーム先進国」をめざした22年』アジア経済研究所・研究双書。
日経アーキテクチュア（編），1998『クアラルンプール新国際空港』日経BP社。
萩原宜之，1996『ラーマンとマハティール——ブミプトラの挑戦』現代アジアの肖像14，岩波書店。
広田康生，2003『エスニシティーと都市』有信堂。
水野浩一，1981『タイ農村の社会組織』創文社。
リー・ブーントン，シャムスル・バリン（著），神波康夫（訳），2008『マレーシア連邦土地開発機構（FELDA）50年の歴史——ゴム・オイルパーム土地開発者から投資家へ』東南アジア社会問題研究会。

既刊一覧

1990年代実施の調査は，下記の既刊のほか各種小論に集成している。

① 宇高雄志，2012『南方特別留学生ラザクの「戦後」――広島・マレーシア・ヒロシマ』南船北馬舎。
② Yushi Utaka, M. Amir Fawzi 2010, The Malaysian Multicultural Streetscape: Challenges in the New Millennium, Heng Chye Kiang, Low Boon Liang, Limin Hee (eds.), *On Asian Streets and Public Space: Selected Essays from Great Asian Streets Symposiums 1 & 2*, National University of Singapore Press, pp. 79-89.
③ 宇高雄志，2009『マレーシアにおける多民族混住の構図――生活空間にみる民族共存のダイナミズム』明石書店。
④ 宇高雄志，2008『住まいと暮らしからみる多民族社会マレーシア』南船北馬舎。

初出一覧

本書の以下の章は下記にて研究報告を行っている。

第1章，4章： Yushi Utaka, 2015, Revisiting Field Research in Malaysia: Experiences of Multi-ethnic Settlements 1990s-2010s, *Research Seminar, Traditional Built Heritages, Cultural Landscape and Community in Japan and Malaysia*, Universiti Teknologi MARA, Malaysia.

第4章 事例4-1： Yushi Utaka, M. Amir Fawzi, 2014, Dynamism of a Multi-Ethnic Settlement, George town, Malaysia: A Revisiting Field Study and Comparative Analysis, 1995-2011, *International Association for the Study of Traditional Environments*, Selected Paper on *Traditional Dwellings and Settlements Working Paper Series 2014*.

第5章 事例5-1, 5-2： Yushi Utaka, 2016, Dynamism of Island City's Frontier Settlements: "Clan Jetty" and "Penang Hill", Penang Island, Malaysia, *Island Cities and Urban Archipelagos*, University of Hong Kong.

第6章 事例6-1： 宇高雄志，2013「マレーシアの住宅団地にみる民族構成と生活空間の変容（1993～2012年）――ジョホール州のSS団地への再訪問調査を中心に」建築学会計画系論文集78（694），2013.12，2557-2563頁。

謝　辞

　最初のマレーシアへの渡航は学部4年生のときだった。知人の留学生を尋ねての予定のない旅だった。マレーシアはよかった。多彩な風景，奥行のある屋台飯。出会った人は，あたたかかった。金はないが時間はあった。1ヶ月ぐらい放浪して，いよいよ帰国の日になった。夕刻，ペナンの安宿を出て，スコールのあがった街を見た。そのとき，なんとなくここに戻ってくる気がした。

　その予感のとおり，その後，あしかけ2年と10ヶ月，ペナンのマレーシア科学大学を拠点に滞在できた。その後も短期間の滞在を繰り返した。もっとも日本にいても，たいていはマレーシアのことを考えている。この間，結婚し，職を得，子ができても，それは変わらなかった。2017年で最初のマレーシア旅行から25年が過ぎたことになる。最近では，マレーシアでの滞在日数が徐々に短くなっているのだが。

　マレーシアでもっとも大きいのは人との出会いだ。マレーシア科学大学のアミールファウジ先生には影響を受けた。それは，いまも同じだ。氏は数年前に大学を退職されたが，いまも折々に会いにゆく。話題は研究のことだけにとどまらない。時間を経ることで見える世界のことを。

　この研究は，多くの研究機関の先生方の支援を得て続けることができた。マレーシア科学大学・住宅建設計画学部，マラ工科大学・建築計画測量学部，マレーシア工科大学・建設学部，シンガポール国立大学・デザイン環境学部，このほか多くの学識経験者や行政機関，民間組織の関係者の助言を得た。

　明石工業高専，学部と修士課程の豊橋技術科学大学，博士課程の京都大学では，都市と建築について学ぶことができた。その後，勤務先の広島大学と兵庫県立大学でも，変わらずこの研究を続けることができた。教員や職員の皆様に感謝を申し上げたい。

　また京都大と広島大学の諸氏とは1990年代の現地調査を共有することができた。あまりに多すぎて，すべての方の名前を挙げることができないが，ここに感謝を申し上げたい。

一連の現地調査は，以下の一環で実施できた。日本学術振興会・科学研究費助成事業・基盤研究（C）「多民族社会マレーシアにおける混住状況の変容と動向」（23560733）（2011〜14年度），日本学術振興会・海外特別研究員（2001〜03年），吉田育英会・海外留学助成（1995年度）など。本書は，日本学術振興会・平成28年度科学研究費助成事業（科学研究費補助金）（研究成果公開促進費）学術図書（16HP5249）により刊行できた。

　本書の刊行にあたっては，昭和堂の松井久見子さんに大変お世話になった。

　妻の俊美と子どもの亘は，ともにペナン滞在も経験した。当時3歳だった亘は19歳。あっという間に，一人で海外にとびたつようになった。

　この先，やってみたいことがある。本書は1990年代から2010年代の20年の「時間」を描いてみた。できれば40年経過後の2030年，そして60年経過後の2050年ごろにも再訪問してみたい。

　筆者は40年経過後で61歳，60年では81歳……。そのころ，マレーシアの街や村は，どうなっているのだろう。

2016年10月
宇高雄志

索　引

A～D

BA（代替戦線）　26
BEP アキテック　232
BN（国民戦線）　17, 20, 26, 69, 84, 114, 240
DAP（民主行動党）　30, 85, 114, 165

E～J

FELDA（連邦土地開発庁）　18, 62, 69, 254
Gerakan（ゲラカン，人民運動党）　29, 84, 112, 114, 178
IMF（国際通貨基金）　25
JKKK（村落開発安全委員会）　65, 73, 83, 92, 96

K～P

K エコノミー　28, 242
KTM →マラヤ鉄道
LRT →軽軌道鉄道
MCA（マラヤ中国人協会）　17
MCA（マレーシア中国人協会）　23, 26, 30, 68, 114, 144
MIC（マラヤ・インド人会議）　17
MIC（マレーシア・インド人会議）　23, 68, 240
NAVRD →新構想農村開発
NDP（国民開発政策）　24
NEP（新経済政策）　21, 46, 261
NVP（国民ビジョン政策）　28
PAS（全マレーシア・イスラム党）　26

Q～Z

QOL（クオリティ・オブ・ライフ）　48, 256
SNS →ソーシャル・ネットワーキング・サービス
TOL →一時占有許可
UMNO（統一マレー国民組織）　17, 26, 68, 73, 97, 99, 133

あ行

アタップ　100, 163
アノワ・イブラヒム　25, 29, 54
アブドゥラ・バダウィ　28
アブドゥール・ラザク　20
アブドゥール・ラーマン　18, 232
イスカンダル開発計画　66, 194
一時占有許可（TOL）　159
インドネシア　17, 28, 44, 68, 71, 157
埋立　97, 103, 111, 136, 138, 154, 156
英国　16, 32, 64, 84, 109, 170, 172, 214, 222, 225
英蘭協約　132
エンクレーブ　122
オラン・アスリ　21, 38
オランダ　109, 139

か行

ガーデンシティー　232, 238
海峡植民地　33, 132, 172

外国
　　——人　137, 222
　　——人労働者　44, 52, 68, 88, 189, 201, 270
　　——資本　21, 23, 241
　　——籍　34, 38, 124, 194
核心領域→世界遺産コアゾーン
華人新村　19
環境アセスメント令　178
観光産業　28, 62, 66, 116, 122, 133, 136, 140, 145, 178
緩衝領域→世界遺産バッファゾーン
カンポン　65, 69, 96, 227
カンポン・バル　20, 216
近代イスラーム建築様式　220, 223, 229
近代主義建築　218, 220, 230
近代マレーバナキュラー建築様式　220, 229, 236
クアラルンプール　38, 50, 55, 181, 211, 242
　　——国際空港　141, 230
クオリティ・オブ・ライフ→QOL
クラン
　　——川　214, 226
　　——港　216, 226
　　——・ジェティー　111, 154
　　——バレー　44, 224, 231, 240
軽軌道鉄道（LRT）　50
経済計画局　25
ゲーティッド・コミュニティー　198
ゲラカン→Gerakan
言語図書研究所　220
コアゾーン→世界遺産コアゾーン
公共交通　50, 86, 195
高原避暑地　168, 214
交通渋滞　85, 145, 159
港湾　111, 132, 154
コー・ツークン　179

五月十三日事件　20, 26, 223
国際通貨基金→IMF
国是（ルクネガラ）　20
国土土地登記法　159
国内治安維持法　24, 54
国民
　　——建築　76, 218, 236
　　——文化政策　140, 175
国民開発政策→NDP
国民戦線→BN
国民ビジョン政策→NVP
国立博物館　218, 229
国家遺産法　116
ゴトンロヨン　84, 97
古物保存法　116, 141
コンドミニアム　197

さ行

サイバージャヤ　240
ジェラルド・テンプラー　225
自動車　50, 90, 118, 122, 197, 206, 225, 241, 254
シャーアラム　33, 227
自由貿易区　21, 85, 112, 159, 178, 241
自由貿易港　111, 154, 158
ジョージタウン　84, 111, 154, 168
ショップハウス　78, 87, 110, 132
ジョホール州　38, 64, 66, 190, 192, 230
シンガポール　19, 64, 132, 139, 194
新経済政策→NEP
新構想農村開発（NAVRD）　62
人民運動党→Gerakan
水害　188, 233
錫鉱山　16, 111, 154, 214
ステージドカルチャー　145
住みわけ　19, 82, 131, 168, 174, 189

スルタン　16, 32, 111, 131, 175, 214, 234
　　——・アブドゥルサマド建物　218
　　——・サラフディン・アブドゥル・アジズ・
　　　モスク　228
生活地名　71
世界遺産　116, 136, 164
　　——コアゾーン（核心領域）　118, 138, 164
　　——バッファゾーン（緩衝領域）　120, 137,
　　　140
セカンドリンク　66, 194
セランゴール州　38, 46, 224, 232
全マレーシア・イスラム党→PAS
ソーシャル・ネットワーキング・サービス
　　（SNS）　53
村落開発安全委員会→JKKK

た行

大規模小売店舗　194, 200
代替戦線→BA
高床式　75, 78, 99
多元文化　118, 238
タブンハッジタワー　220
多民族混住　i, 261
多民族共住　5, 253
ダヤブミ・コンプレクス　220
タンチェンロック　132
地方自治体　32, 92, 98, 114, 225, 235
地名　121
中国系　16, 38, 88, 114, 121, 152, 174, 214, 222,
　　242
　　三縁　155
　　——の住居　80, 164
　　廟　65, 128, 130, 132, 141, 161, 166, 175,
　　　200, 238
低コスト住宅　191, 201, 206

ディストリクト　32, 65
統一マレー国民組織→UMNO
独立建築　218, 222
独立スタジアム　218
都市地方計画法　120, 180
土地保全法　176

な行

ナジブ・ラザク　31

は行

バッファゾーン→世界遺産バッファゾーン
バツ・フリンギ　173, 181
バヤン・ラパス→自由貿易地区
ハラル　90, 244, 267
バンガロー　171
バンサ・マレーシア　24
東インド会社　111, 155
ビジット・マレーシア・イヤー　133
ヒジャス・カスリ　220, 222
ビジョン2020　24, 230
平土間化　80, 100
ヒンズー寺院　71, 175, 200, 238
風水　81, 164, 175
フェデラル・ハイウエイ　226
プタリンジャヤ　225, 238
プトラジャヤ　25, 230
ブミプトラ　21, 38, 46, 190, 238, 269
ブミプトラ政策→マレー優先政策
プラスティックストリート　145
プランテーション　16, 18, 64, 225
ブルシ　31, 245
ペトロナスタワー　223, 259
ペナン　32, 111, 159, 172

――港湾局　158
――州　29, 33, 84, 115, 179
――ヒル　169, 172
――ヒル鋼索鉄道　173, 181
――ブリッジ　85, 112, 159, 178
――・ヘリテージトラスト　121
放棄住宅　191, 197
ホー・コックホー　222
ポルトガル　131, 140

――語　23, 27, 68, 121, 201, 220
――工科大学　230
――国立モスク　220
――中国人協会→MCA
マングローブ　65, 155, 166
民主行動党→DAP
民族界隈　3, 72, 120
ムキム　32, 65
メシニアガ・タワー　224
メルデカ　216, 244

ま行

マスジッド・ジャメ　216
マハティール　20, 22, 29, 53, 178, 223, 230, 232, 243
マラッカ　132, 137
――州　133, 231
マラヤ　17, 22, 170, 218
――・インド人会議→MIC
――共産党　19
――大学　218, 230
――中国人協会→MCA
――鉄道（KTM）　51, 111, 132, 195, 216, 227
――鉄道建物　216
マラリヤ　169
マルチメディア・スーパーコリドー　240
マレー　16, 21, 27, 40, 69, 97, 140, 223, 238, 241
――系（の）住居　75, 99, 214, 220, 230
――優先政策（ブミプトラ政策）　21, 38, 61, 190, 223
――・リザベーションランド　19
マレーシア　19, 32, 41, 140, 220, 222, 227, 242, 269
――・インド人会議→MIC
――科学大学　230
――株式会社　22
――計画　25, 41, 190, 198

や行

家賃統制令　115, 120, 139
やわらかな権威主義　26, 52
ユーラシアン　109, 132
与野党の逆転　26, 30, 85, 98, 114, 165, 179, 181

ら行

ランカウィ島　178
リースホールド　173
リゾート　85, 103, 142, 173, 181, 206
リトルインディア（地区）　120, 240
リム・チョンユー　178
ルクネガラ→国是
ルダック　227
ルックイースト政策　22
連邦直轄領　32, 225, 227, 232, 240
連邦土地開発庁→FELDA
ローカルプラン　136, 180

わ行

ワクフ　120, 142
ワン・マレーシア　31

■著者紹介

宇高雄志（うたか ゆうし）

兵庫県立大学・環境人間学部教授。建築を専攻。1969年，兵庫県生まれ。1997年から広島大学に勤務。その間マレーシア科学大学およびシンガポール国立大学の研究員。2005年より兵庫県立大学に勤務。

多民族〈共住〉のダイナミズム
マレーシアの社会開発と生活空間

2017年2月28日　初版第1刷発行

著者　宇 高 雄 志

発行者　杉 田 啓 三

〒606-8224　京都市左京区北白川京大農学部前
発行所　株式会社 昭和堂
振替口座　01060-5-9347
TEL（075）706-8818／FAX（075）706-8878
ホームページ　http://www.showado-kyoto.jp

Ⓒ 宇高雄志 2017　　　　　　　印刷　亜細亜印刷

ISBN978-4-8122-1611-8

＊乱丁・落丁本はお取り替えいたします。

Printed in Japan

本書のコピー、スキャン、デジタル化等の無断複製は著作権法上での例外を除き禁じられています。本書を代行業者等の第三者に依頼してスキャンやデジタル化することは、たとえ個人や家庭内での利用でも著作権法違反です。

杉本星子 小林大祐 編 西川祐子	京都発！ニュータウンの〈夢〉建てなおします 向島からの挑戦	本体2800円
traverse 編集委員会 編	建築学のすすめ	本体2700円
布野修司 編	アジア都市建築史	本体3000円
布野修司 編	世界住居誌	本体3000円
田路貴浩 齋藤潮 編 山口敬太	日本風景史 ヴィジョンをめぐる技法	本体4100円
丸山俊明 著	京都の町家と町なみ 何方を見申様に作る事、堅仕間敷事	本体6600円

昭和堂
（表示価格は税別）